Teubner Studienbücher Bauwesen

S. Baudach / L. Lämmer
AutoCAD – Ein Leitfaden
für das Selbststudium

Teubner Studienbücher
Bauwesen

Herausgegeben von
Prof. Dr.-Ing. habil. Rolf Thiele, Leipzig
Prof. Dr.-Ing. Dr.-Ing. e. h. Gert König, Leipzig

Die Studienbücher der Reihe Bauwesen umfassen in Form einzelner Bausteine grundlegende und weiterführende Themen aus allen Gebieten des Bauingenieurwesens. Dabei werden sowohl die traditionellen Disziplinen als auch sich entwickelnde Fachgebiete berücksichtigt.

Die Bände beinhalten einerseits Grundlagenwissen, andererseits wird auch differenziertes Spezialfachwissen vermittelt. Die theoretischen Voraussetzungen sind jeweils in knapper Form dargestellt, um den Anwendungen bis hin zu zahlenmäßigen Bewertungen genügend Raum zu geben.
Auf DIN-Vorschriften und EC-Richtlinien wird im notwendigen Umfang Bezug genommen; diese Normen bleiben als zusätzliche Arbeitsmittel unerläßlich.

Die Reihe richtet sich vor allem an Studierende des Bauingenieurwesens, des Wirtschaftsingenieurwesens und der Architektur an Universitäten und Fachhochschulen.

AutoCAD – Ein Leitfaden für das Selbststudium

Von Stephan Baudach
und Dr.-Ing. Lutz Lämmer
Technische Hochschule Darmstadt

SPRINGER FACHMEDIEN WIESBADEN GMBH

Dipl.-Ing. Stephan Baudach Glahn

Geboren 1965 in Barcelona, Spanien. Studium der Architektur von 1987 bis 1989 an der Polytechnischen Hochschule in Barcelona (Universitat Politécnica de Catalunya, E.T.S.A.B). Studium des Bauingenieurwesens, Diplomingenieur Bauingenieurwesen 1997 an der Technischen Hochschule Darmstadt, Vertiefung im konstruktiven Bereich mit dem Hauptvertiefungsfach Massivbau. Betreuung von zahlreichen Geometrie- und CAD-Kursen in der Bauingenieur- und Architektenausbildung, vor allem mit dem System AutoCAD. Mehrere Repetitorien in den Bereichen Konstruktive Geometrie und Fortran.

Dr.-Ing. habil. Lutz Lämmer

Geboren 1962 in Leipzig. Studium des Bauingenieurwesens, Fachrichtung Konstruktiver Ingenieurbau und Vertiefung in Bauinformatik von 1984 bis 1989 an der Technischen Universität Dresden. Promotion 1991 an der Technischen Universität Dresden bei Professor Kerbach über ein Thema zur datentechnischen Integration im Bauplanungsprozeß mit Hilfe von Datenbanken. Zur Zeit wissenschaftlicher Mitarbeiter am Institut für Numerische Methoden und Informatik im Bauwesen der Technischen Hochschule Darmstadt mit Lehraufträgen für CAD im Bauwesen und Parallele Berechnungsverfahren.

Die Deutsche Bibliothek – CIP-Einheitsaufnaume

Baudach, Stephan:
AutoCAD - ein Leitfaden für das Selbststudium /
von Stephan Baudach und Lutz Lämmer. - Stuttgart ; Leipzig : Teubner, 1997
  (Teubner Studienbücher : Bauwesen)
  ISBN 978-3-8154-5006-2   ISBN 978-3-322-97622-2 (eBook)
  DOI 10.1007/978-3-322-97622-2

Bindung: Buchbinderei Christian Biener, Dessau
Umschlaggestaltung: E. Kretschmer, Leipzig

Inhalt

Kapitel 1

Einführung

AutoCAD ist eines der am weitesten verbreiteten CAD-Systeme. Es wird von der amerikanischen Firma Autodesk hergestellt und über ein weltweit organisiertes Händlernetz vertrieben.

AutoCAD stellt volle 2D- und 3D-Zeichenfunktionalität bereit. Das Programm wird in den Bereichen Architektur und Maschinenbau bis hin zu Vermessungswesen und Kartographie zum Konstruieren, Modellieren und Zeichnen eingesetzt. Seit Version 12 besitzt AutoCAD eine MS-Windows-kompatible Benutzungsoberfläche. Damit integriert es sich harmonisch in die Benutzungsoberfläche des Personalcomputers.

Das Programm wird von allen für den PC-Markt verfügbaren Graphikkarten, in der Regel sogar mit speziell optimierten Treibern unterstützt. Neue Produkte werden sofort mit den für AutoCAD geeigneten Gerätetreibern ausgeliefert. Damit ist AutoCAD ein de facto Industriestandard.

Die marktbeherrschende Position von AutoCAD als führendes CAD-System für Personalcomputer will Autodesk weiter ausbauen. Deshalb erfolgte im Oktober 1996 auch die Ankündigung, in Zukunft nur noch die Version für die Microsoft Betriebssysteme Windows95 und WindowsNT weiterzuentwickeln. AutoCAD ist mit seiner konsequenten Einbindung in die Benutzungsoberfläche der unterstützten Plattformen individuell auf alle Bedürfnisse anpaßbar.

Der Datenaustausch zwischen allen unterstützten Plattformen ist möglich. AutoCAD definiert ein internes Austauschformat, das versionsabhängig ist (*.*DWG*), ein geräteunabhängiges Datenformat für den Austausch in Textform (*.*DXF*) und seit neuestem auch ein Format, daß besonders speicheroptimiert ist (*.*DWF*) und für den Austausch von AutoCAD-Zeichnungen im Internet gedacht ist. Die Zeichnungsdaten sind im Prinzip aufwärtskompatibel austauschbar, d.h., Zeichnungen, die mit einer älteren Version von AutoCAD erzeugt wurden, sind mit einer neueren Version weiterzubearbeiten. Der Weg zurück von einer neueren Version zu einer älteren Programmversion ist allerdings nur in Ausnahmefällen möglich.

AutoCAD besitzt eine Programmierschnittstelle, die weitreichende Funktionalität, vor allem bei der Benutzung der graphisch-interaktiven Funktionen eröffnet. Mit den Sprachen AutoLISP und C bzw. C++ sind damit nutzerspezifische Module entwickelbar, die direkt mit dem AutoCAD-System kommunizieren. Auf der Basis dieser offenen Systemarchitektur sind eine große Anzahl branchenspezifischer Zusatzapplikationen entwickelt worden. Diese branchenspezifischen Anwendungen nutzen die Benutzungsoberfläche von AutoCAD. Kenntnisse des Basissystems können damit vorteilhaft weiterverwendet werden.

Autodesk organisiert interessierte Entwickler im Bereich der Bauingenieur- und Architekturanwendungen in einer Industrieallianz für Interoperabilität (IAI), vor allem um die immensen Aufgaben bei der verteilten CAD-Arbeit und der Koordination einer Vielzahl von Planungsbeteiligten zu lösen.

1.1   Übersicht zum vorliegenden Arbeitsbuch

Das vorliegende Arbeitsbuch bezieht sich auf die AutoCAD Version 13. Die Mehrzahl der Anwendungsbeispiele ist aber auch mit einer Vorgängerversion nachvollziehbar. Aufbauend auf einer Darstellung der grundlegenden Systemeigenschaften im Kapitel 2 werden dann im Kapitel 3 Arbeitstechniken für die Geometrieverarbeitung in der Ebene mit AutoCAD erläutert. Dazu gehören neben den 2D-Graphikelementen sinnvolle Techniken zur Erstellung von Bemaßung und Beschriftung. Die Erweiterung auf das Arbeiten in 3D wird im Kapitel 4 vorgenommen. Im Kapitel 5 werden die Grundzüge der Programmierung von Anwendungsmodulen mit Hilfe der Programmiersprachen AutoLISP und C unter Verwendung der ADS-Schnittstelle beschrieben. Kapitel 6 beinhaltet einige Beispiele zur Einarbeitung.

1.2   Konventionen für die Darstellung

Das Arbeitsbuch soll den Umgang mit einem Computerprogramm anleiten. Kenntnisse des Betriebssystems und des Personalcomputers werden deshalb vorausgesetzt.

Die Benutzungsoberfläche unter Windows inspiriert zu *learning-by-doing*. Es sind trotzdem einige Konventionen für die verständliche Erläuterung der Programmbedienung erforderlich.

Die Darstellung der Bedienmöglichkeiten ist im Arbeitsbuch bewußt einfach gehalten, um die Lesbarkeit nicht unnötig zu erschweren. Da es für jede Nutzereingabe prinzipiell mehrere Möglichkeiten gibt, wird versucht, mit Hilfe einer Symbolik diese einzelnen Möglichkeiten voneinander zu unterscheiden und zu verdeutlichen. Prinzipiell sind diese Eingabemöglichkeiten äquivalent und können wahlweise benutzt werden.

Die folgenden Konventionen zur Darstellung wurden verwendet:

Symbol	Bedeutung
🖱	Mauseingabe
F2	Tastatureingabe (Funktionstaste)
⌨	Tastatureingabe
Text	Benutzereingabe
↵	Eingabebestätigung
Text	Bildschirmtext
Text	Kommentar
K̲onstruieren	Haupt- oder Untertitel im Abrollmenü kann auch mit Alt - K ausgewählt werden
▷	Schritt im Abrollmenü
🔘	Schaltfläche (Button)

1.2.1 Tastaturkombinationen

Tastaturkombinationen werden mit Bindestrich geschrieben. Das zeigt an, daß zwei oder mehrere Tasten gleichzeitig zu betätigen sind. Damit kann zwischen

den verschiedenen Ebenen der Tastaturbelegung gewechselt werden. Tabelle
1.1 gibt eine Übersicht der einander entsprechenden Tastaturkombinationen
für verschiedene Ausführungen der Personalcomputer-Tastatur.

Tabelle 1.1: Tastaturkombinationen

MF-II	MF	PC/XT
Untbr	Abbr	Pause
Alt	Alt	Alt
Alt Gr	Alt Strg	Alt Ctrl
Bild ↑	Bild ↑	PgUp
Bild ↓	Bild ↓	PgDn
Druck	Druck	PrtScr
Einfg	Einfg	Ins
Esc	EingLösch	Esc
End	Ende	End
↓	Groß	CapsLock
Umsch	Shift	Shift
Num	Num	NumLock
Home	Pos1	Pos1
Strg	Strg	Ctrl

RETURN oder ENTER

Beide Worte meinen das gleiche, sie sind Synonyme. AutoCAD erwartet die
Bestätigung mit der Taste, die als Enter oder Return, manchmal auch als
Eingabe gekennzeichnet ist. Alternativ verwendet man dafür die Taste der
Tastatur, die für die Befehlsbestätigung benutzt wird. Das kann auch eine Taste sein, die mit einem nach unten links abgewinkelten Pfeil ↵ gekennzeichnet
ist. Im folgenden soll an den Stellen im Text, wo eine Bestätigung der Eingabe
erwartet wird, das Symbol ↵ stehen. Überall, wo eine Eingabe bestätigt werden muß, kann statt der Taste ↵ auch die rechte Maustaste oder die Leertaste
betätigt werden.

1.3   Systemüberblick

Dieses Kapitel beschäftigt sich mit der Installation und der Konfiguration von AutoCAD auf einem Personalcomputer. Die Hinweise beziehen sich auf die Version 13.

1.3.1   Systemvoraussetzungen und Installation

AutoCAD erfordert zwingend einen Personalcomputer (PC) mit numerischem Koprozessor, der in Intel 486 und in Intel Pentium standardmäßig integriert ist. Als Mindestvoraussetzung fordert Autodesk einen Speicherausbau von 16 MByte, als Faustregel für praktikables Arbeiten wird das Dreifache der Größe der Zeichnungsdatei angegeben. Das Betriebssystem Windows95 oder WindowsNT, eventuell auch Win32s Version 1.2 (wird dann von Autodesk bei der Installation zur Verfügung gestellt), muß installiert sein. Geeignete Bildschirmadapter und Maustreiber sind dann automatisch vorhanden.

Autodesk schützt die Programmlizenz gegen unberechtigte Benutzung durch einen sogenannten Hardware-Lock. Eine Programmlizenz ist nur mit vorhandenem und autorisiertem Hardware-Lock funktionsfähig. Für diesen Hardware-Lock ist eine IBM-kompatible, parallele Schnittstelle erforderlich.

Optional kann der Computer mit einem Digitalisiertablett zur Zeichungseingabe und Programmsteuerung ausgestattet sein. Drucker oder Plotter werden für die Zeichnungsausgaben benötigt. Für diese Peripheriegeräte sind die mitgelieferten Treiber, vorzugsweise in der für die installierte AutoCAD-Version passenden Version, zu verwenden.

Die Standardinstallation von AutoCAD erfolgt mit dem mitgeliefertem Installationsprogramm („Setup") auf der Installations-CD-ROM oder mit der mitgelieferten Setup-Diskette, nachdem der Hardware-Lock an einer parallelen Schnittstelle des PC angebracht und Windows95 bzw. WindowsNT gestartet wurde („Setup" startet gegebenenfalls Windows automatisch).

Im Installationsprogramm ist die Schaltfläche „Neuinstallation" auszuwählen. Das Programm erfordert eine Personalisierungsdiskette. Laufwerk und Verzeichnis für die AutoCAD-Installation sind auszuwählen, und es werden automatisch alle benötigten Verzeichnisse und Unterverzeichnisse angelegt. Die Installationsart ist zunächst auf „Typisch" einzustellen.

1.3.2   Dateistruktur

Die bei der Installation von AutoCAD angelegte Verzeichnisstruktur ist in Tabelle 1.2 zusammen mit Erläuterungen über den Inhalt der einzelnen Un-

Tabelle 1.2: Verzeichnisstruktur

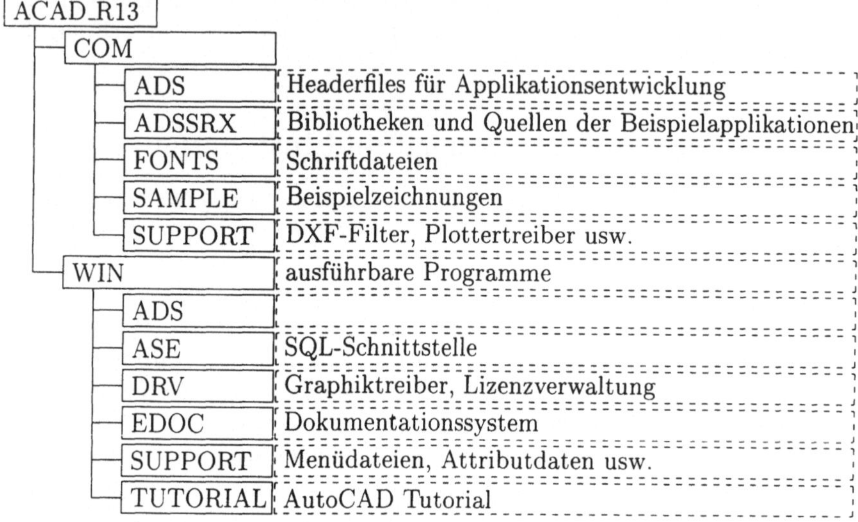

terverzeichnisse angegeben. Das Programmsystem belegt ca. 70 MByte Festplattenspeicher.

Bei eingeschränktem Festplattenplatz ist auch eine Minimalinstallation nur mit den Programm- und Supportdateien möglich. Diese Installation erfordert lediglich 40 MByte Festplattenspeicher.

Es empfiehlt sich, ein weiteres Unterverzeichnis für die eigenen Zeichnungsdateien anzulegen und einen separaten Arbeitsbereich in diesem Verzeichnis zu definieren.

Typische Endungen von Dateien, die von AutoCAD und vom Betriebssystem des PC benutzt werden, sind in Tabelle 1.3 angegeben. Mit Hilfe der Dateiendung kann im Zweifelsfall auf den Inhalt einer Datei geschlußfolgert werden. Man sollte bei der Vergabe von eigenen Dateinamen diese Vereinbarungen berücksichtigen, um keine zusätzliche Verwirrung zu stiften.

1.3.3 Konfiguration

Die Konfiguration von AutoCAD ist in der Regel nur einmal bei der Neuinstallation des Programms durchzuführen. Änderungen sind danach nur beim Hinzufügen von neuen Hardwarekomponenten oder zur Leistungsverbesserung einer bestehenden Installation erforderlich.

Tabelle 1.3: Dateiendungen

Endung	Bedeutung
ARX	ARX-Anwendungsprogramme
BAK	Sicherungsdatei
DOC, TXT	Dokumentdatei
DWF	Zeichnungsdatei für den Datenaustausch im Internet
DWG	Zeichnungsdatei
DWK	Sperrdatei
DXF	Exportdatei, editierbar
EPS, PS	Postscriptdatei
INI	Sytemdatei
LIN	Linientypdefinitionen
LSP	AutoLISP-Programmdateien
MAT	AME-Materialinformationen
MNU	Quelltext für AutoCAD-Menübeschreibung
MNX	Kompilierte AutoCAD-Menübeschreibung
PGF	Paginierungsdatei
PGP	AutoCAD-Programmparameter

Eine durchgreifende Verbesserung der Leistungsfähigkeit von AutoCAD ist aber ausschließlich mit mehr Hauptspeicher (bis zu 64 MByte) oder mit einer speziell für AutoCAD optimierten Graphikkarte einschließlich passender Treibersoftware zu erreichen. Die Installation dieser Komponenten erfolgt auf Betriebssystemebene ohne Eingriffe in die AutoCAD-Konfiguration. Die Feinabstimmung von AutoCAD erfordert dann lediglich die Anpassung im Konfigurationsmenü.

Im folgenden werden einige, über den Ausbau der Hardware hinausgehende Maßnahmen beschrieben, die im Einzelfall zur Laufzeitverbesserung beitragen können.

Entscheidend für den effizienten Zugriff auf die zu bearbeitenden Zeichnungsdateien ist die Speicherzuordnung für AutoCAD. Einen Großteil der Datenverwaltung und Berechnung führt AutoCAD im zur Verfügung stehenden Hauptspeicher aus. Dieser Hauptspeicher wird unter Windows um einen virtuellen Speicher auf der Festplatte, der natürlich langsamer im Zugriff ist, erweitert. Reicht dieser Speicher insgesamt nicht mehr aus, wird der verbleibende Teil der Zeichnungsinformationen von AutoCAD in eigenen, temporären Dateien auf die Festplatte ausgelagert. Nach der Zeichnungsbearbeitung werden diese

Dateien wieder gelöscht.

Die Plazierung der Temporärdateien wird unter den Betriebsparametern konfiguriert. Hier kann eine geeignete feste Einstellung für die AutoCAD-Installation erfolgen, die noch mit der Umgebungsvariablen *ACADPAGEDIR* überschrieben werden kann. Standardmäßig wird allerdings das Verzeichnis der Zeichnungsdatei benutzt. Die Zugriffsgeschwindigkeit auf diese temporären Dateien bestimmt bei beschränktem Hauptspeicher oder bei sehr großen Zeichnungen entscheidend die Abarbeitungsgeschwindigkeit von AutoCAD. Es empfiehlt sich deshalb, das angegebene Verzeichnis gegebenenfalls regelmäßig zu defragmentieren.

Kapitel 2

Grundlagen

In diesem Kapitel sollen grundlegende Informationen zum Umgang mit dem AutoCAD-System vermittelt werden. Nach der Einführung der Befehlseingabe wird der effektive Umgang mit dem System erläutert. Die Darstellungen werden um Hintergrundinformationen zum System und zur benutzten Konstruktionsphilosophie ergänzt. Für den Leser mit Vorkenntnissen wird dieses Kapitel als Referenz während des Studiums der nachfolgenden Kapitel und besonders der Beispielübungen empfohlen. Sie finden an den entsprechenden Stellen im Text die dazu notwendigen Hinweise.

2.1 Programmbedienung

Die Programmbedienung ist entsprechend dem Windows-Stil gestaltet und deshalb recht schnell möglich. Der volle Funktionsumfang des Programms erschließt sich aber erst, wenn man die Vorteile der Oberfläche mit der sehr viel effektiveren Technik der direkten Befehlseingabe und der Arbeit mit den Werkzeugkästen kombiniert. Diese Bedientechniken werden simultan unterstützt. Es ist ohne weiteres möglich, sie zu kombinieren. Die Befehlsfolgen, die den Eingaben auf der Oberfläche entsprechen, werden im Befehlsfenster protokolliert. Arbeiten mit AutoCAD ist deshalb auch immer Lernen neuer Programmbefehle und Befehlsvarianten.

2.1.1 Benutzungsoberfläche

Das entsprechend Abschnitt 1.3.1 installierte Programm wird von der Oberfläche über das Symbol oder mit dem Windows-Explorer gestartet. Nach dem Programmaufruf wird automatisch eine neue Zeichnung mit voreingestellten

Eigenschaften geöffnet. Zu den Voreinstellungen gehören die Gestaltung des Fensters mit den Bestandteilen Menüzeile, Statuszeile und Werkzeugkästen.

In der Titelzeile des Fensters wird der Programmname angezeigt. Hinter dem Programmnamen stehen bei mehrfachem Start von AutoCAD in Klammern die Programmnummer (2, 3, . . .) und der Name der aktuell bearbeiteten Datei. Standardmäßig wird eine noch nicht benannte, neue Datei *NAMENLOS* genannt. Rechts und links findet man in der Titelzeile die Windows-konformen Schaltflächen zum Festlegen der Fensterform und des Programmstatus.

Unmittelbar unter der Titelzeile befindet sich die Menü-Zeile, die die Überschriften der installierten Abrollmenüs zeigt. Diese Menüs sind thematisch geordnet und erschließen den überwiegenden Teil der AutoCAD-Funktionen. Die Anzahl der benutzten Zeilen hängt von der Anzahl der Menü-Überschriften der geladenen Umgebung und der aktuellen Breite des Fensters ab.

Die Menü-Begriffe sind mit der Maus auszuwählen oder entsprechend den Windows-Konventionen direkt mit einer Tastenkombination erreichbar. Diese Tastenkombination entspricht der Taste Alt und der Taste des unterstrichen angezeigten Menütextes, also z.B. Alt - Z für Zeichnen .

Unter der Menü-Zeile ist die Statuszeile angeordnet. In der Statuszeile befinden sich Angaben über die eingestellte Zeichenfarbe und Ebene und über die aktuellen Kursorkoordinaten. Weitere Schaltflächen sind von Zeichnungsparametern belegt. Zusätzlich findet man hier Schaltflächen für einige häufig benutzte Befehle. Die Belegung dieser Schaltflächen (Symbol mit unterlegtem Befehl) kann vom Anwender individuell an die jeweiligen Bedürfnisse angepaßt werden.

Den größten Platz im AutoCAD-Fenster nimmt der Zeichnungsbereich ein. Innerhalb dieser Zeichenfläche wird ein Kursor angezeigt, dessen Position in der Statuszeile protokolliert wird. Das Aussehen des Kursors kann verändert werden. Der Kursor folgt den Bewegungen des Zeigegerätes, typischerweise die Maus, solange sich die Zeigeposition innerhalb der Zeichenfläche befindet. Im Zeichnungsbereich kann mit der Maus direkt und graphisch-interaktiv gearbeitet werden. Standardmäßig ist aber nur die Auswahl von Objekten mit der Maus, die direkte Punkteingabe durch Mausklick und Strecken bzw. Ziehen von existierender Geometrie möglich.

Am unteren Fensterrand befindet sich das Befehlsfenster, das die letzten drei Kommandozeilen anzeigt. Hier sind Tastatureingaben möglich. Dieses Fenster protokolliert alle Nutzereingaben, hier werden alle Systemnachrichten ausgegeben, und hier erscheint die Eingabeaufforderung mit Hinweisen zur Weiterarbeit. Das Befehlsfenster ist das wichtigste Interaktionsfeld. Mit F2 kann man sich in einem zusätzlichen Textfenster mehr als die letzten drei Zeilen des Befehlsfensters anzeigen lassen.

Falls man mehrere Programme oder auch mehrere AutoCAD-Sitzungen gleichzeitig bearbeitet, kann man mit dem Windows-Taskmanager leicht die unterschiedlichen Fenster der Reihenfolge nach ansteuern. Der Taskmanager wird mit der Tastenkombination [Alt] + [Tab] aufgerufen.

2.1.2 Befehlsdialog

Der Befehlsdialog setzt sich zusammen aus der Befehlseingabe, der Befehlsspezialisierung und der Befehlsbestätigung. Erst nach der Bestätigung wird ein Befehl tatsächlich ausgeführt. Die Eingabe kann alternativ über Tastatur oder Menü erfolgen. Ein laufender Befehl kann mit einem sogenannten transparenten Befehl überlagert werden.

Diese Steuerungsmöglichkeiten werden im folgenden erläutert. Sie bilden die Basis für das Verständnis des Befehlsdialogs.

Befehlszeile

Die meisten Befehle sind in sogenannten Befehlsgruppen definiert. Nach dem Befehlsaufruf durch Eingabe des Kommandos auf der Eingabezeile oder durch Auswahl im Menü oder Werkzeugkasten erscheint auf der Befehlszeile eine Information über weitere Möglichkeiten, den Befehl zu spezifizieren. Diese Möglichkeiten bezeichnen wir als „Weiche". Die „Weiche" erlaubt die Auswahl der möglichen Optionen des angegebenen Befehls. Die AutoCAD-Konvention sieht dabei vor, daß genau eine Auswahlmöglichkeit Standard ist, die einfach durch Bestätigen übernommen werden kann und nicht weiter spezifiziert werden muß. Diese Option wird in spitze Klammern eingeschlossen angegeben. Es muß sich dabei nicht um die zuerst angegebene Möglichkeit handeln.

Die Bestätigung einer Eingabe erfolgt alternativ mit [Enter], [Leertaste] oder der Auswahltaste der Maus.

Alle weiteren Auswahlmöglichkeiten der „Weiche" können durch Eingabe des großgeschriebenen Teils des Auswahltextes aufgerufen werden. Diese Optionen können dann gegebenenfalls weitere Spezialisierungsmöglichkeiten haben.

Als Beispiel diene die Eingabe eines 3D-Ansichtspunktes, einmal mit initialer Auswahl über das Menü und zum anderen über die Direkteingabe des zugehörigen Befehls **apunkt**.

Die Parametereingabe erfolgt hier in beiden Fällen über die Tastatur (alternativ im Dialogfenster):

```
Befehl: apunkt ↵
Drehen /<Ansichtspunkt><0.00,0.00,1.00>:  1,2,3 ↵
Regeneriere die Zeichnung.
Befehl:
```

Der letzte Befehl läßt sich bequem durch [Enter] oder [Leertaste] erneut aufrufen. Einige Befehle und Optionen lassen sich dann abkürzen, weil nicht mehr alle Optionen neu eingegeben werden müssen.

Transparente Befehle

Einige Befehle, wie z.B. 'zoom sind sogenannte „transparente Befehle", d.h., sie können innerhalb eines laufenden Befehles aktiviert werden. Sie werden dann abgearbeitet, und danach wird der ursprünglich aufgerufene Befehl weiter abgearbeitet. Damit können Befehle ineinandergeschachtelt werden, ohne den ursprünglichen Befehl abzubrechen.

Transparente Befehle werden mit einem vorangestellten Apostroph gekennzeichnet. Für das Beispiel des Befehls 'zoom bedeutet das, daß während der Erstellung eines geometrischen Objektes, z.B. Polylinie, das die Bearbeitung eines Bereiches einer Zeichnung erfordert, als Zwischenschritt der angezeigte Zeichnungsausschnitt vergrößert werden kann. Die benötigte Funktion 'zoom ist als transparenter Befehl verfügbar. Die Abarbeitung des Geometriebefehls wird nach der Veränderung des Bildausssschnitts fortgesetzt. Damit kann für die Konstruktion eines komplexen Geometrieobjektes immer der am besten geeignete Bildausschnitt, auch während der laufenden Konstruktion, gewählt werden.

Man kann deshalb den Zoombefehl transparent einschieben und direkt wieder in die Bearbeitung des eigentlichen Befehls, hier die Bearbeitung einer Polylinie, zurückkehren.

Befehlseingabe mit der Maus

Ein Teil der im Programm zur Verfügung stehenden Befehle, Einstellungen, Optionen usw. läßt sich direkt mit Hilfe der Maus durch Anwählen der Schaltflächen (engl. *buttons*) erreichen. Die Schaltflächen befinden sich zum Teil fest im Fensterrahmen integriert. Die meisten sind aber in sogenannten Werkzeugkästen gruppiert.

Bei Auswahl einer Schaltfläche wird das zugehörige Kommando im Befehlsfenster angezeigt. Bei der Bedienung des Programms ist deshalb unbedingt auf diese Nachrichten und Hinweise zu achten. Die restlichen Eingaben zur Spezifikation der Kommandos erfolgen entweder über die Abrollmenüs oder über die Tastatur.

Befehlsabbruch

Ein Befehl wird im Normalfall mit (Esc) abgebrochen. Zur Griffdeaktivierung (Griff siehe Abschnitt 2.2.6) oder zum Beenden und Rückgängig machen einer Auswahl ist die Eingabe von (Esc) gegebenenfalls auch mehrmals nötig.

Im Notfall kann mit der Kombination (Strg)-(Alt)-(Entf) innerhalb Windows zwischen den aktiven Applikationen umgeschaltet werden, und AutoCAD kann abgebrochen werden. Diese Variante sollte nur in Ausnahmefällen benutzt werden, da sie unweigerlich zu Datenverlusten führt.

Befehlsrücklauf

Jede Eingabe des Benutzers wird in der Zeichnungsdatei protokolliert, daher kann man innerhalb einer Sitzung die meisten Befehle oder Befehlsgruppen auch wieder rückgängig machen.

Letzten Schritt zurücknehmen:

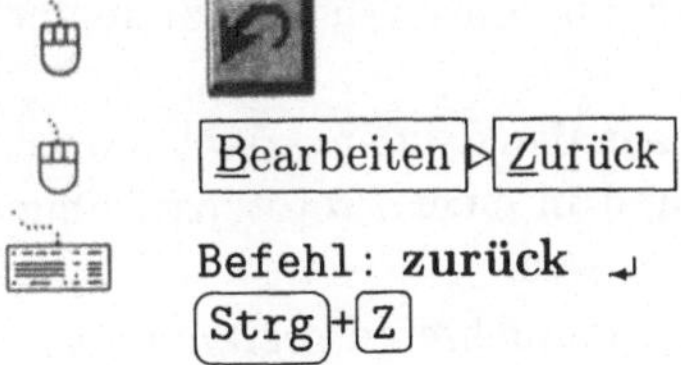

Bearbeiten ▷ Zurück

Befehl: **zurück** ↵
(Strg)+(Z)

Letzten „Zurück"-Befehl rückgängig machen:

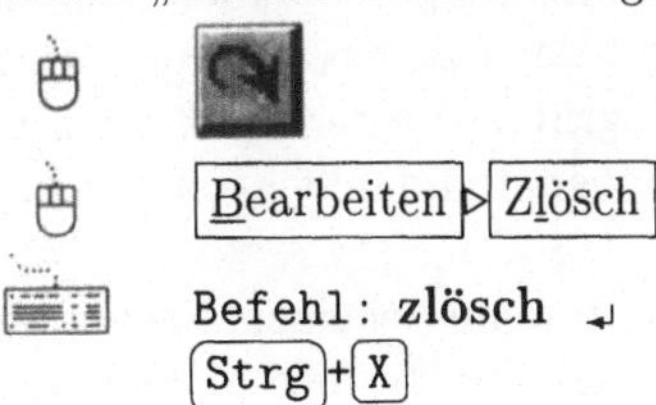

Bearbeiten ▷ Zlösch

Befehl: **zlösch** ↵
(Strg)+(X)

Hilfefunktion

Das Hilfefenster ist mit (F1) erreichbar. Die Hilfe ist ein separat arbeitendes Programm, das standardmäßig auf die Hilfetexte in der Datei *acad.hlp* zugreift.

Unter Windows wird das vorhandene Hilfesystem benutzt. Diese Programmhilfe kann auch als eigenständiges Programm eingerichtet werden, um zum Beispiel den Funktionsumfang des AutoCAD-Pakets zu studieren.
Die Hilfe arbeitet kontextsensitiv, d.h., sie kann während einer AutoCAD-Funktion aktiviert werden, um Hilfestellung zu dieser gerade gewählten Funktion zu erhalten.

2.1.3 Dateiarbeit

Bei Programmstart wird entweder automatisch eine Prototypzeichnung oder eine auf der Kommandozeile spezifizierte, bereits existierende Datei geöffnet. Diese Datei ist im AutoCAD-Zeichnungsformat *DWG* gespeichert. Jede Zeichungsdatei, auch die Prototypzeichnung enthält eine Reihe Vorgabewerte für die Funktionsweise einzelner AutoCAD-Funktionen, Ebenen- und Blockinformationen, geladene Schrift-, Linientyp- und Schraffurmusterbibliotheken usw. Zum Abspeichern einer neuen Datei ist ein Dateiname festzulegen. Gültige Dateinamen sind die Standarddateinamen in der bekannten 8.3-DOS-Notation mit acht Buchstaben als Dateinamen und drei Buchstaben als Dateiendung, z.B. *0_ACHT15.DWG*. Es werden aber auch die langen Dateinamen mit Windows95 und WindowsNT unterstützt. Problematisch ist das nur beim Wechsel zwischen verschiedenen Plattformen, falls dort nur die Standarddateinamen benutzt werden.
Die abgespeicherte Zeichnungsdatei enthält neben den Systemvariablen natürlich die erstellten Zeichnungselemente. Das kann in einer Prototypzeichnung auch ein Plankopf und ein vorgezeichneter Rand sein.
AutoCAD ist netzwerk- und multisessionfähig, d.h., mehrere Programminstanzen können gleichzeitig auf dem selben Rechner oder im Netzwerk aktiv sein. Die in Bearbeitung befindlichen Dateien werden deshalb gegen unberechtigten Zugriff gesperrt. Hierzu wird eine Sperrdatei mit der Dateierweiterung *DWK* benutzt. Die Sperrung gegen unberechtigten Zugriff verhindert, daß mehrere Benutzer gleichzeitig den Dateiinhalt ändern können und damit Konflikte und Bearbeitungsfehler provozieren.
Problematisch ist diese Dateiblockierung nur dann, wenn bei einem Systemabsturz die Blockierung nicht aufgehoben werden konnte. In diesem Fall wird die zugehörige *DWK*-Datei nicht automatisch gelöscht. Bei Programmneustart ist der Zugriff auf die vermeintlich immer noch in Benutzung befindliche Datei gesperrt. Diese Sperrung muß dann „manuell" entfernt werden, indem die *DWK*-Datei gelöscht wird.
Im folgenden werden die notwendigen Kenntnisse zum Öffnen und Speichern sowie zum Wiederherstellen von unter bestimmten Umständen beschädigten

AutoCAD-Dateien vermittelt.

Öffnen von Dateien

Dateien aus AutoCAD Version 13 sowie aus älteren Versionen können mit dieser Funktion geöffnet werden. In einer AutoCAD-Sitzung kann und muß nur eine Datei offen sein. Der Name der geladenen Datei erscheint in der Titelzeile des Fensters. Das Dialogfenster zum Öffnen bestehender Dateien erlaubt die Voransicht der Zeichnungen, wenn sie im Format AutoCAD Version 13 abgespeichert wurden. Außerdem kann man nach bestimmten Dateien suchen und eine Vorschau für mehrere Dateien verwenden.

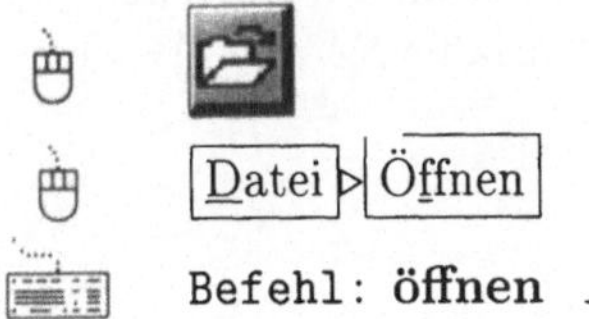

Speichern von Daten

Soll der Inhalt einer Zeichnung zur Weiterverwendung aufgehoben werden, ist die Zeichnung als Datei zu speichern. Dafür gibt es zwei Möglichkeiten:

Speichern mit aktuellen Namen   Ohne Nutzerabfrage wird der bereits feststehende Dateiname zum Abspeichern benutzt. Dabei wird eventuell der bestehende Dateiinhalt überschrieben. Das wird nachgefragt. Soll der alte Zeichnungsinhalt nicht verändert werden, ist die benutzte Zeichnung noch namenlos (nach Start mit einer neuen Zeichnung), oder ist der bisher benutzte Dateipfad nicht mehr zugängig, erscheint eine Dialogbox wie unter dem Befehl zum Speichern mit Namensgebung.

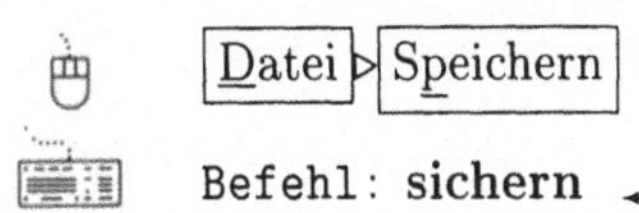

Speichern mit Namensgebung   Zur Bestimmung von Dateinamen, Pfad und Laufwerk der zu speichernden Daten erscheint ein Dialogfenster. Nach Anlegen der Datei wird diese als aktuelle Zeichnungsdatei gesetzt. Existiert bereits eine Datei mit dem gewählten Namen, wird nachgefragt, ob dieser Name benutzt werden soll und der alte Dateiinhalt überschrieben werden darf.

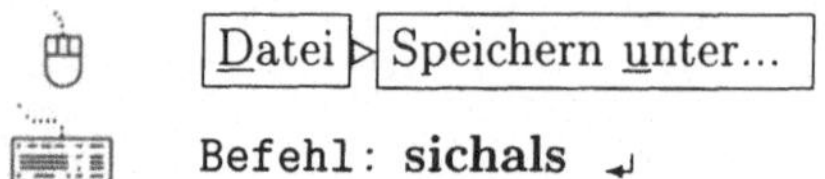

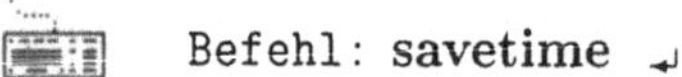

Beide angeführten Speicherungsfunktionen müssen vom Nutzer ausdrücklich aufgerufen werden. Es wird empfohlen, eine Datensicherung immer dann vorzunehmen, wenn ein wesentlicher Arbeitsfortschritt erreicht wurde oder *bevor* eine unter Umständen aufwendige Zeichnungsmanipulation beginnt. Damit wird gesichert, daß auf einen gewünschten Zwischenstand auch wieder zurückgegriffen werden kann. Es ist aber auch eine automatische Zwischenspeicherung möglich. Dazu ist das Zeitintervall für die automatische Sicherung festzulegen.

Automatische Speicherung Der Zeitintervall in Minuten zwischen jeder automatischen Speicherung wird durch die Systemvariable *SAVETIME* festgelegt.

Befehl: **savetime**

Da die bei der Zeichnungsmanipulation gelöschten Graphikobjekte nicht aus dem Graphikspeicher entfernt, sondern nur inaktiv geschaltet werden, was einen entscheidenden Geschwindigkeitsvorteil bei der Löschoperation, dafür aber einen unter Umständen entscheidenden Nachteil beim Bildaufbau und, noch gravierender, bei der Datenspeicherung bedeutet, gibt es einen Befehl zum Bereinigen und Optimieren der Graphikdaten.

Sichern mit Überprüfung Bei dieser Funktion wird die Datenbank überprüft, und die gelöschten und dazu inaktiv geschalteten Objekte werden endgültig entfernt. Damit ist die Verarbeitungszeit höher als bei **sichern** und **sichals**.

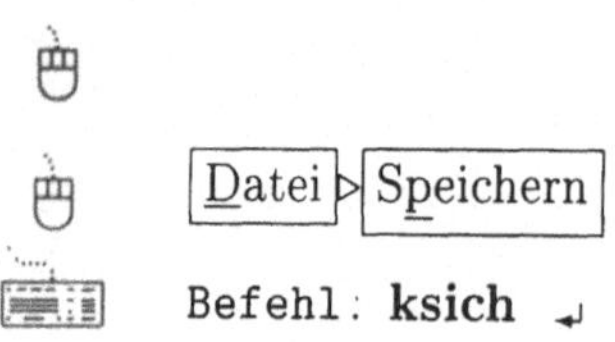

Befehl: **ksich**

Datenrettung

Bei Problemen mit dem Dateilesen oder nach Programmabsturz sind mit Hilfe der in AutoCAD Version 13 vorhandenen Mechanismen die folgenden Versuche zur Datenrettung sinnvoll:

Prüfen der geladenen Datei Die geladene Zeichnungsdatei kann auf Fehler überprüft werden. Die Diagnose kann wahlweise mit und ohne Fehlerkorrektur durchgeführt werden.

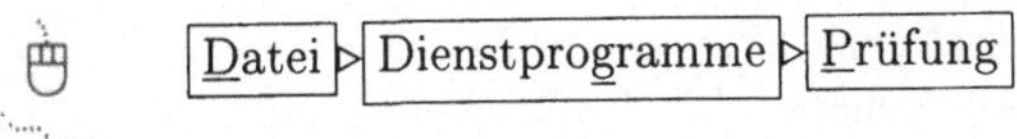

Befehl: **prüfung** ↵

Öffnen fehlerhafter Dateien

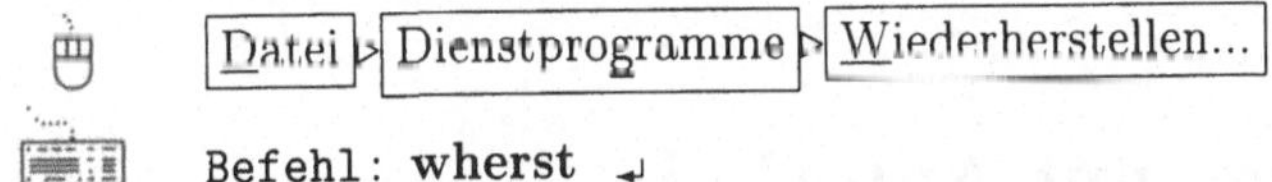

Befehl: **wherst** ↵

Sicherungsdatei und Datenrettung Gelegentlich sind Programmabstürze nicht zu vermeiden. Daher ist es sinnvoll, den Speichermechanismus des Programmes zu kennen.

Immer wenn der aktuelle Zustand einer Zeichnung abgespeichert wird, wird eine Kopie der Zeichnungsdatei erstellt. Es stehen also immer zwei Dateien zur Verfügung. *Name*.DWG beinhaltet den Ist-Zustand und *Name*.BAK den vorherigen Zustand. Es wird versucht, die aktuellen Daten im Falle des Programmabsturzes zu speichern, ohne die letzte BAK-Datei zu überschreiben. Dabei wird sukzessive eine Folge von Backup-Dateien erzeugt, die mit *.bk1, *.bk2, ..., *.bk9, *.bka, ..., *.bkz, ..., .bzz bezeichnet werden. Ansonsten werden die folgenden Namen benutzt: dwg.$$$ oder ef.$ac.

Somit kann wenigstens ein Teil der Arbeit immer gerettet werden, sofern auf den Datenträger zugegriffen werden kann. Man muß dazu die gewünschte Datei in eine Zeichnungsdatei umbenennen (*Neuname*.DWG) und als bereits bestehende Zeichnungsdatei öffnen. Im Zweifelsfall hilft nur besonnenes Handeln. Die Möglichkeiten des Wiederherstellens zerstörter Dateien steigen, je weniger Dateien seit dem Unfall auf die Festplatte gespeichert wurden.

2.1.4 Programmende

Zum Beenden des Programms gibt es zwei Möglichkeiten.

Programm beenden Programm beenden und Zeichnungsänderungen nach Wunsch speichern oder verwerfen. Dieser Befehl kann abgebrochen werden, wenn Änderungen in der Zeichnung vorhanden sind.

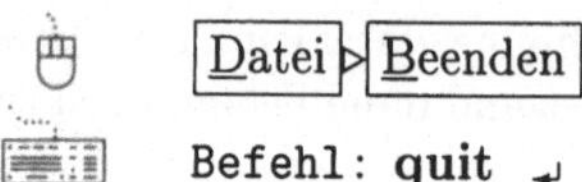

Befehl: **quit** ↵

Programm beenden und sichern   Programm beenden und alle Zeichnungsänderungen automatisch speichern. Hat die Zeichnung noch keinen Namen, wird der dazugehörige Dialog zur Eingabe eines gültigen Dateinamen eingeblendet.

Befehl: **ende** ↵

2.2   Zeichnen mit AutoCAD

AutoCAD kennt drei Strukturierungsmöglichkeiten für graphische Elemente - die Zeichnung, den Block und den Layer (aus dem Englischen, dt. *Ebene*, diese Bezeichnung wird hier bewußt beibehalten, um konform zur unvollständigen Übersetzung der englischen AutoCAD-Version ins Deutsche zu sein).

Die Zeichnungsdatei selbst bildet die oberste Struktureinheit. Jede Zeichnung kann als externe Referenz Bestandteil einer anderen Zeichnung sein. In einer Zeichnung werden dann als externe Referenz lediglich Dateiname und die Plazierungsparameter gespeichert, so daß sie sehr effizient und platzsparend verwendet werden können. Änderungen am referenzierten Original haben auf alle Instanzen unmittelbare Wirkung.

Die Zeichnung wiederum besteht aus Blöcken und weiteren graphischen Elementen. Blöcke selbst sind aus anderen Blöcken oder graphischen Elementen aufgebaut. Blöcke können als externe Zeichnung gespeichert werden, um sie in einer anderen Zeichnung zu benutzen.

Auch für einen Block werden in der Zeichnung lediglich Name und Plazierungsparameter gespeichert. Im Gegensatz zur externen Referenz ist aber ein Block innerhalb der Zeichnung uneingeschränkt weiterbearbeitbar, also auch wieder zerlegbar usw.

Jedes graphische Element ist für sich oder als Teil eines Blockes außerdem genau einem Layer zugeordnet. Layer sind mit zweidimensionalen Zeichenfolien vergleichbar. Diese Zeichenfolien können sichtbar oder unsichtbar sein, zum Editieren freigegeben oder gesperrt sein, in der Zeichnungsausgabe auf Plotter oder Drucker enthalten sein oder auch nicht. Diese Eigenschaften eines Layers übertragen sich auf die ihm zugeordneten graphischen Elemente. Sie werden mit der sogenannten Layerschaltung eingestellt. Über die Layerschaltung kann eine Zeichnung gut strukturiert werden.

Die graphischen Elemente kann man noch weiter entsprechend ihrer Beschrei-
bungsformen und Eigenschaften unterteilen. Die Grundelemente sind Punkte,
Linien und Kreisbögen. Zusammengesetzte Elemente werden aus einer Gruppe
von Grundelementen gebildet. Das sind dann zum Beispiel Linienzüge u.ä.

Die Erscheinungsform eines graphischen Elementes, also besonders der Linientyp und die Farbe werden wahlweise für jedes Objekt individuell oder über die
Layer- bzw. Blockzugehörigkeit festgelegt. Bei Festlegung über Layer- bzw.
Blockzugehörigkeit wird nicht explizit eine Eigenschaft definiert, sondern es
werden die Variablen *VONLAYER* und *VONBLOCK* benutzt.

Im folgenden werden die Strukturierungs- und Manipulationsmöglichkeiten
für Layer und Blöcke behandelt. Eine wichtige Eigenschaft von Blöcken, die
Möglichkeit ihnen Attribute zuzuordnen, wird daran anschließend beschrieben.
Am Ende dieses Abschnittes werden elementare Operationen, die mit allen Arten von graphischen Objekten durchgeführt werden können, vorgestellt.

2.2.1 Layer

Die Layerzugehörigkeit entscheidet über die Sichtbarkeit und Editierbarkeit
eines graphischen Elementes. Layer können ein- und ausgeschaltet, nur zur
Referenz und auch zur Bearbeitung freigegeben werden.

Das Dialogfenster für die Layerschaltung erlaubt die Definition und Steuerung
der Eigenschaften der Layer. Jeder neue Layer wird erst benannt, danach in
die Liste aufgenommen, und schließlich erfolgt nach seiner Markierung in der
Liste die Zuweisung von Farbe, Linientyp und Zustand. Der Aufruf der Layerschaltung kann auch über die Schaltfläche LAYER erfolgen, die sich in der
Statuszeile befindet.

Neu in AutoCAD Version 13 ist das praktische Abrollmenü für die Layerein-
stellungen direkt aus der Statuszeile. Damit kann, ohne über das Dialogfenster
zu gehen, direkt die Layereinstellung angepaßt werden, und die Informationen
über das aktuell eingestellte Layer können vollständig erfaßt werden.

Daten ▷ Layer...

Befehl: **ddlmodi** ↵
Für den Aufruf ohne Dialogfenster:

Befehl: **layer** ↵

Grundlayer Eine neue Zeichnungsdatei enthält immer einen Grundlayer mit der Bezeichnung 0, der Farbnummer 7 (Weiß bei schwarzem Hintergrund, Schwarz bei weißem Hintergrund) und dem Linienstil *CONTINUOUS*. Der Layer 0 kann nicht gelöscht werden. Vorgabemäßig werden alle neuen Objekte diesem Layer zugeordnet.

Aktueller Layer Für neuerzeugte graphische Elemente werden die Eigenschaften (Farbe und Linientyp) des aktuellen Layer (engl. *current layer*) übernommen. Die neuen Objekte werden immer dem aktuellen Layer zugeordnet. Die Folge ist, daß bei ausgeschaltetem aktuellem Layer jedes neuerstellte Objekt dem ausgeschalteten Layer zugeordnet wird und deshalb unsichtbar bleibt, obwohl es in die Zeichnungsdatenbank aufgenommen wird. Eine Ausnahme stellt das Kopieren dar. Beim Kopieren wird das neue Objekt nicht dem aktuellen Layer zugeordnet, sondern es hat die gleiche Layerzuordnung wie das Original.

Das Dialogfenster für die Layersteuerung erlaubt die Auswahl des Layers aus der Liste aller in der Zeichnung definierten Layer und die Aktivierung über die Schaltfläche Aktuell .

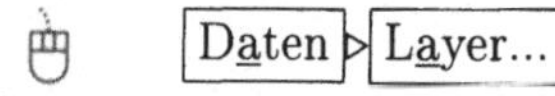

Daten ▷ Layer...

Befehl: **ddlmodi** ⏎
Für den Aufruf ohne Dialogfenster:

Befehl: **clayer** ⏎

Ein- und Ausschalten Das Ausschalten eines Layers bewirkt, daß die darin enthaltenen Objekte nicht mehr angezeigt oder geplottet werden. Eine Ausnahme sind die Funktionen **verdeckt**, **render** und **shade**, in denen diese Layer trotzdem berücksichtigt werden.

Bei der Bildregenerierung **regen** werden ausgeschaltete Layer zwar nicht angezeigt, aber in die Bildneuberechnung miteinbezogen. Diese Befehle können deshalb trotzdem lange dauern. Eine Optimierung ist mit **frieren** möglich.

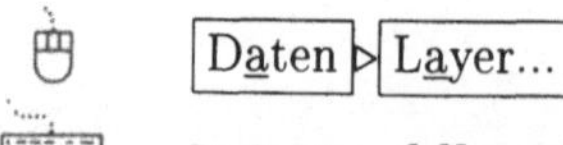

Daten ▷ Layer...

Befehl: **ddlmodi** ⏎

Frieren und Tauen Das Frieren von Layern erlaubt die beschleunigte Arbeit mit Ansichtsfunktionen wie **zoom**, **pan** und **apunkt**. Die Bildregenerierung erfolgt dann ohne Berücksichtigung der gefrorenen Layer und deren Inhalt. Die Objekte auf dem eingefrorenen Layer werden auch nicht geplottet. Ein gefrorener Layer wird also auch nicht in die Bildneuberechnung einbezogen. Damit ergibt sich die Optimierung beim Bildaufbau.

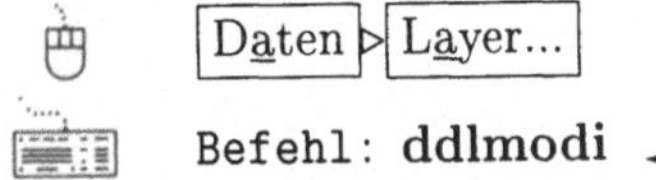

Soll mehrfach zwischen dem Zustand „Layer angezeigt" und „Layer unsichtbar" umgeschaltet werden, dann ist es günstiger, statt **frieren** die Funktion **aus** zu benutzen.

Sperren und Entsperren Das Sperren bestimmter Layer einer Zeichnung erlaubt den Zugriff auf deren Inhalt, ohne Änderungen vorzunehmen. Es können also Punkte gefangen oder Schnittpunkte referenziert werden. Objekte auf gesperrten Layern sind sichtbar, wenn diese eingeschaltet und nicht gefroren sind. Ein gesperrter Layer kann als aktueller Layer gesetzt werden. In diesem Fall können auch neue Objekte auf diesem Layer erzeugt werden. Trotz Sperrung sind die Layereigenschaften Farbe, Linientyp und deren Zustände (Ein/Aus und Tauen/Frieren) veränderbar.

Die Eigenschaften der Layer können für jedes Ansichtsfenster gesondert gesetzt werden.

Umbenennen Der Name eines Layers kann jederzeit geändert werden. Nach Aktivierung des Layernamens im Dialogfeld wird der neue Name im Textfeld eingetragen und über die Schaltfläche Umbenennen aktualisiert.

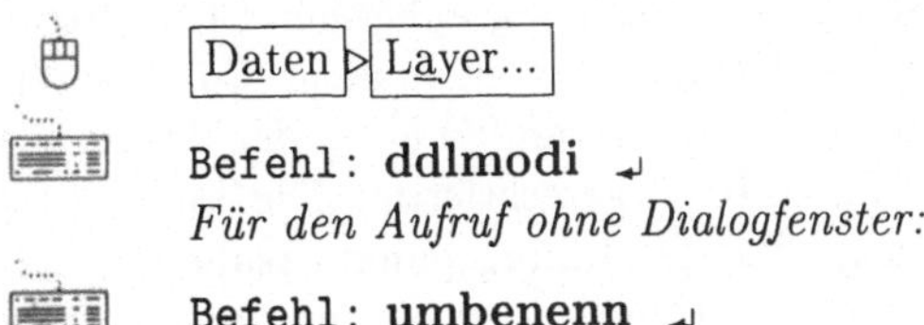

Als Layernamen sollten Klartextnamen benutzt werden, um eine spätere Weiterverwendung der Zeichnungsdatei nicht zusätzlich zu erschweren. Arbeiten mehrere Beteiligte in einem Zeichnungsprojekt, ist eine sorgfältige Abstimmung der Layerorganisation vorteilhaft.

Filtern   Die im Dialogfenster für die Layersteuerung angezeigte Liste aller definierten Layer kann unter Umständen sehr lang werden. Zur Arbeitserleichterung läßt sich mit Hilfe eines Filters die Liste auf bestimmte Namen einschränken. Der Filter wählt nur Layer aus, die ein bestimmtes Kriterium erfüllen.

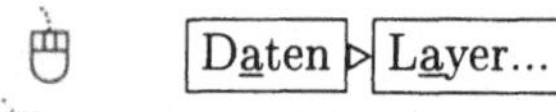

Daten ▷ Layer...

Befehl: **ddlmodi** ↵

2.2.2 Blöcke

Ein Block ist eine benutzerdefinierte Gruppe von Objekten, die graphischer und nichtgraphischer Art sein können. Blöcke besitzen einen Namen, der sie eindeutig identifiziert.

Blöcke werden für mehrmals auftretende Objektgruppen verwendet. Nach Erstellung des Blockes kann dieser beliebig oft eingesetzt werden, bei jedem Einsatz werden Einfügepunkt, Skalierung und Drehwinkel definiert. Damit kann eine Zeichnung aus einer Reihe von geschickt gewählten Bausteinen zusammengesetzt werden.

Ein Block kann selbst weitere Blöcke enthalten. Damit lassen sich Hierarchien von Blöcken bilden. Die Schachtelungstiefe ist nicht beschränkt. Ein Block darf sich aber nicht selbst enthalten (selbst referenzieren).

Blöcke lassen sich zu Bibliotheken zusammenfassen. Damit wird AutoCAD zu einer branchenspezifischen Lösung aufgewertet. Bibliotheken für Standardsymbole usw. erleichtern die Arbeit erheblich. Die Wartung und Aktualisierung von Blöcken kann zentral vorgenommen werden. Alle Referenzen auf einen Block werden bei Veränderung der Blockdefinition mit aktualisiert.

Blöcke führen zu einer erheblichen Arbeitserleichterung und besonders auch zur Ersparnis von Speicherplatz, da die eigentlichen graphischen Elemente als Bestandteil eines Blockes nur einmal definiert werden müssen. Soll also ein Objekt als Kopie eines anderen, ohne weitere Veränderung in der Zeichnung, plaziert werden, so ist seine Definition als Block gerechtfertigt. Die Speicherung der Kopie nimmt dann nur noch den Platz für Einfügepunkt, Skalierung und Drehwinkel in Anspruch. Im Vergleich zu **kopieren**, **reihe** und **spiegeln**, die eine Kopie erzeugen, ohne die Referenz auf das Original zu speichern, erlaubt ein Block also nicht nur Arbeitsersparnis, sondern auch Speicherplatzersparnis und Einsparung bei der Verwaltung und Aktualisierung.

Blöcke können Attribute enthalten. Diese Attribute sind entweder sichtbar, d.h., sie werden als Text in der Zeichnung ausgegeben, oder sie bleiben unsichtbar und werden zum Beispiel beim Suchen in der Datenbank benutzt. Ein Block mit einem sichtbaren, variablen Attribut kann vorteilhaft benutzt werden, um beim Plazieren des Blockes einen zugehörigen Text, der dann in der Zeichnung erscheint, eingeben zu können.

Erzeugen Zur Definition des Blockes gehören ein eindeutiger Name, ein Einfügebasispunkt und mindestens ein graphisches Objekt. Man muß also zunächst die zusammenzufassenden Objekte erzeugen, um sie dann nach Befehlseingabe

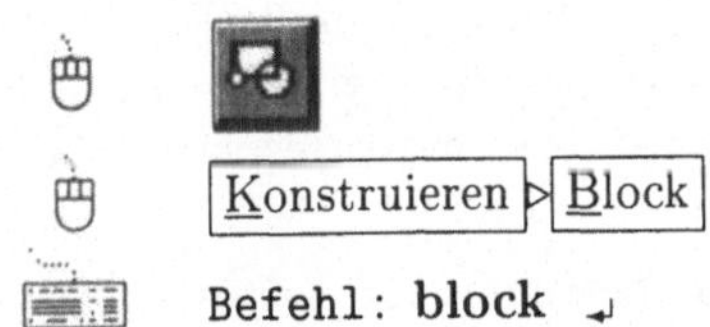

auszuwählen und endgültig in die neue Blockstruktur einzuordnen. Dabei muß ein gültiger Blockname eingegeben werden. Wird ein bereits benutzter Name eingegeben, wird das Original nach Rückfrage überschrieben. Für den Block muß der Bezugspunkt bei der Plazierung festgelegt werden. Dieser Punkt muß nicht unbedingt ein Geometriepunkt des Blocks sein. Man wählt diesen Punkt so, daß die Verwendung und die Plazierung des Blockes so bequem wie möglich werden. Nach Erstellung des Blockes werden die Ursprungsobjekte gelöscht. Die Einzelobjekte sind danach in der Zeichnung nicht mehr vorhanden. Sie können nur noch gemeinsam mit dem Block in der Zeichnung plaziert werden.

Plazieren Nachdem ein Block definiert worden ist, kann er in der Zeichnung plaziert werden. Damit wird also eine Referenz auf den Block in der Zeichnungsdatei erstellt. Gespeichert werden dann nicht die Kopien aller graphischen Objekte des Blockes, sondern nur die individuellen Plazierungsparameter Einfügepunkt, Skalierung und Drehwinkel.

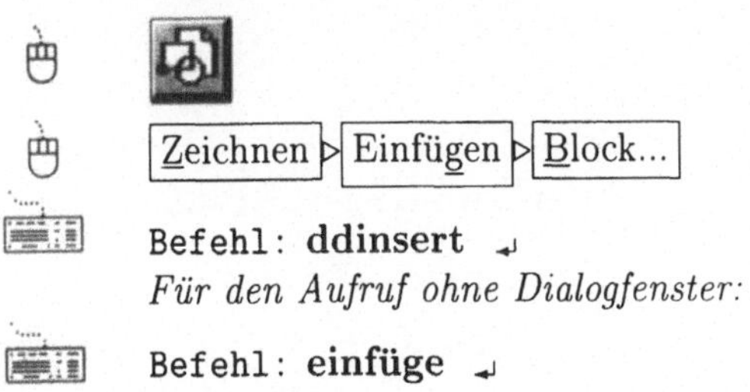

Der Einfügepunkt des Blocks bezieht sich auf den bei der Definition des Blockes festgelegten Basispunkt. Zu diesem Basispunkt bestimmt sich die relative Lage der Objekte des Blockes. Der Basispunkt wird mit den angegebenen Koordinaten des Einfügepunktes verknüpft. Der Basispunkt eines Blockes und die Orientierung des für die Blockdefinition maßgeblichen Benutzerkoordinatensystems (BKS) kann gegebenenfalls verändert werden. Das hat dann aber Auswirkungen auf alle Referenzen dieses Blockes.

Die Skalierung des Blockes bei der Plazierung wird für die Koordinatenrichtungen x, y und z getrennt vorgegeben. Standard ist eine gleichmäßige Skalierung in alle Koordinatenrichtungen. Die Skalierung bezieht sich auf den Basispunkt, d.h., alle Abstände graphischer Objekte bezüglich des Basispunktes werden mit den angegebenen Faktoren für die x-, y- bzw. z-Richtung multipliziert. Die Faktoren für die x- und y-Richtung können auch negativ gewählt werden. In diesem Fall wird der Block spiegelbildlich zur y- bzw. x-Achse plaziert. Die z-Skalierung wird immer positiv angenommen.

Der Drehwinkel für die Einfügung eines Blocks bestimmt sich relativ zum aktuell eingestellten BKS. Mit einer Kombination der Funktionen **einfüge** und **reihe** (rechtwinklig) kann das mehrmalige Einfügen eines Blockes beschleunigt werden.

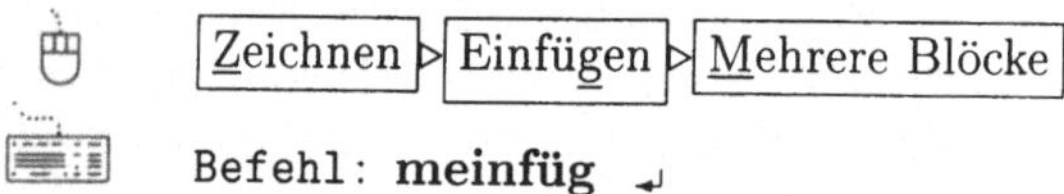

Befehl: **meinfüg** ↵

Überschreiben   Änderungen der Blockdefinition wirken sich sowohl auf bereits eingefügte Instanzen als auch auf die später noch einzufügenden Instanzen dieses Blockes aus.

Das ist besonders beim Überschreiben eines Blocknamen der Fall. Sämtliche Instanzen eines plazierten Blockes werden mit dem neuen Blockinhalt aktualisiert, und der alte Blockinhalt geht verloren.

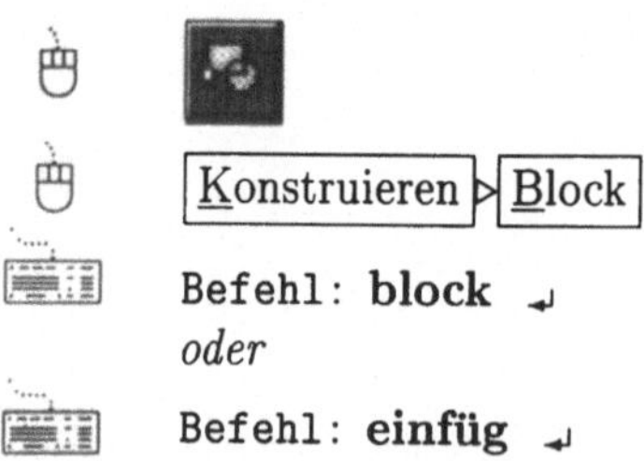

Befehl: **block** ↵
oder

Befehl: **einfüg** ↵

Zerlegen   Genauso wie eine Polylinie in ihre Segmente aufgelöst werden kann, zerlegt die Funktion **ursprung** einen ausgewählten Block so, daß die Gruppe aufgelöst wird. Diese Funktion kann mehrmals angewendet werden, wenn mehrere Schritte zum Auflösen einer Blockhierarchie notwendig sind.

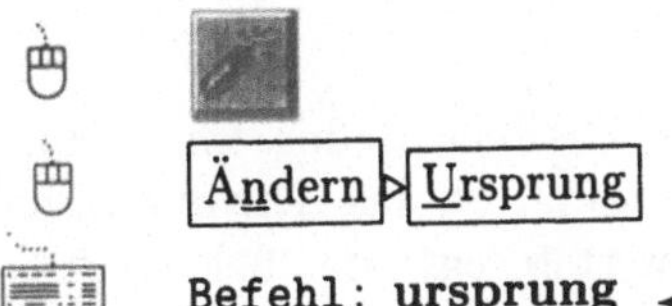

Befehl: **ursprung** ↵

Die Zerlegung eines Blockes hat nur auf die ausgewählte Instanz eines plazierten Blockes Auswirkungen. Diese Instanz wird in ihre Bestandteile zerlegt, und die graphischen Objekte werden in die Datenbasis eingefügt. Die Blockdefinition selbst und andere plazierte Instanzen in der Zeichnung bleiben von der Zerlegung unberührt.

Blockexport Bereits erstellte Blöcke oder auch neu zu definierende Blöcke können exportiert werden. Dabei werden alle Daten eines Blockes als eigenständige Zeichnung abgespeichert.

Nach Aufruf der Funktion **wblock** erfolgt die Eingabe des Blocknamens oder die leere Eingabe (bei noch nicht definierten Blöcken). Der Blockname muß nicht mit dem Dateinamen übereinstimmen. Das weitere Vorgehen entspricht der Blockerstellung.

Befehl: **wblock** ↵

2.2.3 Attribute

Neben der Definition der graphischen Eigenschaften von Blöcken können ihnen nichtgraphische Informationen - die Attribute - zugeordnet werden. Ein Attribut wird mit Bezeichnung und Wert definiert. Der Wert kann variabel oder konstant sein. Ist der Wert variabel, kann und sollte zusätzlich ein Text als Eingabeaufforderung für das Attribut definiert werden. Dieser Eingabetext erscheint dann im Eingabedialog auf der Kommandozeile bei jeder Plazierung dieses Blockes.

Die Attributwerte können zum einen als Selektionskriterium für die in einer Zeichnung enthaltenen Blöcke genutzt werden. Damit sind die Auswahl und die selektive Verarbeitung von Blöcken freizügig zu organisieren. Zum anderen können mit den Attributen Erläuterungstexte direkt in die Zeichnung übernommen werden. Mit den entsprechenden Abfragefunktionen können diese Attribute zur Generierung einer Stückliste aus der fertigen Zeichnung, zur Weiterverarbeitung in einer Textverarbeitung oder in einer Tabellenkalkulation genutzt werden.

Erstellen von Attributen

Das Dialogfenster Attribute ist in die Bereiche Attribut, Modus, Einfügepunkt und Textoptionen gegliedert. Der Modus bestimmt, ob das Attribut variabel oder konstant, sichtbar, mit einem Vorgabewert belegt oder bei der Eingabe überprüft wird. Auch nach einem unsichtbaren Attribut läßt sich in der Datenbank suchen.

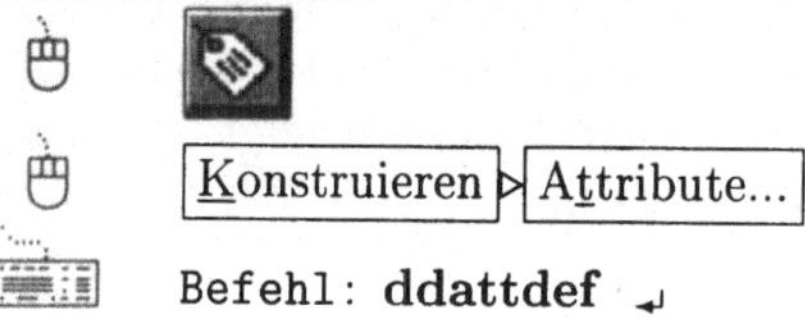

Bearbeiten von Attributsdefinitionen

Mit dieser Funktion kann man die Einstellungen für Bezeichnung, Eingabetext und Vorgabewert eines Attributs verändern.

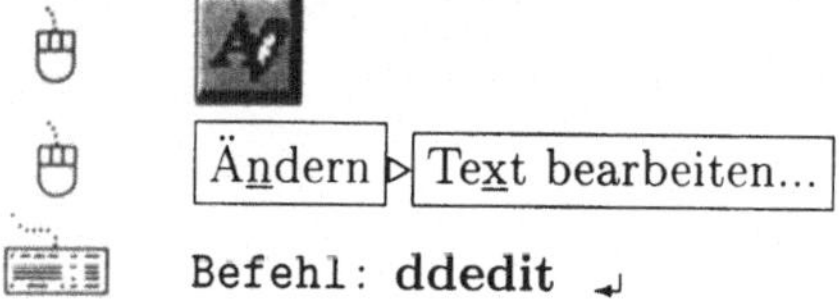

Die Veränderung der Attributsdefinition bezieht sich auf alle neu zu erstellenden Blöcke mit diesem Attribut.

Bearbeiten von Blockattributen

Die Werte der Blockattribute lassen sich wie gewöhnlicher Text aufrufen und ändern. Hierzu wird die Attributsliste des zu bearbeitenden Blockes in einem Dialogfenster angezeigt.

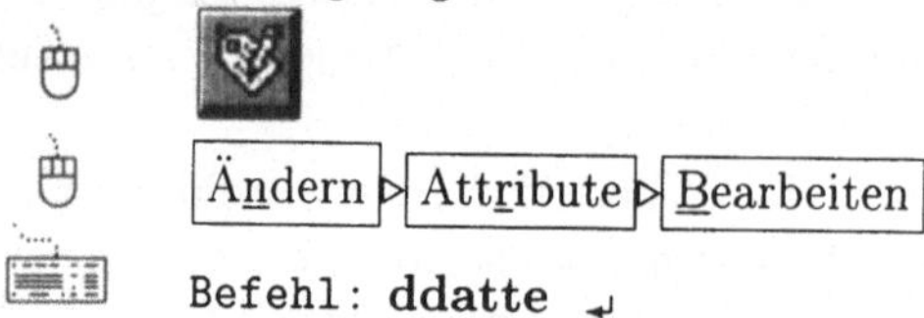

2.2.4 Objektbearbeitung

Neben den geometrischen Eigenschaften graphischer Objekte, können die Eigenschaften Layerzuordnung, Farbe und Linientyp jederzeit abgefragt und verändert werden. Dazu stehen eine Reihe von Funktionen zur Verfügung. Die Objektbearbeitung wird durch verschiedene Möglichkeiten der Auswahl und Gruppierung von Objekten weiter vereinfacht.

Layerzuordnung Die Layerzuordnung bereits erstellter graphischer Objekte ist eine Eigenschaft und deshalb nicht endgültig. Sie läßt sich abfragen und gegebenenfalls anpassen, falls das Objekt nicht einem gesperrten Layer zugeordnet ist.

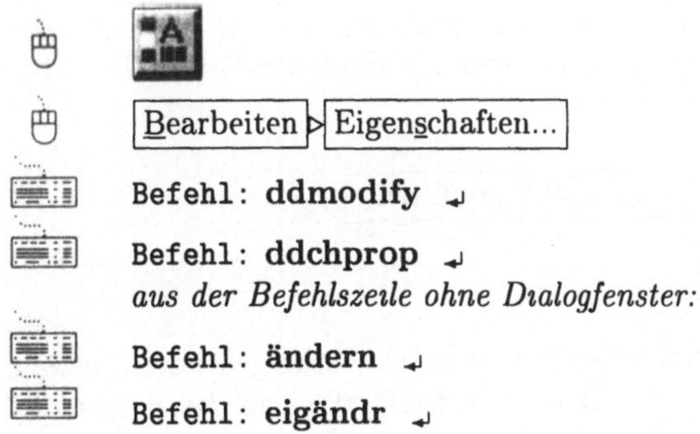

Bearbeiten ▷ Eigenschaften...

Befehl: **ddmodify** ↵

Befehl: **ddchprop** ↵
aus der Befehlszeile ohne Dialogfenster:

Befehl: **ändern** ↵

Befehl: **eigändr** ↵

Farbe Die Variable *CECOLOR* beschreibt die Farbe neu zu erzeugender Objekte. Sie kann auf die Variablen *VONLAYER*, *VONBLOCK* oder auf eine individuelle Zuweisung, z.B. *ROT*, eingestellt sein. Für die individuelle Farbauswahl wird ein Dialogfenster angeboten. Die zur Auswahl stehende Farbpalette bestimmt sich auch aus den Möglichkeiten des Bildschirmadapters.

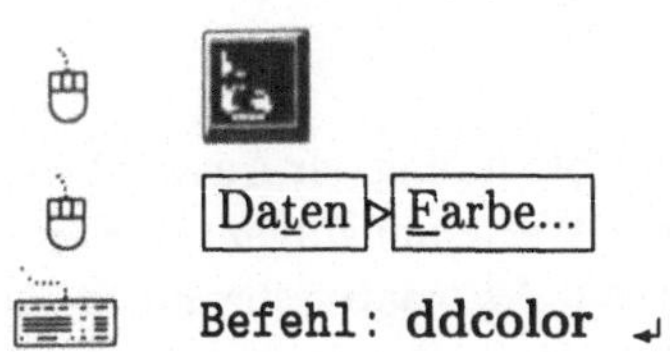

Daten ▷ Farbe...

Befehl: **ddcolor** ↵

Die Farbe ist als eine Objekteigenschaft zu verstehen. Daher ändert man sie, wie gehabt, mit einer der Funktionen **ddchprop** oder **ddmodify**.

Auswählen und Umbenennen

Objektwahlfilter Erzeugt Listen, um Objekte anhand von Eigenschaften auszuwählen. Die Funktion **filter** erzeugt eine Liste mit Eigenschaften, die ein Objekt aufweisen soll, damit es ausgewählt wird.
Mit **filter** können Filterlisten erstellt werden, die später an der Eingabeaufforderung eingesetzt werden. Eine transparente Verwendung über `Objekte wählen:'filter` ist möglich, um Objekte für den aktuellen Befehl auszuwählen. Ein Filter wählt Objekte nach Farbe und Linientyp nur dann, wenn diese Eigenschaften dem Objekt direkt zugewiesen worden sind. Erhalten Objekte ihre Farbe oder ihren Linientyp vom Layer oder Block, dem sie zugeordnet sind, findet **filter** diese Objekte nicht, weil die Eigenschaften *VONLAYER* bzw. *VONBLOCK* benutzt werden.

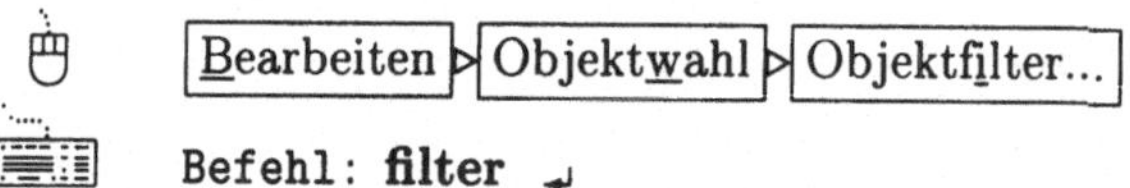

Auswahlsatz Nimmt ausgewählte Objekte in den vorhergehenden Auswahlsatz auf. AutoCAD erfordert die Auswahl von Objekten in der Reihenfolge, in der sie bearbeitet werden sollen. Die Eingabeaufforderung `Objekte wählen` folgt auf viele Befehle, einschließlich auf den Befehl **wahl** selbst. Mit den folgenden Methoden können Sie Objekte auswählen, unabhängig davon, mit welchem Befehl die Eingabeaufforderung `Objekte wählen` aufgerufen wurde: Auto, Hinzufügen, ALLE, BOX, Kreuzen, KPolygon, Zaun, Gruppe, Letztes, Mehrere, Vorher, Entfernen, EInzel, ZUrück, Fenster, FPolygon

Auswahlvariable Diese ganzzahlige Variable zur Steuerung der Auswahl von Gruppen und Assoziativschraffuren kann folgende Werte annehmen: 0: Keine Auswahl, 1: Auswahl von Gruppen, 2: Auswahl von Assoziativschraffuren, 3: Auswahl von Gruppen und Assoziativschraffuren.

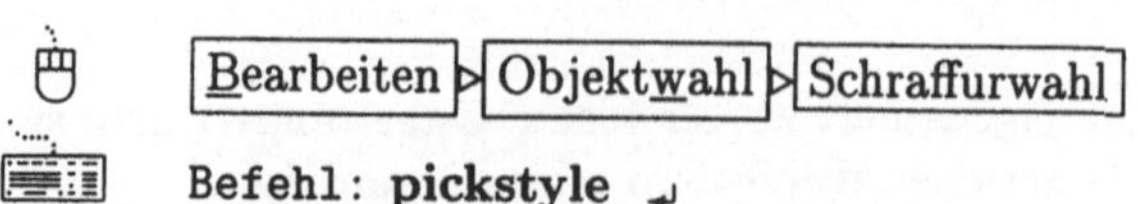

Umbenennen Objektnamen können abgefragt und eventuell geändert werden. Ausnahmen sind der Name von Layer 0 und der Linientyp *CONTINUOUS*.

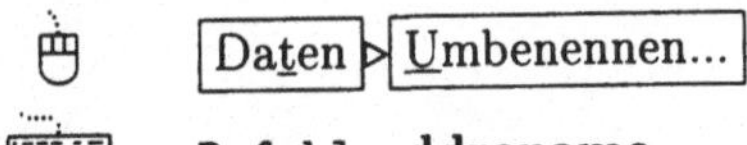

Befehl: **ddrename** ↵

Gruppieren

Neben den schon bekannten Möglichkeiten der Sortierung von Objekten über Layerzuordnung, Farbzuweisung usw. gibt es ab AutoCAD Version 13 die Möglichkeit, Gruppen zu bilden. Gruppen werden zunächst nur durch einen Namen und einen Definitionstext definiert. Eine neue Gruppe ist zunächst leer und enthält keine Objekte. Eine Gruppe bleibt daher auch Bestandteil einer Zeichnung, auch wenn alle ihr zugeordneten Objekte gelöscht werden sollten.

Gruppe Gruppenelemente sind Objekte, dessen Eigenschaftsliste einen oder mehrere Gruppennameneinträge besitzen.

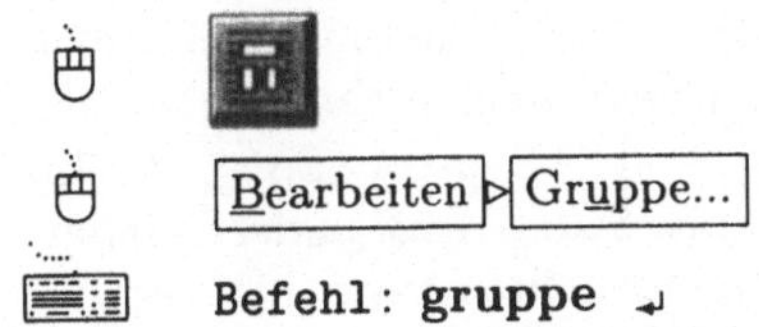

Befehl: **gruppe** ↵

Gruppen können auswählbar geschaltet werden. Dann hat man neben dem Attribut eine weitere Möglichkeit, auf Objekte zuzugreifen. Man kann in eine Gruppe jederzeit Objekte einfügen oder Objekte aus ihr entfernen. Wird ein Objekt einer Gruppe in einen Block aufgenommen, dann wird dieses Objekt gelöscht und deshalb auch aus der Gruppe entfernt. Die Elemente einer Gruppe besitzen eine Ordnungszahl. Die Numerierung beginnt bei 0.

Löschen Das Löschen von Objekten ist nach Auswahl direkt möglich. Der Datenbankeintrag des Objektes wird aber erst endgültig gelöscht, wenn die Datei mit **ksich** geschlossen wird oder die Funktion **bereinig** aufgerufen wurde.

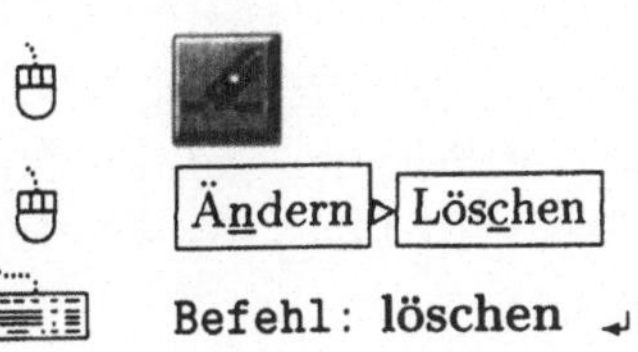

Befehl: **löschen** ↵

Zur unmittelbaren Wiederherstellung des zuletzt gelöschten Objektes dient die
Funktion **hoppla**.

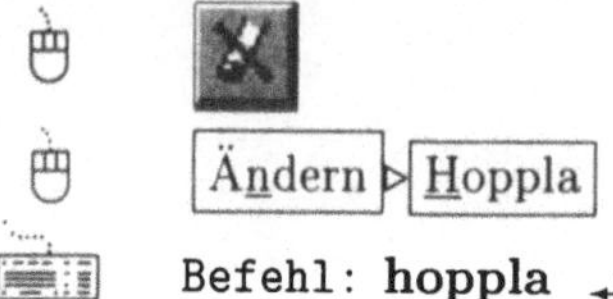

Befehl: **hoppla** ↵

Bereinigen Diese Funktion entfernt nicht verwendete benannte Objekte, wie
nicht verwendete Layer oder Blöcke, aus der Datenbank. Nur eine Verweisebene
kann bearbeitet werden. Zur Bereinigung mehrerer Ebenen muß abgespeichert
werden und dann erneut **bereinig** aufgerufen werden.

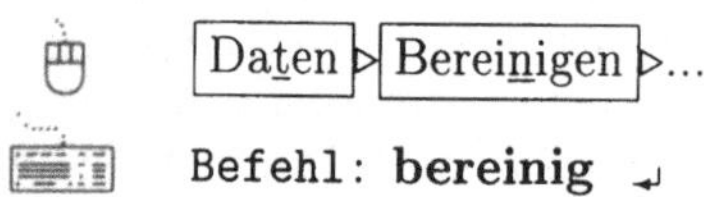

Befehl: **bereinig** ↵

2.2.5   Systemvariablen und Modi

Beim Zeichnen sollte man immer berücksichtigen, daß die aktuellen Einstellungen der Systemvariablen bei der Erstellung neuer Objekte bestimmend sind.
Beispielsweise erlaubt die Eigenschaft „Farbe" des Objektes „Linie" die Einstellungen *VONLAYER*, *VONBLOCK* oder z.B. *SCHWARZ*. In der Standardzeichnung beginnt man mit genau diesen voreingestellten Layer „0", der Farbzuweisung *VONLAYER* und dem Linientyp *VONLAYER*, der auf *CONTI-
NUOUS* gestellt ist.

Objektmodi Die Eigenschaften eines Objektes lassen sich individuell über
ein Dialogfenster steuern.

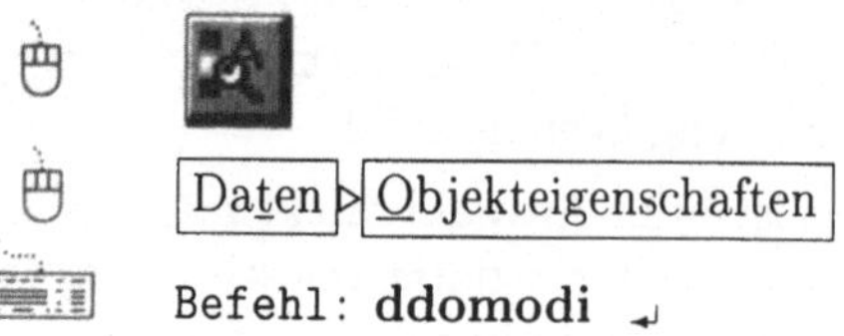

Befehl: **ddomodi** ↵

Fangmodi

Die Objektfangmodi stellen einen Mechanismus zur Selektion von Punkten
dar. Spezielle Punkte können dabei der Endpunkt einer Linie, das Zentrum
eines Kreises usw. sein.

Die Arbeit mit Fangmodi erlaubt die präzise Konstruktion von Objekten ohne die oft mühselige und fehleranfällige Koordinatenermittlung. Die bereits erzeugte Geometrie wird einfach als Referenz benutzt, um neue Stücke zu erzeugen.

Die Fangmodi können permanent eingestellt oder transparent innerhalb einer aktiven Funktion aufgerufen werden. Praktisch ist neben dem zugehörigen Werkzeugkasten das sogenannte Pop-Up-Menü, das durch die mittlere Maustaste ebenfalls transparent aufrufbar ist.

Fortlaufender Objektfang   Mehrere Fangmodi können simultan als fortlaufender Objektfang genutzt werden. Die aktuellen Einstellungen der zugehörigen Variablen lassen sich über das Dialogfenster „Objektfang" steuern. Hier sind auch die Eigenschaften des Zielfensters konfigurierbar.

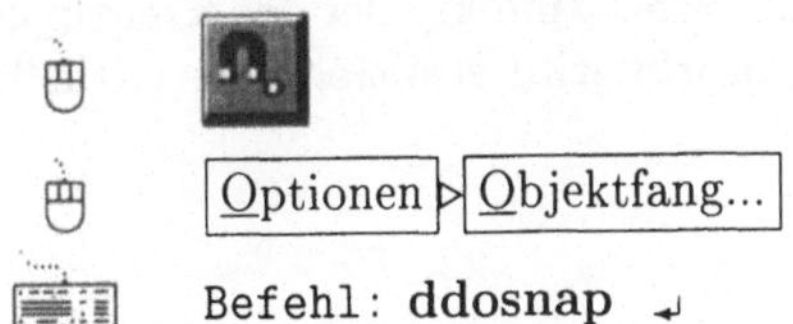

Befehl: **ddosnap** ↵

Von Punkt   Ausgehend von einem benutzerdefinierten Punkt wird ein zweiter, in relativen Koordinaten vom Benutzer definierter Punkt ermittelt. Sinnvoll ist dieser Fangtyp in Kombination mit anderen Fangmodi.

Befehl: **von** ↵

Endpunkt   Der nächste Endpunkt wird ermittelt. Knotenpunkte von 2D- und 3D-Objekten werden erkannt (z.B. Knotenpunkt eines Rechtecks oder eines Quaders).

Befehl: **end** ↵

Mittelpunkt   Der längenhalbierende Punkt des Objektes wird ermittelt. Bei unendlicher Länge (Strahl und Konstruktionslinie) wird der Ursprung ermittelt (Definitionspunkt). Bei Splines oder Ellipsen wird die Strecke zwischen Anfangs- und Endpunkt halbiert.

 Befehl: **mit** ↵

Schnittpunkt Der Schnittpunkt mehrerer Objekte wird ermittelt. Folgende Objekte sind gültig: Linie, Kreis, Kreisbogen und Spline. Auch virtuelle Schnittpunkte (Verlängerungen) sind möglich.

 Befehl: **sch** ↵

Angenommener Schnittpunkt Der 2D-Schnittpunkt oder der Kreuzungspunkt der Objekte in der aktuellen 3D-Ansicht wird ermittelt (ein virtueller Schnittpunkt).

 Befehl: **anp** ↵

Zentrum Der Mittelpunkt von Kreis, Bogen und Ellipse wird ermittelt. Dabei werden Festkörper- oder Regionbestandteile erkannt.

 Befehl: **zen** ↵

Quadrant Damit wird der nächstgelegene Quadrant oder Unterteilungspunkt eines Kreises, eines Bogens oder einer Ellipse ermittelt. Die Unterteilungspunkte liegen bei 0, 90, 180 und 270 Grad, auf die X-Achse des aktuellen Koordinatensystems bezogen.

 Befehl: **qua** ↵

Lot Der Fußpunkt oder Lotpunkt des aktuellen Punktes auf ein Objekt wird ermittelt. Objekte wie Linie, Kreis oder Bogen erlauben den Modus Lot.

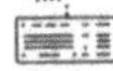 Befehl: **lot** ↵

Tangente Der Schnittpunkt der Tangenten Geraden durch den aktuellen Punkt und einem Objekt wird ermittelt. Erlaubte Objekte sind Kreis, Bogen, Ellipse und Spline.

 Befehl: **tan** ↵

Punkt Der Objekttyp 2D- oder 3D-Punkt wird ermittelt.

 Befehl: **pun** ↵

Basispunkt Der Basispunkt (oder Einfügepunkt) von Block, Symbol, Text oder Attribut wird ermittelt.

 Befehl: **bas** ↵

Nächster Punkt Der dem aktuellen Punkt geometrisch naheste Punkt wird ermittelt. Es kann ein einzelner Punkt oder ein Teil eines Objektes sein.

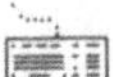 Befehl: **näc** ↵

Quick Dieser Modus ermittelt bei mehreren aktiven Fangmodi den ersten passenden Punkt. Bei Deaktivierung wird aus dem Satz an gültigen Punkten der dem Achsenkreuz nächstliegende Punkt ermittelt.

 Befehl: **qui** ↵

Keiner Ermöglicht das vorübergehende Deaktivieren von Objektfangmodi für einen einzelnen Punkt.

Befehl: **kei** ↵

Es bietet sich also eine Eingabereihenfolge an, die die Einstellungen der Systemvariablen ausnutzt und die Anzahl der Umstellungen reduziert.

Beispiel:

Eingabegruppe „Gestrichelte Achsen" auf „Layer" „Achsen" mit auf „Endpunkt" und „Mittelpunkt" voreingestellten Fangmodi.

Zeichnungshilfen

Limiten Die Zeichnungsgrenzen sind bei einer neuen Zeichnungsdatei mit Standardwerten belegt. Diese können vom Benutzer jederzeit variiert werden, entweder indirekt durch Generierung von Objekten mit Koordinaten außerhalb der Grenzen, wodurch diese aktualisiert werden, oder durch direkte Festlegung

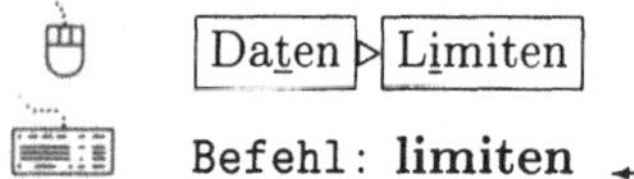

Befehl: **limiten** ↵

Raster Das Zeichenraster besteht aus Rasterpunkten, die als optische Hilfe bei der Eingabe von Koordinaten dienen sollen. Die Abstände in X- und Y-Richtung sind unterschiedlich definierbar. Die Rasterpunkte werden nicht geplottet.

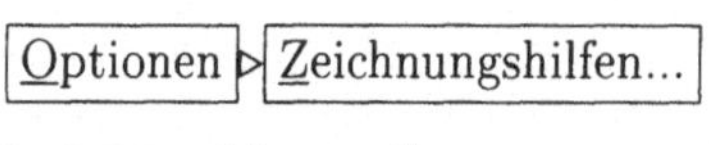

Befehl: **ddrmodi** ↵

Fangwert Die Bewegung des Kursors auf der Zeichenfläche läßt sich in nutzerdefinierten Intervallen begrenzen, welche genauso wie beim Raster in X- und Y-Richtung unterschiedlich definiert werden können und nicht mit dem eventuell definierten Raster übereinstimmen müssen.

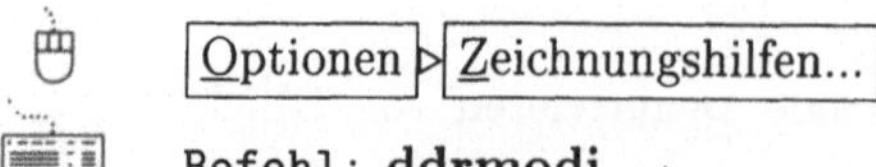

Befehl: **ddrmodi** ↵

Prototypzeichnung Jede Zeichnungsdatei kann zwar als Vorlage bzw. Prototypzeichnung benutzt werden, jedoch sind die Einstellungen folgender Variablen und Strukturen für eine ansonsten leere Vorlage oft von Nutzen: Einheitentyp, Genauigkeit, Limiten. Einstellungen von Fang, Raster, Orthomodus, Layer-, Block- und vielleicht sogar Xref-Struktur, Plotlayout (Rahmen, Logos, Symbole), Bemaßungsstile, usw.

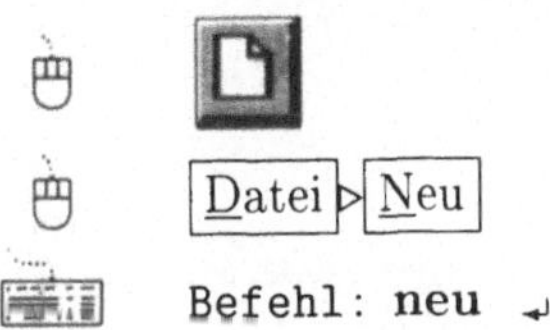

2.2.6 Griffe und Konstruktionspunkte

Ein Griff wird durch ein kleines Rechteck dargestellt, das an charakteristischen Punkten (z.B. an den Knotenpunkten einer Polylinie) erscheint, wenn man das Objekt **vor** einer Befehlseingabe auswählt. Diese Vorauswahl von Objekten geschieht manchmal versehentlich - sie läßt sich durch mehrmalige Betätigung von [Esc] rückgängig machen. Aktivierte Griffe und ausgewählte Objekte werden mit blauen Punkten und gestrichelten Linien dargestellt. Nach der Auswahl können einzelne oder Gruppen von Griffen eines Objektes geändert werden. Dazu werden die gewünschten Griffe mit der Maus selektiert. Sie erscheinen nun in roter Farbe, und die Funktion **strecken** ist automatisch aktiviert worden.

Konstruktionspunkte entstehen vor allem beim Selektieren („Anklicken") von Objekten oder bei der Definition von Fensterbereichen im Grafikfenster. Diese Punkte stellen keine Objekte der Zeichnungsdatenbank dar. Sie erscheinen nur vorübergehend auf dem Zeichenbereich und verschwinden beim nächsten Bildaufbau.

2.3 Sichtbarer Zeichnungsbereich

Zur Einstellung der sichtbaren Bereiche einer Zeichnung gibt es mehrere Funktionen. Diese Funktionen zur Ansichtssteuerung **pan** und **zoom** verändern nicht die Objekte, sondern bestimmen nur, ob sie in den Zeichnungsaufbau einbezogen werden und ob sie dargestellt werden. Werden Objekte angezeigt, bestimmen Koordinatensysteme und Projektionsart, wie sie dargestellt werden. Die Sichtbarkeit von Objekten entscheidet sich aber auch über ihre Zuordnung zu Ebenen und deren Sichtbarkeit.

Pan Wenn nicht die Limiten einer Zeichnung auf dem Graphikfenster sichtbar sind, bleiben meistens Teile der Zeichnungsdatei verborgen. Falls nicht der Zoomfaktor zur Ansichtsvergrößerung oder -verkleinerung geändert werden soll, kann der Ansichtsbereich durch Eingabe einer Verschiebungsrichtung geändert werden.

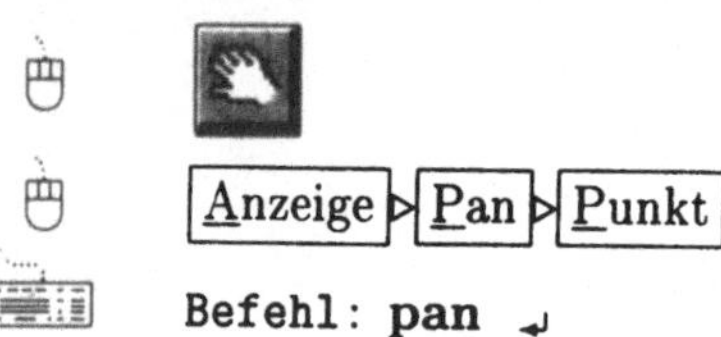

Anzeige ▷ Pan ▷ Punkt

Befehl: **pan** ↵

Zoom Diese Funktion skaliert die Ansicht, entweder in Abhängigkeit von den Zeichnungslimiten mit der Funktion **zoom .5**, von der aktuellen Ansicht mit **zoom .5x** bzw. mit **zoom 2x** oder von den Papierbereichseinheiten mit **zoom .5xp**. Der Aufruf ist immer über die Tastatur möglich. Der Befehl lautet für Zoomen im Ansichtsbereich wie folgt:

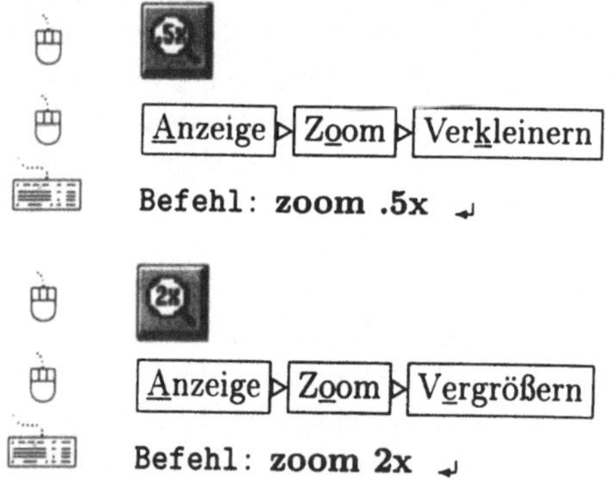

Anzeige ▷ Zoom ▷ Verkleinern

Befehl: **zoom .5x** ↵

Anzeige ▷ Zoom ▷ Vergrößern

Befehl: **zoom 2x** ↵

Zoom Fenster vergrößert einen Teilbereich der sichtbaren Zeichnung. Die Abmessungen des gewünschten Teilbereiches werden direkt in der Zeichnung durch zwei diagonal liegende Punkte eingegeben. Das Seitenverhältnis des neuen Ausschnitts wird auf die Geometrie des Graphikfensterbereiches angepaßt.

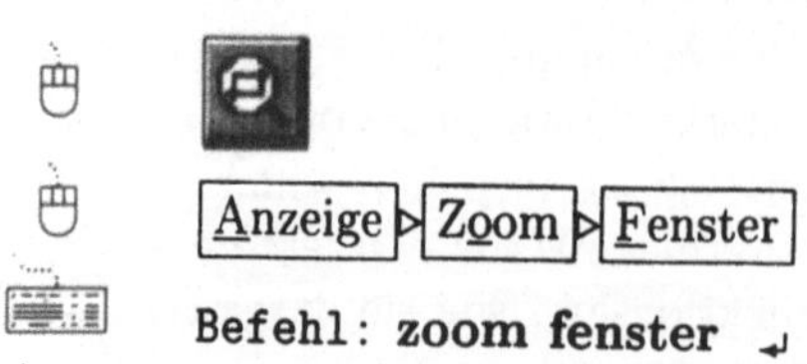

Anzeige ▷ Zoom ▷ Fenster

Befehl: **zoom fenster** ↵

Zoom Vorher ruft die zuletzt benutzte Ansicht wieder auf. Damit müssen bereits eingegebene Ansichtsparameter nicht erneut eingegeben werden. Bis zu zehn vorherige Ansichten können aufgerufen werden. Dabei sind die durch die Befehle **pan**, **zoom**, **dansicht** und **apunkt** erstellten Ansichten inbegriffen.

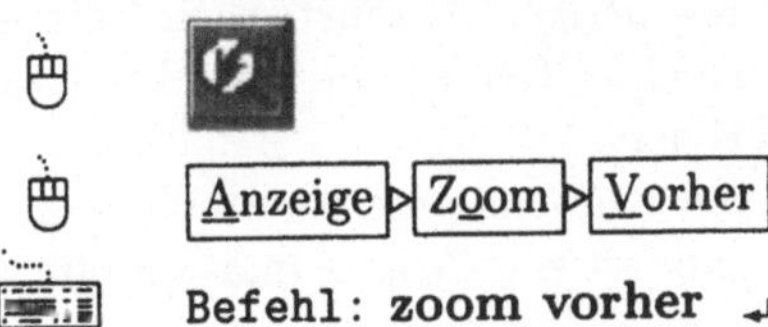

Zoom Mitte erzeugt eine neue Ansicht mit einem anzugebenden Mittelpunkt und einem gewünschte Skalierungsfaktor.

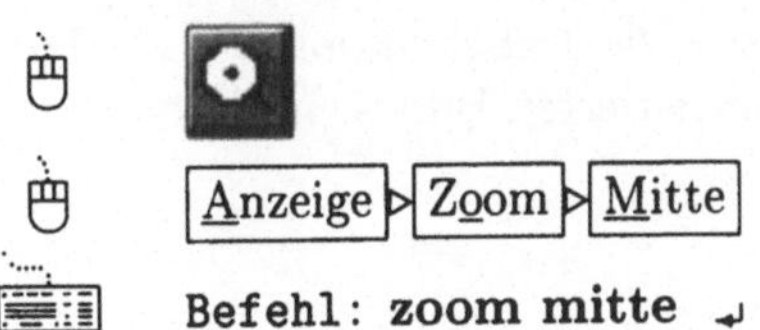

Dynamisches Zoomen ist eine Funktion zur beschleunigten graphischen Auswahl des gewünschten Ansichtsbereiches. Dabei wird eine Markierung innerhalb der aktuellen Zeichnung angezeigt, die den neuen Bildschirmbereich bezeichnet. Die Markierung wird über den Mittelpunkt plaziert und kann in ihrer Ausdehnung dynamisch angepaßt werden. Die Funktion kombiniert somit **zoom** und **pan** in einer Eingabefunktion (X in der Markierung für **pan**, Pfeil in der Markierung für **zoom**). Vor allem bei großen Datenmengen kann die Funktion von Vorteil sein, da bei aktiviertem Schnellzoom-Modus nicht auf eine komplette Bildgenerierung zur Parametereingabe gewartet werden muß.

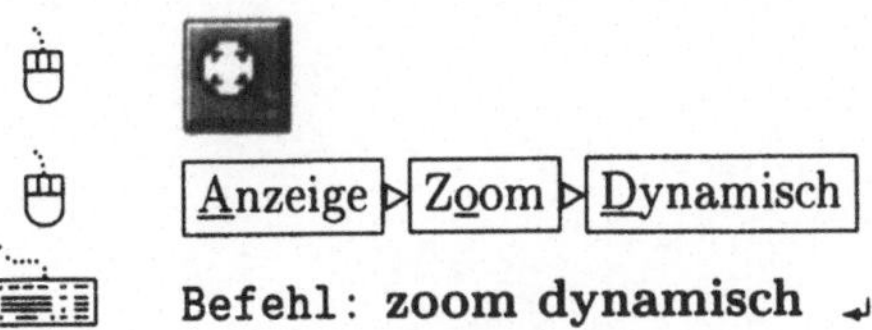

Übersichtsfenster Zusätzlich steht noch das Übersichtsfenster zur Navigation zur Verfügung. Die Funktionen **pan** und **zoom** und ihre Parameter sind hier kombiniert.

Befehl: **üfenster** ↵

2.3.1 Bildregenerierung

Schnellzoom-Modus Zur Steuerung der Häufigkeit der Regenerierung von Zeichnungen dient die Systemvariable *AUFLÖS*. Ist sie deaktiviert, wird bei jedem Ansichtsbefehl das komplette Bild regeneriert. Ansonsten wird die Aktualisierung nur auf den sogenannten virtuellen Bereich beschränkt. Dieser Schnellzoom-Modus ist standardmäßig aktiviert.

Auch die Anzahl der zur Approximation von Kurvensegmenten benutzten geraden Teilstücke wird hier eingestellt. Vorgabe ist eine Approximation mit 100 Teilstücken.

   Befehl: **auflös** ↵

Bereinigen des Zeichnungsbereiches Die Konstruktionspunkte lassen sich schnell durch den Aufruf des zuletzt generierten Bildes entfernen.

   Anzeige ▷ Neuzeichnen

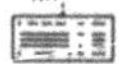   Befehl: **neuzeich** ↵

Dieser Befehl wirkt nur auf das aktuelle Ansichtsfenster. Bei mehreren Ansichtsfenstern benutzt man

   Anzeige ▷ Alles neuzeichnen

   Befehl: **neuzall** ↵

Oft ist es jedoch sinnvoller, die Neugenerierung mit dem aktuellen Datenbankinhalt vorzunehmen. Damit kann eine wirksame Kontrolle nach dem Löschen von Objekten erfolgen. Dazu benutzt man

   Befehl: **regen** ↵

oder bei mehreren Ansichtsfenstern

   Befehl: **regenall** ↵

2.3.2 Modellbereich

Standardmäßig wird in einer neuen Zeichnungsdatei eine einzige Ansicht im Modellbereich definiert. Diese Ansicht füllt das Graphikfenster vollständig aus. Es ist aber gelegentlich wünschenswert, mehrere Projektionen des Modelles simultan anzuzeigen.

Eine Unterteilung des Graphikfensters in mehrere Ansichtsfenster ermöglicht im 2D-Bereich das gleichzeitige Arbeiten sowohl im Gesamt- als auch in Detailgebieten, im 3D-Bereich das simultane Arbeiten in mehreren Ansichten (Grundriß, Aufriß usw.).

Dabei arbeitet man immer in einem aktiven Fenster, das durch den hervorgehobenen Rahmen erkennbar ist. Nur hier ist auch der Kursor dargestellt. Die Umschaltung zwischen Fenstern erfolgt durch Mausklick in den Bereich des gewünschten Fensters.

Die Fenster teilen den Graphikfensterbereich in Rechtecke, die sich nicht überlappen und die Gesamtfläche genau bedecken.

Bildschirmeinteilung Mehrere nebeneinander angeordnete Ansichtsfenster im Modellbereich werden durch die **fenster** gesteuert. Bei Änderungen im Modell werden immer alle Ansichtsfenster aktualisiert.

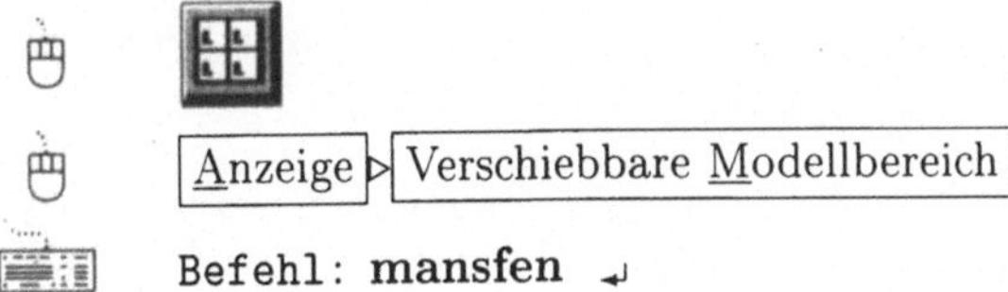

2.3.3 Papierbereich

Die Präsentation der Arbeit mit CAD erfolgt besonders bei 3D-Modellen in mehreren Projektionen. Die Projektionen werden dabei im sogenannten Papierbereich definiert, in dem die Ansichtsfenster selbst als zusätzliche Objekte angelegt und behandelt werden.

Tilemode dient zur Aktivierung des Papierbereiches (*TILEMODE* = 0) und zur Umschaltung in den Modellbereich mit festen Ansichtsfenstern (*TILEMODE* = 1).

Fenster im Papierbereich Beim ersten Umschalten von *TILEMODE* vom Modellbereich in den Papierbereich wird **mansfen** im leeren Papierbereich aktiviert, um die gewünschten Ansichtsfenster zu definieren. Optionen ermöglichen das Anlegen von 2, 3 oder 4 Fenstern in einem benutzerdefinierten Bereich.

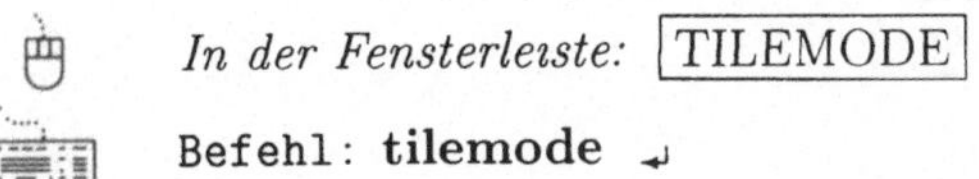

Nach Erstellung der Ansichtsfenster im Papierbereich können diese in Form und Anordnung modifiziert werden. Die Option **verdplot** von **mansfen** legt für jedes einzelne Fenster fest, ob beim Plotten der Inhalt verdeckt ausgegeben wird oder nicht. Es können beliebig viele Fenster erstellt werden. Aber es werden maximal 15 Fensterinhalte simultan angezeigt. Einzelne Fenster können ausgeschaltet werden.

Umschaltung zwischen Bereichen Nach Erstellung der verschiebbaren Ansichtsfenster im Papierbereich kann mit **mbereich** in den Modellbereich geschaltet werden. Das zuletzt aktive Ansichtsfenster wird angesteuert. Das Symbol am rechten unteren Fensterrand zeigt die aktuelle Einstellung an (Abb. 2.1).

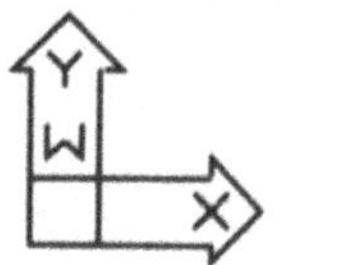

Abbildung 2.1: Symbole für Modellbereich (Grundriß) und Papierbereich

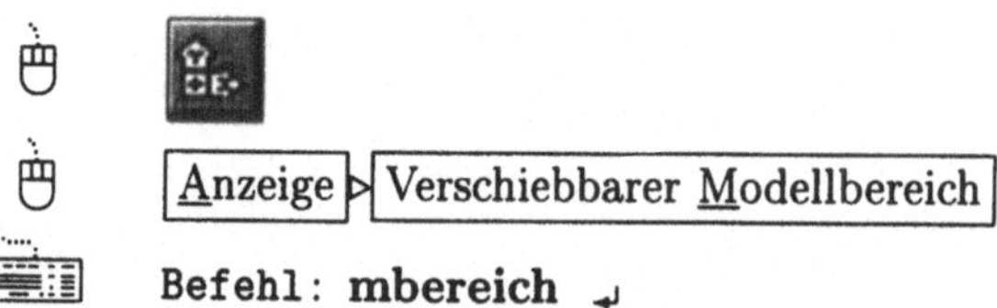

Entsprechend kann aus dem Modellbereich in den Papierbereich geschaltet werden. Bei ausgeschaltetem **tilemode** kann also vom Fensterinhalt auf den Bereich der Fensterrahmen geschaltet werden.

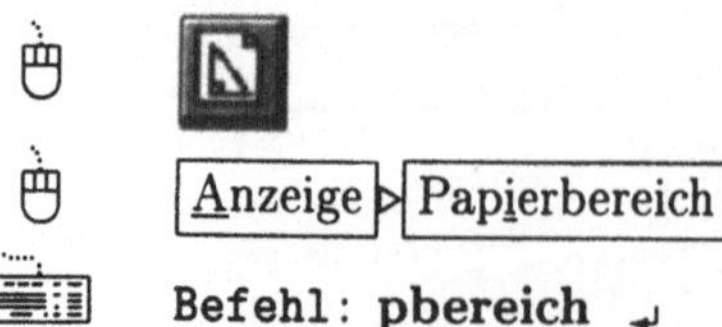

Konfiguration der Ansichtsfenster Drehen der Inhalte einzelner Fenster oder Ausrichten der Fensterinhalte zueinander, wird mit **mvsetup** realisiert. Darüber hinaus ist auch das Anlegen von Titelblöcken mit Rahmen und Schriftfeldern möglich.

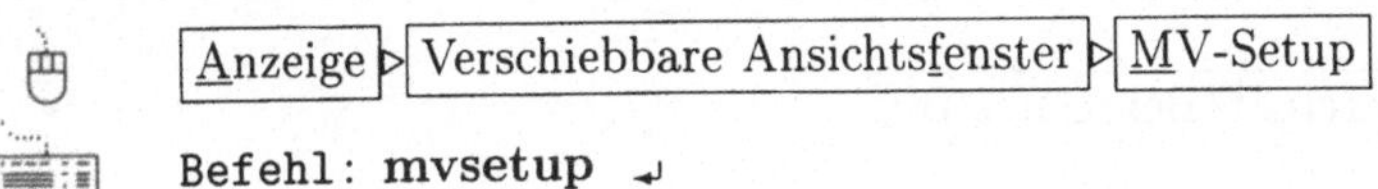

Befehl: **mvsetup** ↵

2.4 Koordinatensystem und Projektionsarten

Das benutzte globale Koordinatensystem basiert auf dem kartesischen Rechtssystem mit dem Ursprung (0,0,0). Die Grundrißebene wird somit durch die X- und Y-Achse aufgespannt, die Z-Achse steht senkrecht auf dieser Ebene. Die benutzerdefinierten lokalen Koordinatensysteme beziehen sich immer auf dieses globale, können jedoch häufig die Arbeit erheblich erleichtern.

2.4.1 Benutzerdefinierte Koordinatensysteme (BKS)

Das vordefinierte Koordinatensystem ist das Weltkoordinatensystem (WKS). Benutzerdefinierte Koordinatensysteme (BKS) können durch **bks** definiert und eingerichtet werden. Jede räumliche Ausrichtung ist möglich. Mehrere Möglichkeiten der Parametereingabe bieten sich an, wie z.B. das Ausrichten des neuen BKS an eine bestehende Geometrie oder die Bestimmung der Achsenlage durch die Eingabe dreier nicht kollinearer Punkte.

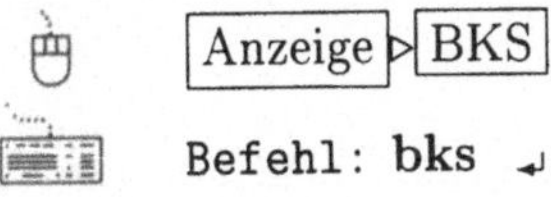

Befehl: **bks** ↵

Programmvorgaben für BKS können mit einem Dialogfenster ausgewählt werden. Die verschiedenen voreingestellten BKS sind dazu symbolisch dargestellt.

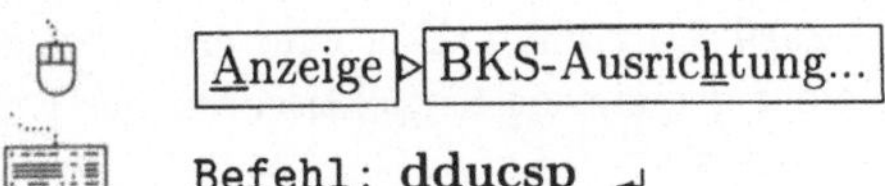

Befehl: **dducsp** ↵

Umschaltung zwischen BKS Namentlich gespeicherte BKS können in dem zugehörigen Dialogfeld wiederhergestellt werden. Somit ist die systematische Bearbeitung unterschiedlicher Teilbereiche einer Geometrie schnell möglich. In diesem Zusammenhang lassen sich auch Gesamt- und Teilansichten namentlich speichern und wiederherstellen.

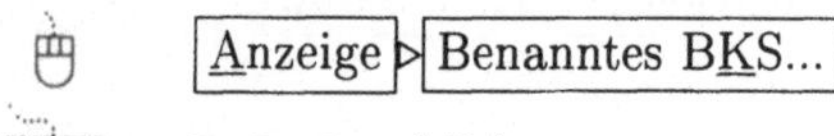

Befehl: **ddbks** ↵

2.4.2 Projektionsarten

Die Standardzeichnung benutzt die Grundrißprojektion in die XY-Ebene (Parallelprojektion), daher auch das enstprechende Symbol am linken unteren Rand des Graphikfensters. Es stehen jedoch immer zwei Projektionssysteme zur Verfügung: die Parallelprojektion (Grundriß, Aufriß, Axonometrie usw.) und die Zentralprojektion (Fluchtpunktperspektive), die als Funktion mit weiteren eigenen Unterfunktionen zu verstehen ist. Einige Funktionen des Standardbereiches Parallelprojektion sind im Bereich Zentralprojektion nicht möglich.

Der aktuelle Modus wird in der linken unteren Ecke des Graphikfensters symbolisch dargestellt (Abb. 2.2).

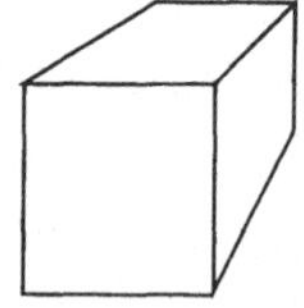

Abbildung 2.2: Symbole für Ansicht (X- oder Y-Achse) und Zentralprojektion

Im folgenden werden Grundlagen und Steuerung beider Darstellungsfunktionen erläutert. Zum Verständnis ist es erforderlich, auf die Grundlagen der darstellenden Geometrie mit den Begriffen Projektionsrichtung oder Blickrichtung und Projektionsebene bzw. Bildebene zurückzugreifen. Das Bild eines dreidimensionalen Originals wird mit Hilfe einer geeigneten Projektion auf der Projektionsebene erzeugt.

Parallelprojektion

Das Bild entsteht durch Projektion mit parallelen Projektionsgeraden in der
gewünschten Blickrichtung. Treffen die Projektionsgeraden senkrecht auf die
Bildebene. spricht man von einer senkrechten Parallelprojektion oder einer
Normalprojektion. Grundriß und Aufriß sind spezielle Normalprojektionen auf
die x-y-Grundrißebene bzw. eine parallel zur z-Achse liegende Aufrißebene.
Ein Schrägbild entsteht, wenn die Projektionsgeraden nicht senkrecht auf die
Bildebene treffen. Die auf die Bildebene projizierten Kanten sind im allgemei-
nen in verzerrter Länge dargestellt. Allerdings bleiben im Original parallele
Kanten auch im Bild parallel.

 Befehl: **apunkt** ↵

Zentralprojektion

Der wesentliche Unterschied zur Parallelprojektion liegt in der Benutzung von
Projektionsstrahlen, die von einem gemeinsamen Ursprung (Projektionszen-
trum, Augpunkt) aus die Objekte auf die Zeichen- bzw. Projektionsebene pro-
jizieren. Charakteristisch ist also nicht nur die Richtung, sondern auch die
Lage des Projektionszentrums, das man sich auch als Stand- oder Beobach-
tungspunkt vorstellen kann. Die Zentralprojektion liefert dann durch die Nach-
ahmung des natürlichen Sehvorgangs relativ anschauliche Bilder.
Zur Erstellung dieses wirklichkeitsnahen Bildes steht die Funktion **dansicht**
zur Verfügung, die über zahlreiche weitere Optionen verfügt.

 Befehl: **dansicht** ↵

2.4.3   Ansichten und Ausschnitte

Zur schnellen Bestimmung einer brauchbaren räumlichen Ansicht dient der
Kompaß. Hiermit läßt sich die Position des Betrachters zu den Objekten so
lange durch Mausverschiebung variieren, bis die gewünschte Ansicht gefunden
wird. In den Zwischenphasen werden nur der Kompaß und die zugehörige Achsenlage des globalen Koordinatensystems angezeigt (Abb. 2.3). Der Kompaß
(zwei konzentrische Kreise mit Fadenkreuz) beschreibt einen aufgeklappten
Globus: der Mittelpunkt stellt den Nordpol dar (Grundriß, $x = y = 0$, $z = 1$), die Punkte des inneren Kreises die Äquatorlage (Seitenansicht, $z = 0$), die
Punkte des äußeren Kreises allesamt den Südpol (Aufsicht, $x = y = 0$, $z = -1$),
die Punkte im inneren Kreis also alle Ansichten mit positiver Z-Komponente

(von oben) und die Punkte im äußeren Ring alle Ansichten mit negativer Z-Komponenten (von unten).

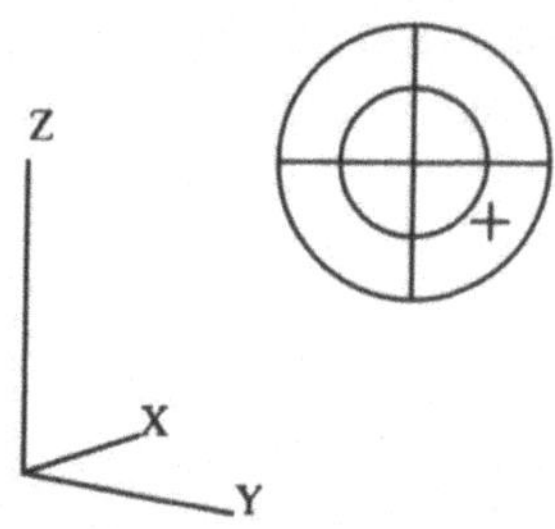 Befehl: **apunkt** ↵ ↵

Abbildung 2.3: Kompaß und Achsenkreuz

Ansichtspunkte Die Eingabe der Parameter der Funktion **apunkt** ist im Abrollmenü für Standardfälle abgedeckt. Die erste Gruppe befaßt sich mit den möglichen Koordinatensystemen:

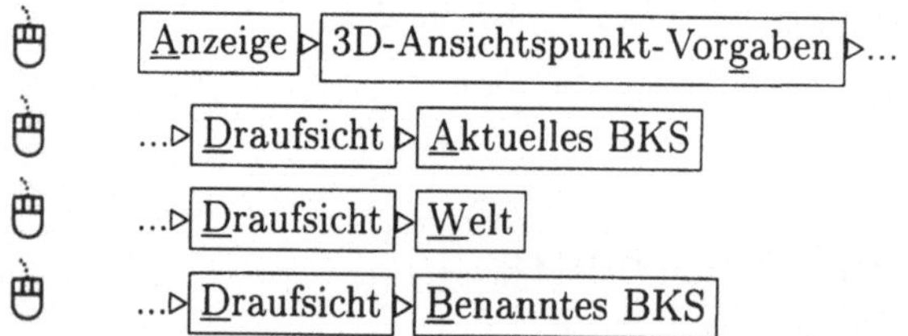

Weitere voreingestellte Parameter, auf Weltkoordinaten bezogen:

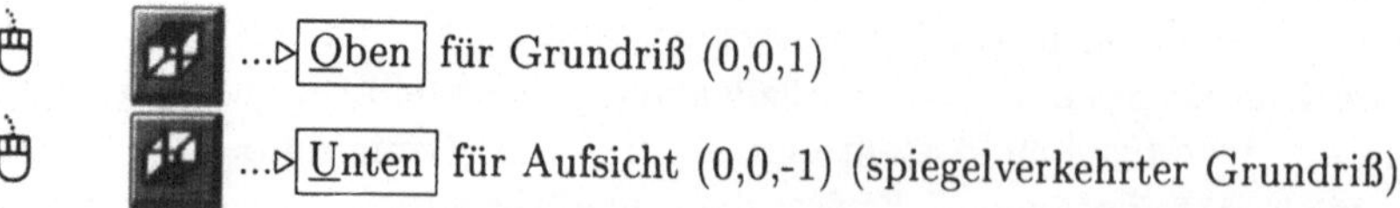

Vier Seitenansichten:

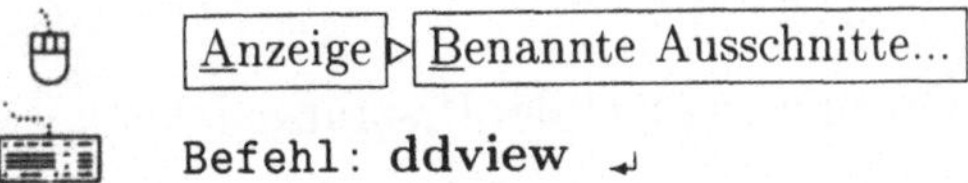

...▷ Links für (-1,0,0)

...▷ Rechts für (1,0,0)

...▷ Vorne für (0,-1,0)

...▷ Hinten für (0,1,0)

Vier Isometrien (Axonometrien mit gleicher Verzerrung der Achsen):

...▷ ISO-Ansicht SW für (-1,-1,1)

...▷ ISO-Ansicht SO für (1,-1,1)

...▷ ISO-Ansicht NO für (1,1,1)

...▷ ISO-Ansicht NW für (-1,1,1)

Ausschnitte Zur Ein- oder Ausgabebeschleunigung und der Arbeitserleichterung können aktuelle Einstellungen sowohl in der Parallel- als auch in der Zentralprojektion benannt gespeichert werden. Diese Einstellungen können danach exakt wiederhergestellt werden, weil sie in der Zeichnungsdatei mitgespeichert werden. Ein Dialogfeld erleichtert die Bestimmung der erwünschten Einstellung.

Anzeige ▷ Benannte Ausschnitte...

Befehl: **ddview** ↵

2.5 Windows-Werkzeuge

2.5.1 Menüanpassung

Zum einen können unterschiedliche Menüdateien geladen werden. Diese können außerdem mit dem herkömmlichen Texteditor den Wünschen des Benutzers angepaßt werden.

Befehl: **menü** ↵

2.5.2   Benutzerabhängige Einstellungen

Die Konfiguration der Einstellungen für System, Umgebung, Erscheinungsbild, Hintergrundfarbe, Integration externer Applikationen, wie z.B. Rendering, spezifische Ländereinstellungen usw. sind im Dialogfeld Voreinstellungen möglich.

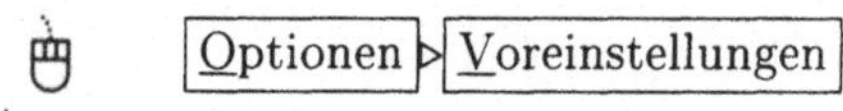

Befehl: **voreinstellungen** ↵

2.6   Planausgabe

Obwohl man in AutoCAD eine Zeichnung direkt aus dem Modellbereich heraus drucken kann, ist die Verwendung des Papierbereiches für die Ausgabe von maßstäblichen Zeichnungen von Vorteil. Nach erfolgreicher Konfiguration des Druckers oder Plotters (unter Windows wird die Verwendung des Systemdruckers empfohlen) wird in beiden Fällen das gleiche Dialogfenster zur Bestimmung der Parameter gestartet.
Die üblichen Schritte bis zur Ausgabe sind:

- Wahl des Ausgabegerätes (Systemdrucker oder andere),

- Bestimmung des Ausgabebereiches über eine der Möglichkeiten: Bildschirm, Grenzen, Limiten, Fenster oder Ausschnitt,

- Wahl des Papierformates (standardmäßig A4, benutzerdefinierte Maße sind möglich),

- Festlegung der Skalierung, Orientierung und des Ursprungs (vom linken unteren Eckpunkt aus),

- Voransicht des definierten Plotauftrages und

- Korrektur der Parameter oder Ausgabe.

Man beachte bei der Arbeit mit AutoCAD, daß nicht das Ausgabeformat festgelegt wird (z.B. Maßstab 1:500), sondern die Skalierung der graphischen und Textobjekte auf dem Papier. Der Benutzer muß also selbst entscheiden, in welchen Einheiten die Geometrien eingegeben werden (z.B. 1cm $\hat{=}$ 1 Einheit) und um welchen Faktor diese Objekte dann skaliert werden. Der Text unterscheidet sich in diesem Fall nicht von graphischer Information und wird im gleichen Maße skaliert.

Es ist deshalb erforderlich, bereits bei Erstellung der maßstabsabhängigen Zeichnungsinhalte den Ausgabemaßstab zu berücksichtigen.

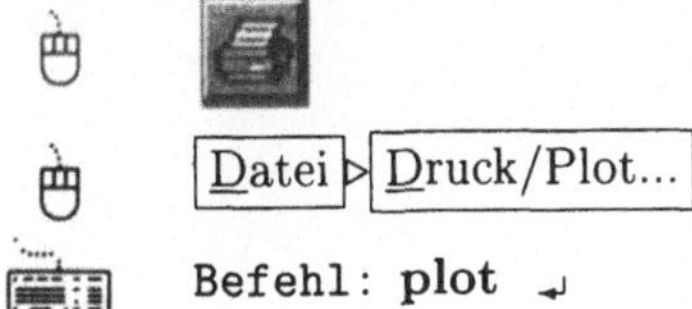

Befehl: **plot** ↵

2.7 Einfache Präsentation von Entwürfen

Es besteht die Möglichkeit, das aktuelle Bild in einer Datei zu speichern, um diese zu einem späteren Zeitpunkt wieder aufzurufen. Im Unterschied zur benannten Ansicht werden nicht die Einstellungen (zoom, apunkt usw.), sondern die sich ergebende graphische Darstellung, das sogenannte Dia, gespeichert.

2.7.1 Diaerstellung

Zu jedem Zeitpunkt der Arbeit ist also ein Dia erstellbar, das z.B. einen Zwischenschritt der Arbeit dokumentieren kann und in einer Datei des Typs *.sld gespeichert wird.

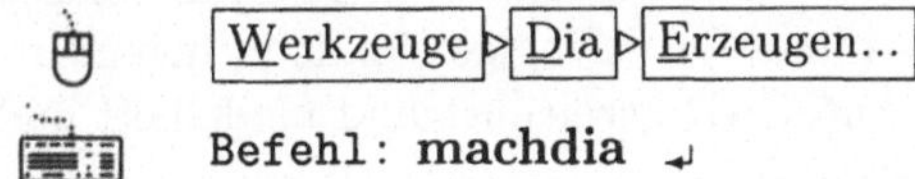

Befehl: **machdia** ↵

2.7.2 Diaanzeige

Einzelne Dias können getrennt aufgerufen werden. Ratsam ist jedoch für Präsentationen die Verwendung von Skripten. Nach Anzeige des Dias wird das normale Bild mit der Funktion **neuzeich** rückgerufen oder mit **regen** neu erzeugt.

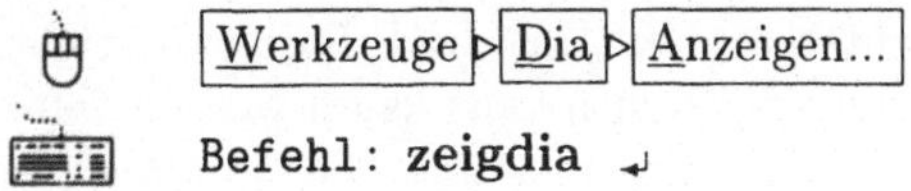

Befehl: **zeigdia** ↵

2.7.3 Skripte

Befehle, wie das Zeigen von AutoCAD-Dias, können in einem Stapel als Skript aufgerufen werden (siehe Kap. 6 im AutoCAD-Handbuch *Benutzeranpassun-*

gen). Ein normaler Texteditor reicht zur Erstellung der Skriptdatei aus (Format `*.scr`). Die Funktion **rscript** wiederholt die Liste der zu zeigenden Dias, bis ⌜Esc⌟ zum Abbruch betätigt wird.

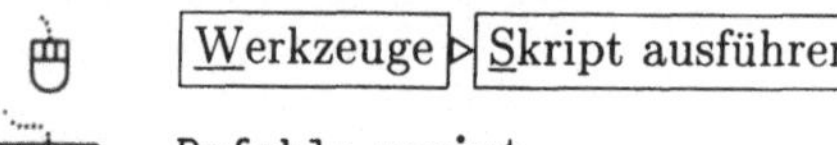

Befehl: **script** ↵

Beispiel für eine Skriptdatei:

```
zeigdia 1.sld
pause
zeigdia 2.sld
pause
zeigdia 3.sld
rscript
```

2.8 Datei-Import und -Export

Autodesk bietet mit seinen Programmen AutoCAD und 3D Studio eine wirkungsvolle Kombination zur Bewältigung einer großen Palette von Aufgaben aus dem Bereich der 3D-Computergraphik. Schwerpunkte von 3D-Studio liegen in der realistischen Darstellung und Animation. Gängige Praxis in Ingenieur- und Architekturbüros ist es, daß in AutoCAD gezeichnet und modelliert und in 3D Studio visualisiert und animiert wird.

Von 3D Studio existieren heute zwei Programme: das ältere 3D Studio 4 und das neue 3D Studio Max. Diese beiden Versionen unterscheiden sich in ihrer Arbeitsweise und Funktionalität sehr stark voneinander. In beiden Fällen gilt es, grundsätzliche Dinge im Zusammenhang mit AutoCAD zu beachten.

AutoCAD bietet zwei Möglichkeiten an, dreidimensionale Modelle zu exportieren: das DXF- und das 3DS-Format.

DXF-Format Das DXF-Format besitzt als Autodesk-Standardformat eine weite Verbreitung in der 3D-Computergraphik. Das DXF-Format hat den Nachteil, daß es über die reinen Geometriedaten hinaus kaum weitere Informationen eines Modells oder einer Zeichnung transportiert. Die Option ist die Genauigkeit, der Vorgabewert **6** ist meist ausreichend.

Export:

Befehl: **dxfout** ↵

Import:

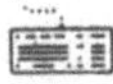 Befehl: **dxfin** ↵

3DS-Format Das 3DS-Format ist das Standardformat für die Beschreibung von Szenen von 3D Studio. Es beinhaltet neben Informationen zur Geometrie die Einstellungen von Material, Licht, Kameras und deren Animation. Auto-CAD kann solche Dateien direkt importieren und nach der Bearbeitung wieder ausgeben.

Export:

Befehl: **3dsout** ↵

Import:

Befehl: **3dsin** ↵

Das exportierte DXF-Modell kann anschließend in das Programms, in dem die Weiterbearbeitung erfolgen soll, importiert werden.

Dort öffnet sich ein Dialogfenster, das den Import der DXF- oder 3DS-Datei nach bestimmten Gesichtspunkten ermöglicht. Man kann z.B. nach Layern, Farben oder Blöcken importieren und weitere wichtige Einstellungen vornehmen. Nach erfolgtem Import ist eine Überprüfung der Geometrie zwingend notwendig. Es sollte zumindest kontrolliert werden, ob die Geometrie vollständig importiert wurde, ob alle Flächennormalen richtig orientiert sind und die Bezeichnung der Teile der gewünschten Art entspricht.

Der Import und Export von Daten sollte sehr überlegt geschehen. Beim Umwandeln von Daten in andere Formate gehen häufig Informationen verloren. Auch kann die Verwendung von gleichen Formaten in unterschiedlichen Programmen zu Problemen führen. Beim Import und Export von 3DS-Dateien in AutoCAD können Informationen über Material, Kamera und Animation zumindest teilweise verloren gehen. Dennoch ist der Austausch von Modellen mit anderen Programmen sinnvoll und wünschenswert.

Kapitel 3

Geometrie 2D

Dieses Kapitel soll eine Übersicht der Basisfunktionen für die Konstruktion in der Ebene geben. Die Basisfunktionen ordnen sich entsprechend der Geometrieelemente, die mit ihnen zu konstruieren sind. Wir unterscheiden die geraden und gekrümmten Grundelemente und die zusammengesetzten Elemente. Weitere komplexe Graphikelemente sind gefüllte Flächenbereiche, Regionen von Elementen und Schraffuren. Die Manipulationsmöglichkeiten der Graphikobjekte zum Auswählen, Verändern und Anpassen folgen einem einheitlichen Schema, das danach für alle Graphikelemente gemeinsam dargestellt wird. Es folgen Erläuterungen zur Verwendung von Text und zur Erstellung von Bemassungselementen. Dieses Kapitel ist damit als Referenz für die Bearbeitung der Übungsaufgaben und zum Arbeiten mit AutoCAD gedacht. Die Darstellung der Befehlsmöglichkeiten dient als Orientierung und hat damit nur Übersichtscharakter.

3.1 Grundelemente

Das grundlegende Graphikelement ist der Punkt. Sämtliche Graphikobjekte besitzen einen oder mehrere Geometriepunkte. Ein Punkt kann aber auch als eigenständiges Geometrieobjekt, z.B. als Bezugspunkt, benutzt werden.

Punkt Dieser Befehl erzeugt ein Punktobjekt. Die Koordinaten können dabei auch als vollständiges 3D-Koordinatentripel eingegeben werden. Standardmäßig wird aber für die Konstruktion in der Ebene nur eine 2D-Position (Koordinatenpaar) eingegeben, und die aktuelle Erhebung der Zeichenebene wird als Z-Komponente gesetzt.

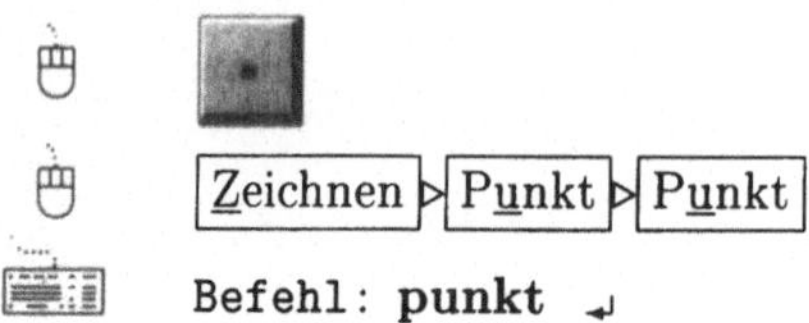

Befehl: **punkt** ↵

Punktstil In AutoCAD ist die Festlegung eines Punktstiles möglich. Damit ist die symbolische Darstellung des Punktes in einer benutzerdefinierten Größe gemeint. Ein Dialogfenster erlaubt die bequeme Einstellung der gewünschten Parameter: die Auswahl des Symbols, die Festlegung des Skalierungsfaktors und der Bezugsgröße (relativ zum Bildschirm oder als absolutes Maß). Damit werden die Systemvariablen PDMODE und PDSIZE gesetzt. Die Auswirkungen einer Umstellung werden erst nach Neugenerierung des Bildes wirksam (Befehl: regen). Die Eigenschaften des Punktsymbols entsprechen den Eigenschaften eines Blockes, der nach Wunsch überschrieben werden kann.

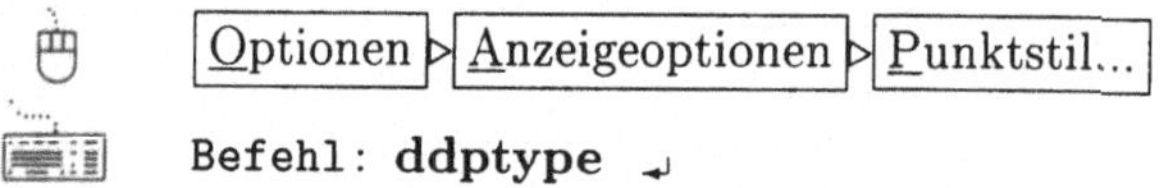

Befehl: **ddptype** ↵

Linien, Konstruktionslinien, Kreise, Ellipsen und Kreisbögen sind die Grundelemente, die sich direkt und unteilbar aus Punkten definieren. Übliche Parameter dieser Elemente sind die Koordinaten der Bezugs- oder Definitionspunkte, Winkel, Layer, Linienbreite und Linientyp. Grundelemente sind Linie, Kreis, Kreisbogen und Ellipse. Die Grundelemente sind Bestandteile der zusammengesetzten Elemente.

3.1.1 Linien und Linientypen

Linie Dieser Befehl erstellt ein oder mehrere einzelne Linienobjekte aus geraden Strecken, deren Endpunkte eingegeben werden. Im Gegensatz zur Polylinie werden die Teilstrecken als Einzelobjekte gespeichert.

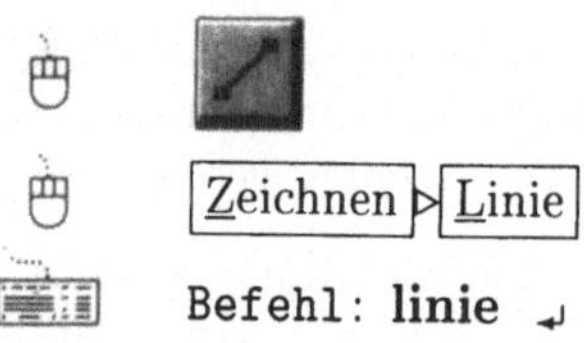

Befehl: **linie** ↵

Zur Differenzierung verschiedener Linien ist neben der Zuweisung unterschiedlicher Farben die Verwendung mehrerer Linientypen sinnvoll. Bei der Objekterzeugung wird der aktuelle Linientyp benutzt. Vorgabemäßig ist der Linientyp

VONLAYER, also je nach Layer variabel und untergeordnet. Man kann den
Linientyp jedoch für den zu erzeugenden Satz von Objekten konstant festlegen,
z.B. **Verdeckt**.

Einfache Linientypen

Die Muster sind wie eindimensionale Schraffuren zu sehen, in denen Striche
und Lücken in festgelegter Reihenfolge wiederholt werden.

....	Punkt, Linienfaktor 0.3
– – – – – – – – – – – – –	Getrennt, Linienfaktor 0.1
— — — — — — — —	Gestrichelt, Linienfaktor 0.1
— — — — — — — —	ACAD_ISO02W100, Linienfaktor 0.01
— — — — — — —	ACAD_ISO13W100, Linienfaktor 0.01
— — — — — — —	ACAD_ISO09W100, Linienfaktor 0.01
— — · — — — · —	ACAD_ISO05W100, Linienfaktor 0.01
— — — — — — —	ACAD_ISO04W100, Linienfaktor 0.01
– – – – – – – – –	ACAD_ISO03W100, Linienfaktor 0.01
— — — — — — —	ACAD_ISO02W100, Linienfaktor 0.01

Komplexe Linientypen

Die Muster bestehen aus Formen, z.B. Isolierung als schlangenähnliche Form.
Die Einträge erfolgen über einen üblichen Texteditor in die Datei *ltypeshp.lin*.

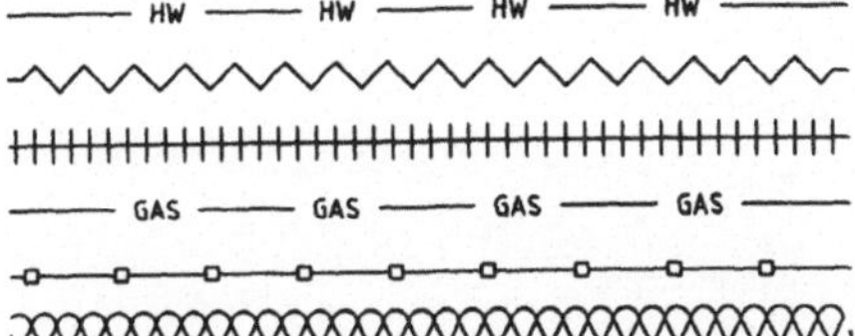

——— HW ——— HW ——— HW ——— HW ———	Heißwasserleitung, Linienfaktor 3.0
∿∿∿∿∿∿∿	Zickzack, Linienfaktor 1.0
++++++++++++++++++	Eisenbahn, Linienfaktor 1.0
—— GAS —— GAS —— GAS —— GAS ——	Gasleitung, Linienfaktor 3.0
–o–o–o–o–o–o–o–	Grenze2, Linienfaktor 1.0
XXXXXXXXXXXXXX	Isolation, Linienfaktor 1.0

Benutzerdefinierte Linientypen

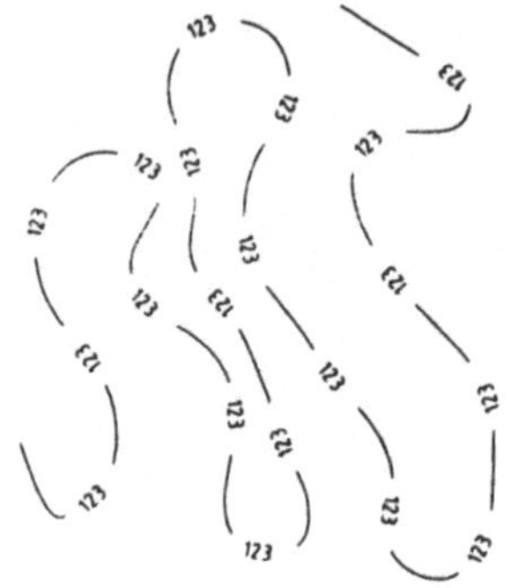

Folgender Eintrag ist für die Erstellung einer Höhenlinie ausreichend:
```
*MEINKOTIERUNG,---123---123---
A, .5, -.2, [''123'', STANDARD,
S=.1,R=0.0,X=-0.1,Y=-.05],-.25
```

Im nebenstehenden Bild ist die Anwendung eines solchen Linientyps für einen Spline dargestellt.
linientp ↵
spline ↵

Aktivierung von Linientypen

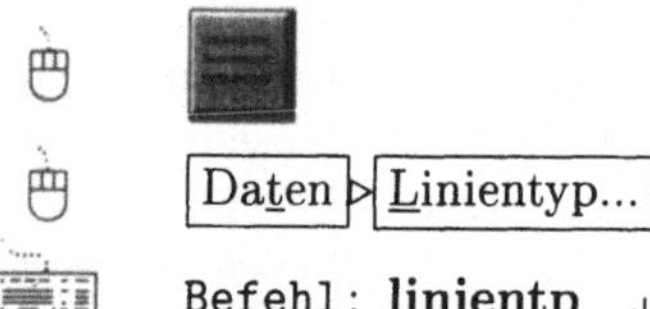

Daten ▷ Linientyp...

Befehl: **linientp** ↵

Anpassung von Linientypen

Ändern des Linientypfaktors für neu zu erstellende Objekte

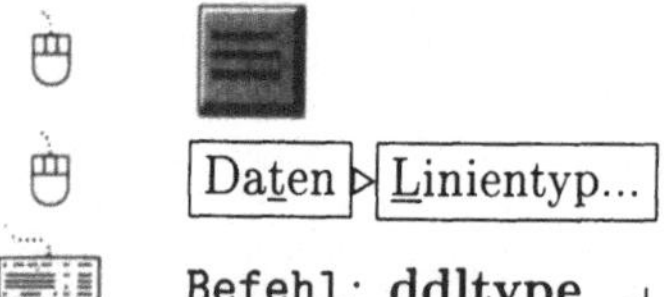

Daten ▷ Linientyp...

Befehl: **ddltype** ↵

Ändern des Linientypfaktors aller vorhandenen und zu erstellenden Objekte:

Befehl: **ltfaktor** ↵

Ändern des Linientyps eines einzelnen Objektes:

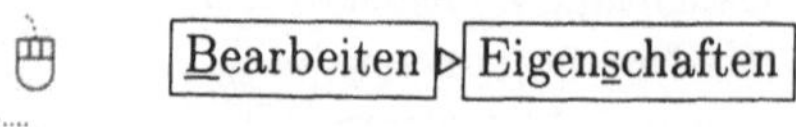

Bearbeiten ▷ Eigenschaften

Befehl: **ddchprop** ↵

3.1.2 Kreise und Ellipsen

Kreis Ein Kreis wird eindeutig durch Mittelpunkt und Radius definiert, daneben sind jedoch auch andere Konstruktionsmöglichkeiten von Nutzen. Oft kann die bereits vorhandene Geometrie effektiv einbezogen werden. Kreise können deshalb auch über Tangenten, 3 Punkte, 2 Punkte und Radius usw. konstruiert werden. Die entsprechenden Konstruktionsprogramme werden über die Kommandoweiche oder direkt im Werkzeugkasten aufgerufen.

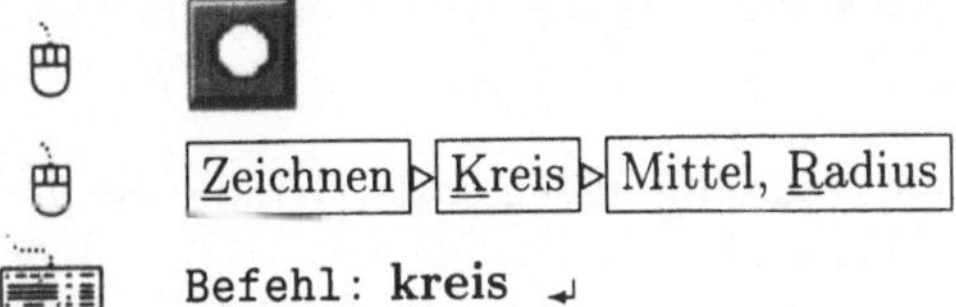

Kreisbogen Analog zum Kreis können Kreisbögen neben der Standardform über Mittelpunkt, Radius und Öffnungswinkel, definiert über Anfangs- und Endwinkel, auch mit einer Reihe weiterer Methoden erzeugt werden.

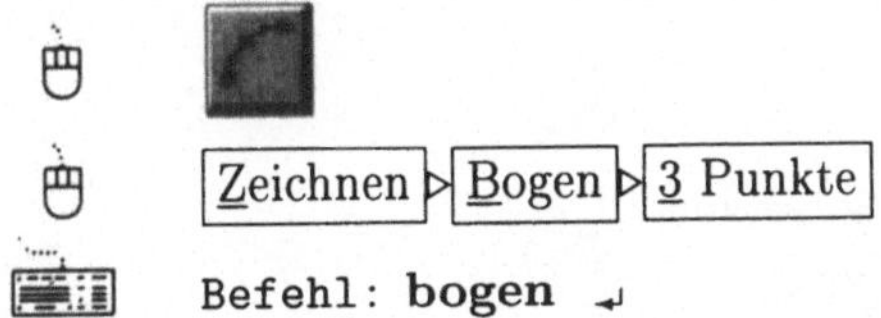

Ellipse Eine Ellipse ist ein Kegelschnitt erster Ordnung. Sie wird durch einen Mittelpunkt, eine große und eine kleine Halbachse bestimmt. Die Halbachsen stehen senkrecht aufeinander. Deshalb kann eine Ellipse mit einem Mittelpunkt, einem Punkt auf der Ellipse, der die halbe große Halbachse in Richtung und Länge beschreibt und der Eingabe der Länge der kleinen Halbachse definiert werden. Die Ellipse kann alternativ auch durch zwei Punkte zur Begrenzung der großen Halbachse und durch die Länge der kleinen Halbachse bestimmt werden. Eine dritte Alternative ist die Definition über drei Punkte. Dabei liegen die ersten beiden Punkte auf einer Halbachse, die nicht unbedingt die Hauptachse sein muß.

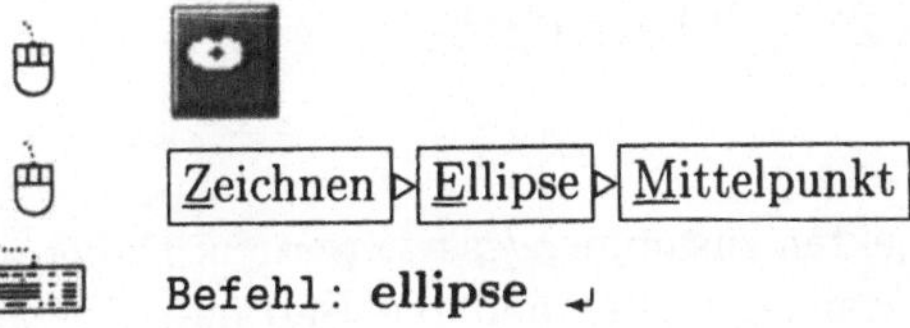

3.1.3 Konstruktionshilfen

Zwei weitere Linien stehen ab AutoCAD Version 13 zur Verfügung: **Konstruktionslinie** und **Strahl**. Im Gegensatz zur oben genannten Linie (die im geometrischen Sinn eine Strecke mit Anfangs- und Endpunkt ist) hat eine Konstruktionslinie keinen Anfangs- und keinen Endpunkt, und ein Strahl hat lediglich einen Anfangspunkt. Beide Elemente beeinflußen nicht die Limiten der Zeichnung. Konstruktionslinie und Strahl können wie normale Linien gestutzt und gebrochen werden.

Konstruktionslinie Erzeugt eine beidseitig unbegrenzte Gerade, die durch zwei Punkte im Raum eindeutig definiert ist.

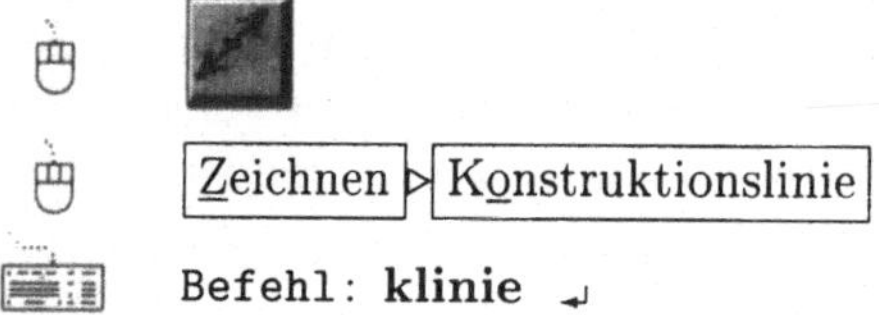

Strahl Erzeugt einseitig unbegrenzte Gerade.

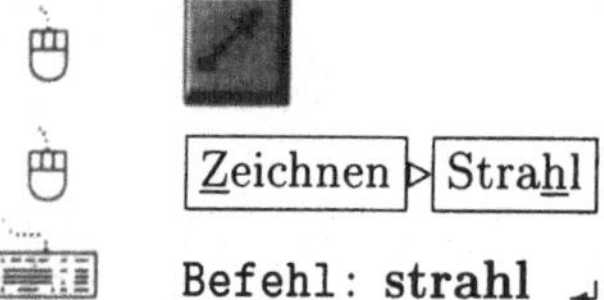

3.2 Zusammengesetzte Elemente

Die Grundelemente können zu Objekten zusammengesetzt werden. Dabei sind die Einzelobjekte nur noch gemeinsam mit allen anderen Bestandteilen auswählbar. Die Eigenschaften der Teilobjekte können aber verschieden sein.

3.2.1 Linienzüge

Polylinie Hiermit wird eine Gruppe von Linienelementen erzeugt. Möglich sind Geraden- und Kreissegmente, die in beliebiger Reihenfolge aneinandergesetzt werden. Im Gegensatz zu den Einzelobjekten, die mit Linie erzeugt werden, ist die Polylinie eine Objektgruppe, die gemeinsam editierbar, also auch auswählbar und zu löschen ist. Die Punkte und Linien sind in einer festen Reihenfolge angeordnet. Löscht man Zwischenpunkte, werden die dann benachbarten Punkte verbunden. Eine Polylinie kann auch einen geschlossenen Linienzug beschreiben. Bei der Eingabe der Verbindungslinien stehen die Modi Linie und Kreisbogen zur Verfügung, zwischen denen beliebig gewechselt werden kann.

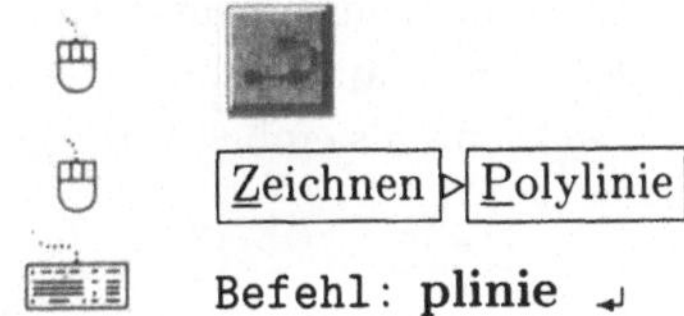

Zeichnen ▷ Polylinie

Befehl: **plinie** ↵

Parallele Liniensegmente Die Funktion **versetz** erzeugt von einem Original eine Kopie, die um ein bestimmtes Maß (das Versatzmaß) in eine bestimmte Richtung verschoben ist. Mögliche Ausgangsformen sind: Linien, Bogen, Kreise , 2D-Polylinien, Ellipsen, elliptische Bogen, Konstruktionslinien, Strahlen und ebene Splines.

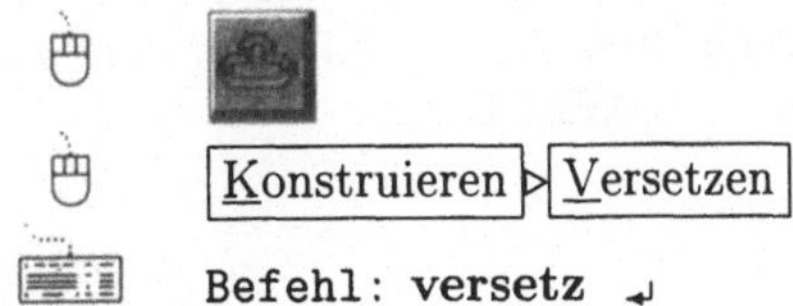

Konstruieren ▷ Versetzen

Befehl: **versetz** ↵

Multilinien Bis maximal 16 parallele Linien (Elemente) bilden zusammen eine Multilinie. Die Funktion entspricht einer leistungsfähigeren Funktion **versetz** mit mehreren Kopien usw. Die Schnitt- und Kreuzungspunkte können auch noch nachträglich über ein Dialogfenster geändert werden.

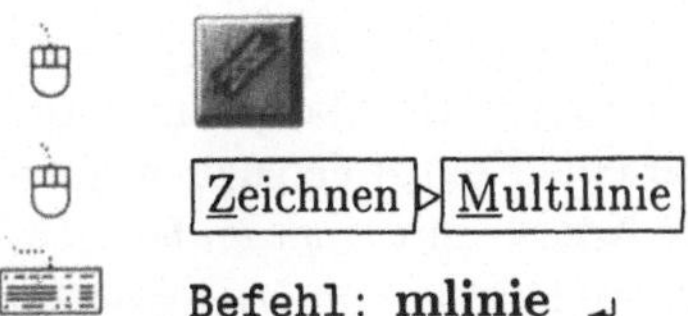

Zeichnen ▷ Multilinie

Befehl: **mlinie** ↵

Multilinienstil Für Multilinien können benutzerdefinierte Stile erstellt werden. Jeder Stil steuert die Anzahl und Eigenschaften der Multilinie, wie z.B. das Versatzmaß zwischen den einzelnen Linien, die Hintergrundfarbe und die Form der Linienenden. Sie können angezeigt, aus einer Datei geladen oder in eine Datei gespeichert werden.

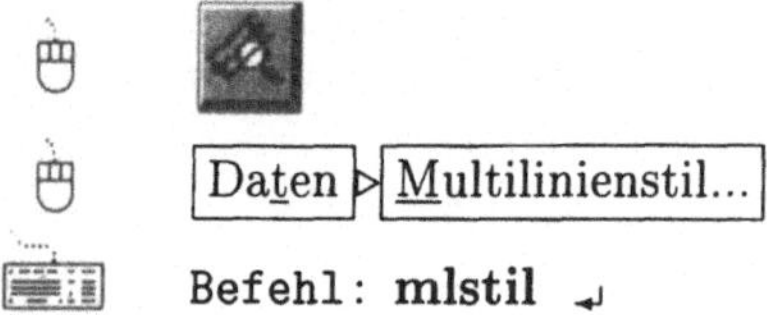

Polygone AutoCAD versteht unter Polygonen gleichseitige Vielecke. Solche gleichseitigen n-Ecke haben einen Inkreis (alle Polygonseiten sind Tangenten an diesen Kreis) und einen Umkreis (alle Polygonpunkte liegen auf diesem Kreis). Beide Möglichkeiten können in AutoCAD benutzt werden - als einbeschriebene oder umschriebene Polygone.

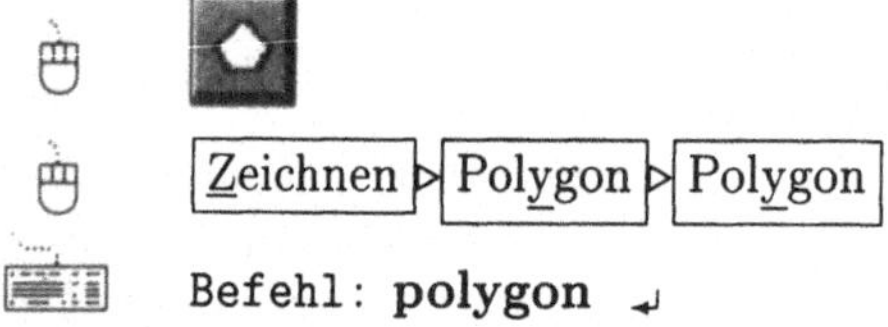

Spline Ein Spline bezeichnet eine anschaulich hinreichend glatte Kurve, die durch eine vorgegebene, sortierte Punktmenge verläuft. Der Kurvenverlauf wird interpoliert. Die Anzahl der Liniensegmente, die zur Interpolation verwendet wird, bestimmt die Systemvariable SPLINESEGS.

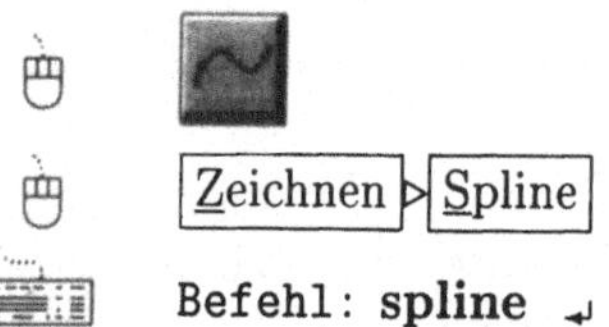

3.2.2 Gefüllte Flächen

AutoCAD unterscheidet Schraffuren und Farbfüllungen. Eine Schraffur wird in den einzelnen Liniensegmenten der Schraffur für eine Kontur erzeugt, während Flächenfüllung das vollständige Ausfüllen einer Kontur mit einer einheitlichen Farbe bestimmt. AutoCAD erlaubt das Füllen von Drei- und Vierecken mit dem Befehl **solid** und von Kreisen bzw. Kreisringen mit dem Befehl **ring**. Die Flächenfüllung ist bedeutend speicherplatzsparender als die Schraffur. Sie sollte deshalb, wenn möglich, bevorzugt angewendet werden. Die Art der Füllung wird über die Systemvariable FILLMODE gesteuert.

Ring Ein Ring wird mit Innen- und Außendurchmesser spezifiziert. Beide Parameter sind auf den Systemvariablen DONUTID und DONUTOD gespeichert und werden bei wiederholtem Aufruf der Funktion als Vorgabewert angezeigt und können sofort übernommmen werden. Mit Innendurchmesser 0 erreicht man einen ausgefüllten Kreis. Der Ring kann an beliebigen Stellen über seinen Mittelpunkt plaziert werden.

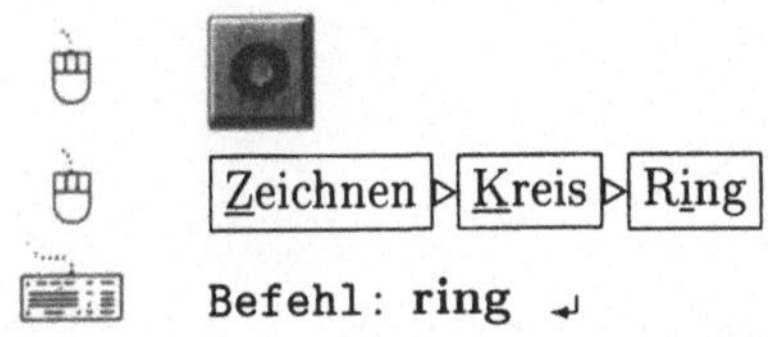

Solid Diese Funktion erstellt gefüllte Dreieck- oder Viereckflächen. Wie beim Ring (s.o.) handelt es sich um eine Polylinie mit zugewiesener Breite. Die Eingabereihenfolge der Eckpunkte für mehrere zusammenhängende Dreiecke entspricht der Eingabereihenfolge der 3DFläche.

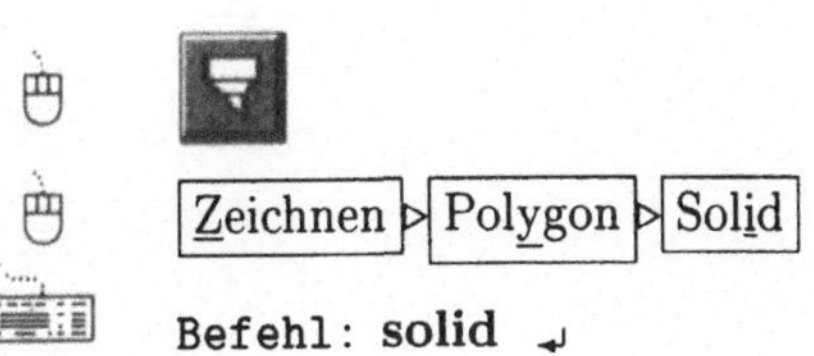

3.2.3 Regionen

Region Der Befehl erzeugt aus einem Auswahlsatz existierender Objekte ein Region-Objekt. Regionen sind aus geschlossenen Formen oder Konturen entstandene, zweidimensionale Bereiche. Mögliche Ausgangsobjekte sind: geschlossene Polylinien, Linien und Kurven (kreisförmige Bogen, Kreise, elliptische Bogen, Ellipsen und Splines). Die Begrenzung der Region besteht aus Kurven, deren Endpunkte übereinstimmen müssen. Diese Anfangs- und Endpunkte der Begrenzung sollten jeweils nur zu zwei Kurvenabschnitten gehören. Außerdem darf sich die Begrenzung nicht selbst oder eine andere Begrenzung schneiden. Alle Objekte behalten ihren Layer, ihren Linientyp und ihre Farbe. AutoCAD löscht nach der Konvertierung zu Regionen die ursprünglichen Objekte und erzeugt das Region-Objekt. Vorgabemäßig werden die Regionen nicht schraffiert.

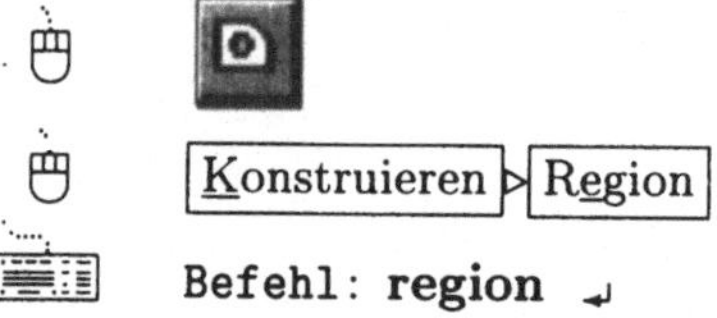

Regionen können mit den booleschen Operatoren Vereinigung, Differenz und Schnittmenge verknüpft werden.

Vereinigung Erstellt eine zusammengesetzte Region bzw. einen zusammengesetzten Festkörper. Die Ausgangsobjekte müssen nicht gemeinsame Bereiche besitzen, sie müssen nicht einmal koplanar sein. AutoCAD konvertiert, falls möglich, andere Objekte als Regionen oder Festkörper in Regionen. AutoCAD sortiert den Auswahlsatz in Teilmengen, die getrennt bearbeitet werden. Es sind entweder Festkörper oder Gruppen koplanarer Regionen. Der sich ergebende zusammengesetzte Festkörper enthält das Volumen, das von allen gewählten Festkörpern eingeschlossen wird. Jede der resultierenden zusammengesetzten Regionen enthält die Gesamtfläche aller Regionen in einer Teilmenge (Abb. 3.1).

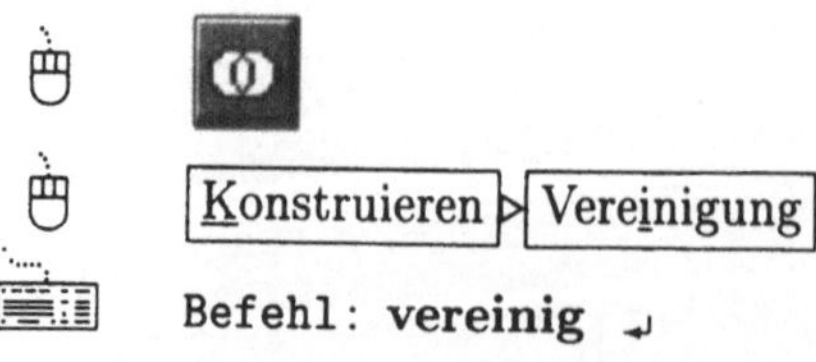

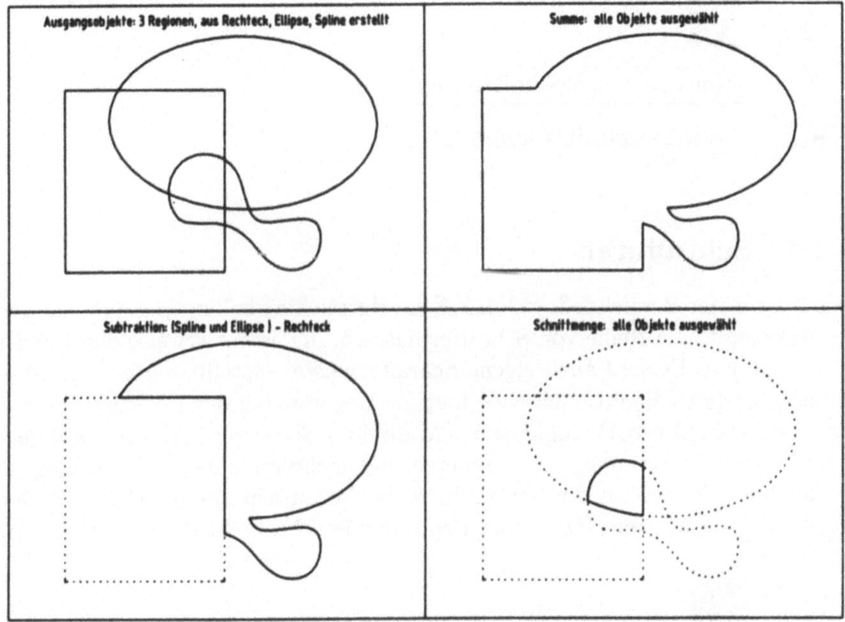

Abbildung 3.1: Boolesche Operationen in 2D (Regionen)

Differenz Erstellt eine zusammengesetzte Region bzw. einen zusammengesetzten Festkörper durch Subtraktion der Fläche einer Gruppe von Regionen
von einer anderen bzw. durch Subtraktion des Volumens einer Gruppe von
Festkörpern von einem anderen. Untergruppen koplanarer Regionen und die
Untergruppe der Festkörper wird erstellt. AutoCAD subtrahiert die gewählten
Objekte von jeder Untergruppe des Auswahlsatzes. Für jede Untergruppe wird
nur eine zusammengesetzte Region oder ein zusammengesetzter Festkörper erstellt (Abb. 3.1).

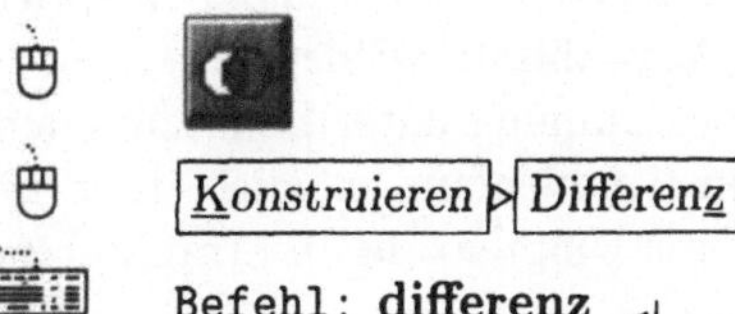

Konstruieren ▷ Differenz

Befehl: **differenz** ↵

Schnittmenge Berechnet die Schnittfläche von zwei oder mehreren vorhandenen Regionen und das gemeinsame Volumen von zwei oder mehreren Festkörpern (nur Regionen und Festkörper sind erlaubt) (Abb. 3.1).

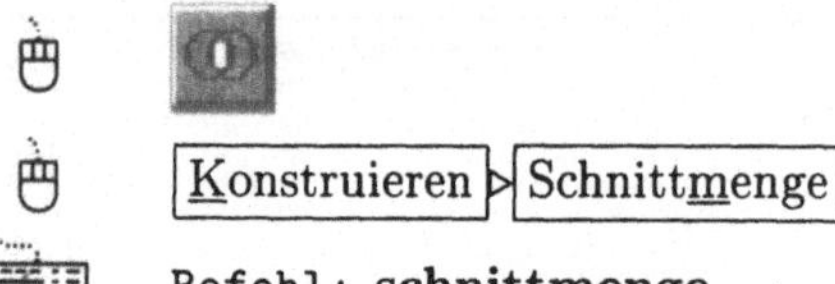

| | Konstruieren ▷ Schnittmenge |

Befehl: **schnittmenge** ↵

3.2.4 Schraffuren

Ein umgrenzter Bereich läßt sich mit Schraffurmustern füllen. Das System AutoCAD bietet eine Reihe von Schraffurmustern, die normalerweise den Bedarf decken sollten. Es sind auch eigene Schraffurmuster erstellbar (siehe[1]). Wie in vielen anderen Funktionen wird hier die Bestimmung der Parameter durch die Kombination von Dialogfenster und direkter Selektion („Mausklick") vereinfacht. Die Bestimmung einer äußeren und mehrerer innerer Begrenzungen ist möglich. Sinnvoll ist die Verwendung der Voransicht zur Abschätzung der erzielten Qualität. Der ISO-Norm entsprechende Schraffurstile sind vorhanden.

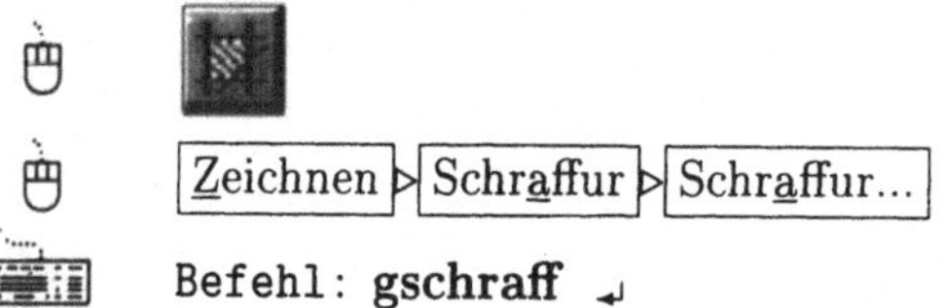

Zeichnen ▷ Schraffur ▷ Schraffur...

Befehl: **gschraff** ↵

Grenzbestimmungen Dabei werden vorhandene Objekte, innenliegende Punkte oder neueingegebene Punkte zur Grenzabsteckung (Hilfspunkte, keine Punktobjekte) benutzt. Mögliche Grenzobjekte sind beliebige Kombinationen von: Linien, Bogen, Kreise, 2D-Polylinien, Ellipsen, Splines, Blöcke und Ansichtsfenster im Papierbereich. Jeder Bestandteil der Umgrenzung muß sich zumindest teilweise im aktuellen Ansichtsfenster befinden. Vorgabemäßig werden Inseln im Schraffierbereich abwechselnd schraffiert und nicht schraffiert, so daß eine Grenze immer dem Übergang von schraffiert zu unschraffiert entspricht. Unerwünschte Inseln lassen sich aus dem Auswahlsatz wieder entfernen, bevor die Schraffur erzeugt wird. Die Grenzbestimmung unter Benutzung einer benutzerdefinierten Richtung ist durch den Strahlenfang möglich. Hier wird bei ausgeschalteter Inselerkennung die nächste Umgrenzung in Strahlrichtung errechnet.

Umgrenzungssätze Bei großen Datenmengen kann es sehr zeitaufwendig sein, alle Objekte auf Grenzen analysieren zu lassen. Eine gezielte Objektselektion ist im Optionsteil der Umgrenzungen im Schraffurdialogfeld möglich. Ein Fensterbereich (zwei Eckpunkte) werden als neue Umgrenzungslinie gesetzt.

Schraffurstile Drei Schraffurstile zur Inselbearbeitung stehen zur Verfügung: Normal, Äußere und Ignorieren. Der Stil Normal ist dadurch gekennzeichnet, daß abwechselnd von der äußersten Umgrenzung aus die Bereiche schraffiert oder nicht schraffiert werden. Der Stil Äußere schraffiert nur den äußersten der in Frage kommenden Bereiche. Der Stil Ignorieren schraffiert den kompletten Bereich, ohne auf Inseln Rücksicht zu nehmen.

Sonderfälle bei Umgrenzungen Folgende Objekte werden vorgabemäßig nicht schraffiert: Text, Attribut, Symbol, Band und Objekt mit kompakter Füllung. Nur der Stil Ignorieren schraffiert diese Bereiche, mit Ausnahme von Band und Objekte mit kompakter Füllung.

Schraffurmuster Die von AutoCAD mitgelieferten Muster entsprechen dem Industriestandard. Von über 50 Mustern entsprechen 14 der ISO-NORM (International Organisation of Standardisation). Diese sogenannten ISO-Muster erlauben die Zuweisung einer Stiftbreite für die Strichstärke des Musters.

Benutzerdefinierte Schraffurmuster Die Definition eines neuen Schraffurmusters erfolgt über einen Eintrag in der Datei acad.pat (pattern) oder in einer neuen Datei mit dem Schraffurnamen als Dateiname und mit der Endung pat.

Die Kopfzeile der Definition beinhaltet den Namen und [optional] die Erläuterung:

```
*Mustername [, Beschreibung]
```

Mindestens ein Liniendeskriptor muß enthalten sein. Sie benötigen folgendes Format:

Winkel, X-Ursprung, Y-Ursprung, Delta-X, Delta-Y [, Strich-1, Strich-2,...]

Assoziativschraffur Ab Version 13 ist es möglich, die Schraffureigenschaften schon bei der Erstellung flexibel zu halten, indem die Schraffur der Begrenzung assoziiert wird. Die Schraffurumgrenzung wird nach der Eingabe eines innenliegenden Punktes errechnet. Die Assoziativität der Schraffur wird aufgehoben, sobald die Umgrenzung nicht mehr geschlossen ist.

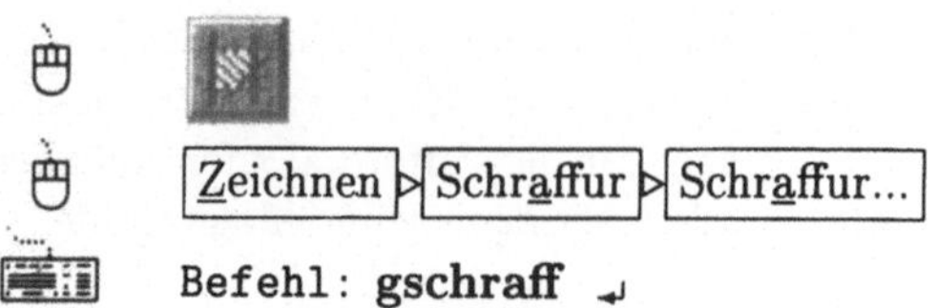

Editieren von Schraffuren Änderung der Eigenschaften einer Schraffur sind nach der Erzeugung noch möglich: z.B. Skalieren des Musters, Ändern des Musters selbst, Ändern des Winkels, usw.

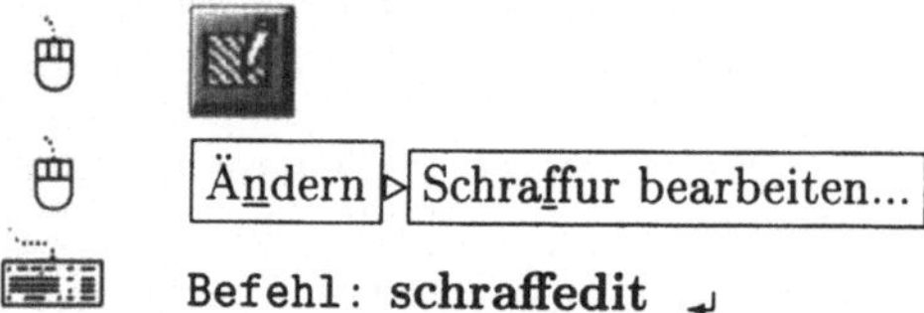

Nichtassoziative Schraffur In bestimmten Fällen kann es von Vorteil sein, Schraffuren zu erstellen, die ihre endgültige Form erhalten.

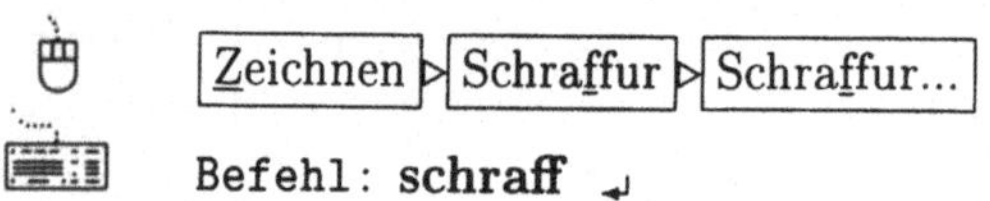

3.3   Manipulation von Geometrien

Änderungen

Dehnen Dehnt ein Objekt bis zu einer benutzerdefinierten Grenzkante. Gültige Ausgangsobjekte: Bogen, elliptische Bogen, Linien, offene und geschlossene 2D- bzw. 3D-Polylinien sowie Strahlen. Gültige Grenzkantenobjekte: 2D- und 3D-Polylinien, Bogen, Kreise, Ellipsen, verschiebbare Ansichtsfenster, Linien, Strahlen, Regionen, Splines, Text und Konstruktionslinien (Bei 2D-Polylinien gilt immer Mittellinie der Polylinie).

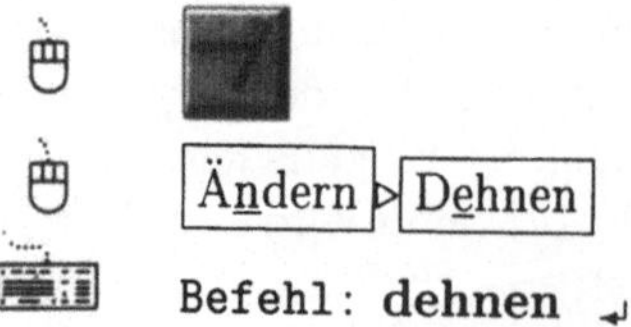

Strecken Verschiebt ausgewählte Objekte oder Objekteile. Teilgeometrien können effizient angepaßt werden. Beim Strecken mit Griffen kann ein Auswahlsatz von Griffen aktiviert werden, indem die $\boxed{\text{UMSCH}}$-Taste bei der Bestimmung der Elemente gehalten wird. Die Objektwahlmethoden: Kreuzen oder KPolygon. Gültige Ausgangsobjekte: Linien, Bogen, elliptische Bogen, Splines, Strahlen und Polyliniensegmente, die das Auswahlfenster kreuzen. Nur die Endpunkte und Kontrollpunkte, die innerhalb des Fensters liegen, werden verschoben (Kontrollpunkte von Bändern und Festkörpern, die innerhalb des Fensters liegen, werden ebenfalls verschoben). Polylinien werden segmentweise verarbeitet, d. h., sie werden als primitive Linien oder Bögen behandelt.

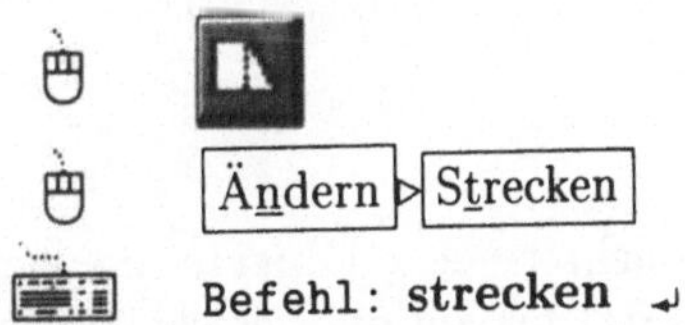

Ändern ▷ Strecken

Befehl: strecken ↵

Stutzen Löscht Teile eines Objektes, die eine benutzerdefinierte Grenze überschreiten. Die Grenzlinien oder Schnittkanten können Teile bestehender Geometrien sein: Linien, Bogen, Kreise, Polylinien, Ellipsen, Splines, Konstruktionslinien, Strahlen. Auch gedachte Schnittkanten als Verlängerung von Objekten sind möglich.

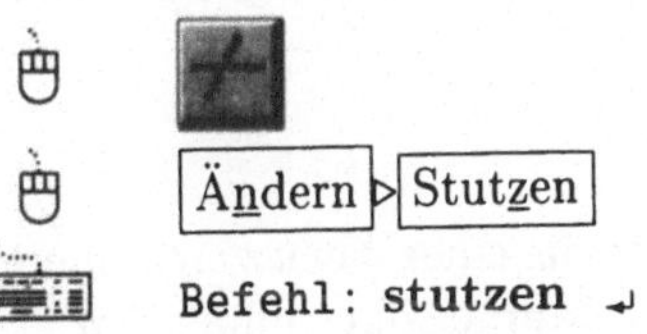

Ändern ▷ Stutzen

Befehl: stutzen ↵

Drehen Dreht ein Objekte um einen Basispunkt. Parameter der Funktion sind Basispunkt und Drehwinkel. Der Drehwinkel kann explizit als Zahlenwert oder implizit als geometrische Bezugsgröße definiert werden. Die Drehung erfolgt in der aktuellen XY-Ebene.

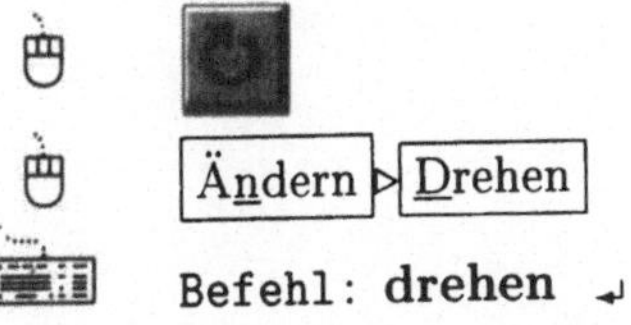

Ändern ▷ Drehen

Befehl: drehen ↵

Skalieren Skaliert (vergrößert oder verkleinert) Objekte um den gleichen
Faktor in die X- und Y-Richtung. Der Basispunkt der Skalierung bleibt als
einziger Punkt unverändert, der Abstand der restlichen wird mit dem Skalierfaktor multipliziert.

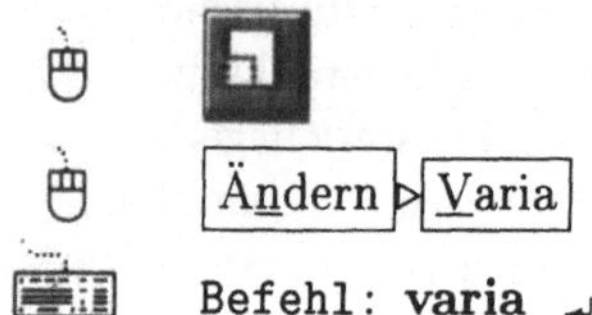

Befehl: **varia** ↵

3.3.1 Vervielfältigen von Objekten

Kopieren Diese Funktion erstellt eine oder mehrere neue Objekte, die sich
von dem Ausgangsobjekt (oder dem Auswahlsatz) bis auf die Verschiebungs-
werte nicht unterscheiden. Nach Bestimmung des zu kopierenden Auswahlsatzes wird die Verschiebung abgefragt (Richtungsvektor durch Anfangs- und
Endpunkt bestimmen). Die Funktion erlaubt mehrfaches Einsetzen von Kopi-
en.

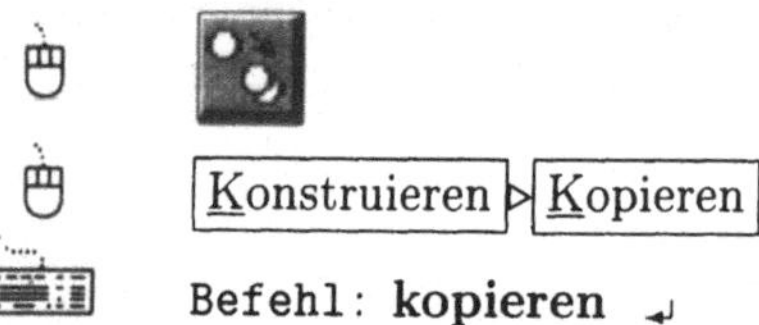

Befehl: **kopieren** ↵

Reihe Erzeugt mehrere Kopien von Objekten in einer benutzerdefinierten
Anordnung (rechteckig oder polar). Die Variable **snapang** beeinflußt den Winkel der Zeilen und Spalten (nur in der rechteckigen Anordnung). Jedes Objekt
in einer Reihe kann unabhängig von den übrigen Objekten bearbeitet werden. Wenn bei der Konstruktion einer Reihe mehrere Objekte markiert sind,
behandelt AutoCAD die Objekte als ein Element in der Reihe.

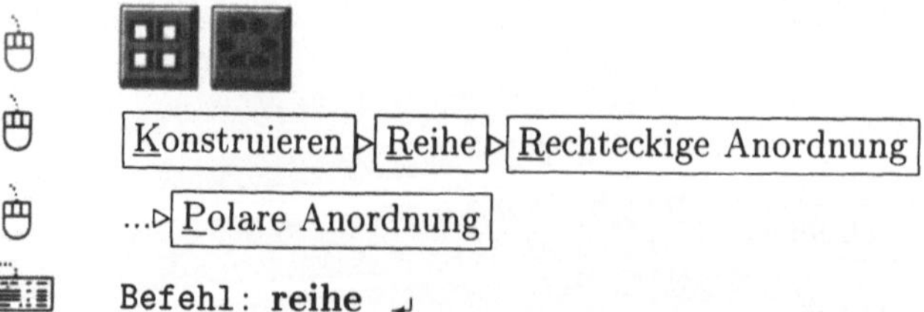

Befehl: **reihe** ↵

3D-Reihe Eine dreidimensionale Anordnung in Zeilen (Y-Richtung), Spalten (X-R.) und Ebenen (Z-R.) und die polare Anordnung um eine räumliche Achse sind ebenfalls erstellbar. Die Variable **snapang** beeinflußt wie in 2D nur den Winkel zur X-Achse.

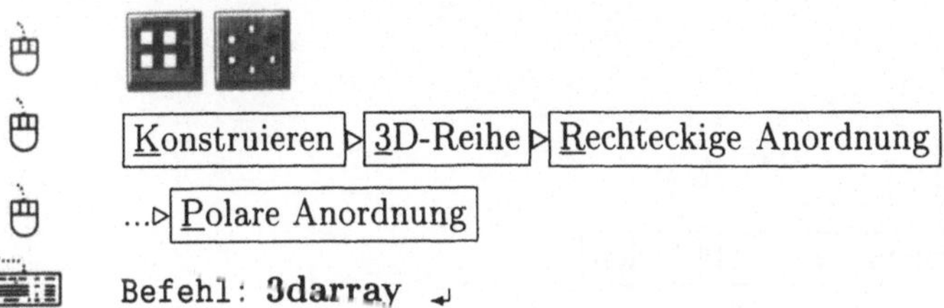

Befehl: **3darray** ↵

Spiegeln Erzeugt eine spiegelbildliche Kopie eines Objektauswahlsatzes. Die benutzerdefinierte Spiegelachse wird durch 2 Punkte bestimmt. Bei 3D-Darstellung richtet diese Linie eine Spiegelebene senkrecht zur XY-Ebene des BKS aus, das die Spiegellinie enthält. Die Systemvariable MIRRTEXT steuert die Spiegelungseigenschaften von Textobjekten: 1 (Vorgabe) für spiegeln, 0 für nicht spiegeln.

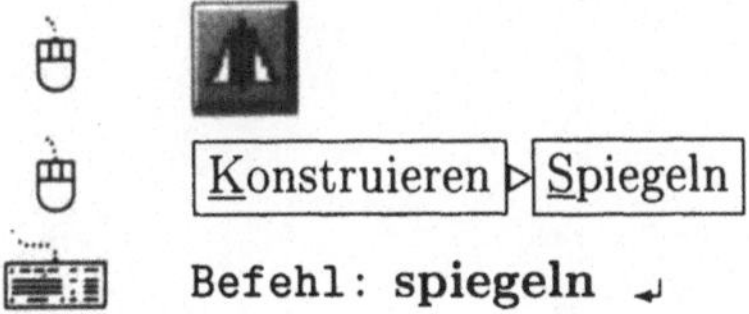

Befehl: **spiegeln** ↵

3D-Spiegeln Die 3D-Funktion der Spiegelung ermöglicht die Spiegelung von Objekten um jede beliebige Ebene. Die Spiegelebene ist durch drei unterschiedliche räumliche Punkte eindeutig definiert. Spezialfälle wie Objektebenen und Ebenen parallel zu den drei Ebenen des Koordinatensystems vereinfachen die Bestimmung der Eingabeparameter.

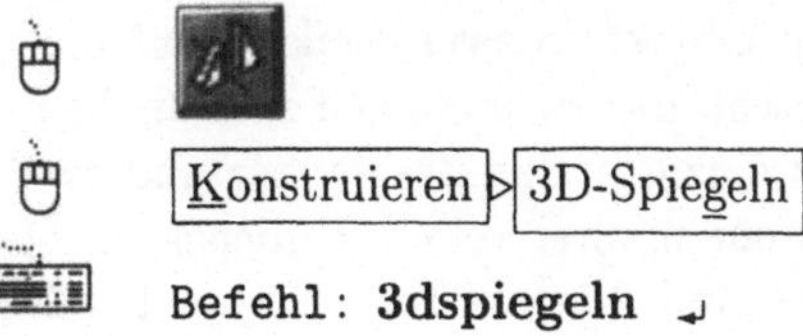

Befehl: **3dspiegeln** ↵

3.3.2 Abmessungen und Unterteilungen

Bereits erstellte Objekte sind mit den Funktionen **teilen** und **messen** mit Zwischenpunkten unterteilbar. Die berechneten Unterteilungspunkte können einfach als Referenzpunkte für nachkommende Konstruktionen oder als Einfügepunkt für Blöcke genutzt werden. Die Funktionen unterscheiden sich darin, daß beim Teilen die Segmentzahl angegeben wird, beim Messen die benutzerdefinierte Länge angewandt wird.

Teilen

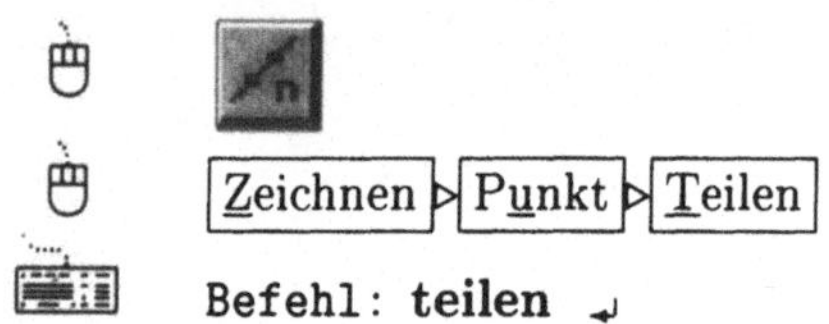

Befehl: **teilen** ↵

Messen

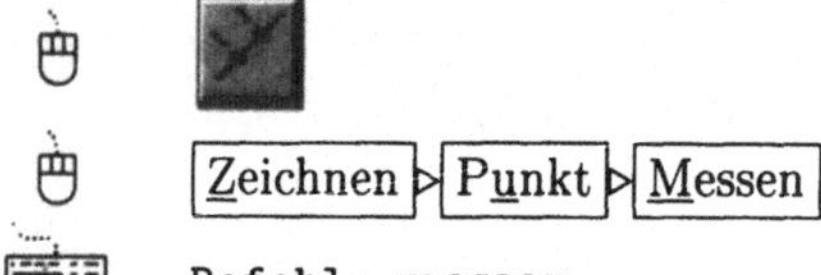

Befehl: **messen** ↵

3.3.3   Zerlegen und Entfernen von Teilgeometrien

Brechen Mit dieser Funktion kann ein Objekt an zwei Punkten aufgetrennt werden. Das Zwischensegment wird gelöscht, und es entstehen zwei unabhängige Teilobjekte. Bei der Definition eines einzigen Punktes (erster und zweiter Bruchpunkt identisch) wird das Objekt nur in zwei Teile zerbrochen und kein Teil entfernt. Erlaubte Ausgangsobjekte sind: Linie, Kreis, Bogen, Polylinie, Ellipse, Spline, Konstruktionslinie und Strahl. Die Angabe von @ bedeutet bei der Eingabe des zweiten Punktes die Übernahme der letzten Punkteingabe. Zur Bestimmung des zu löschenden Bereiches müssen die Punkte nicht auf dem Objekt liegen - der nächstliegende Punkt des Objektes wird gegebenenfalls berechnet. Bei kreisförmigen Objekten wird das Segment vom ersten zum zweiten Bruchpunkt gegen den Uhrzeigersinn gelöscht.

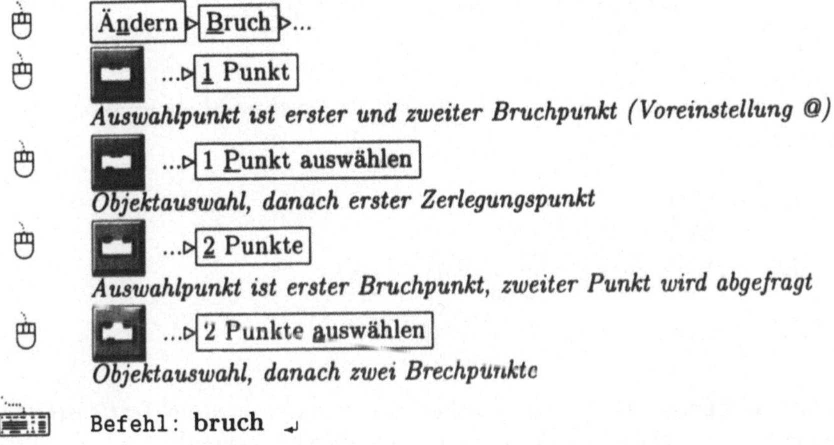

3.3.4 Anpassungen

Schieben Diese Funktion ändert die Koordinaten eines Objektes (oder Auswahlsatzes) innerhalb einer Zeichnung durch Addition des Verschiebungsvektors. Die Verschiebung wird durch den Anfangs- und Endpunkt des Vektors (zwei räumliche Punkte) eindeutig definiert.

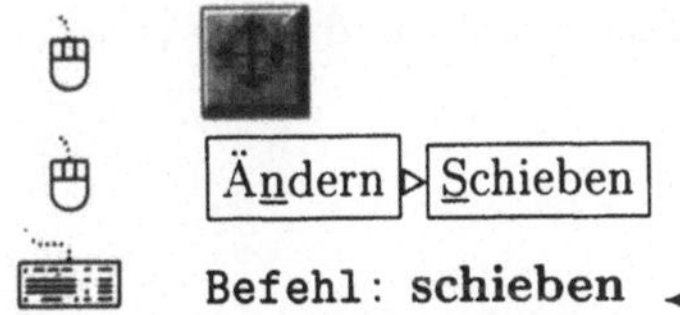

Ausrichten Diese Funktion ermöglicht die simultane und exakte Verschiebung und Drehung eines Objektes (oder Auswahlsatzes) in 2D oder 3D. Die Bewegung wird durch Punktepaare definiert, das erste Paar hat Priorität (Verschiebungsvektor), weitere dienen der Drehung des Objektes. Die Punktepaare beziehen sich üblicherweise auf eine vorhandene Geometrie.

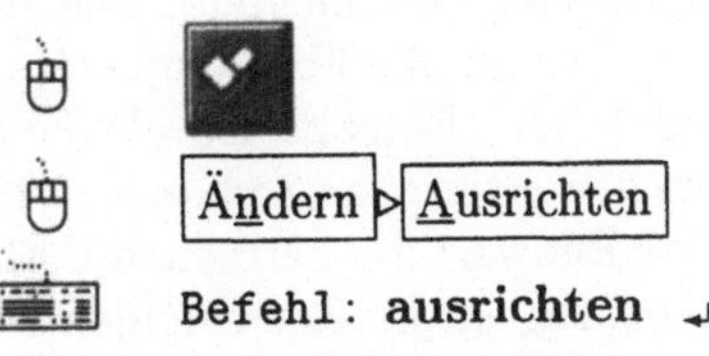

3.4   Kontrollen durch Abfragen

Koordinatenabfrage Die Koordinaten des ausgewählten Punktes werden angezeigt.

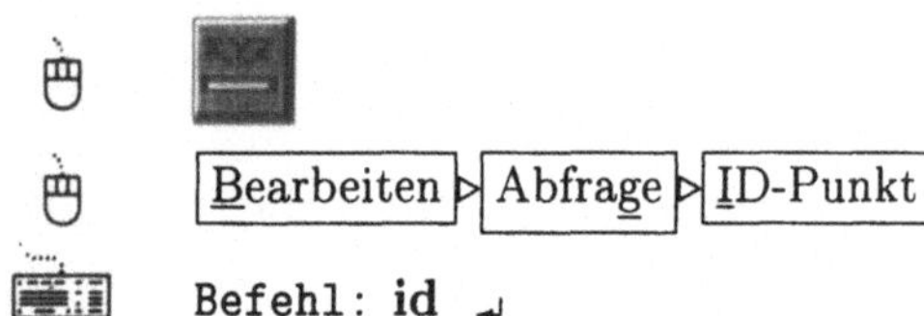

Längenabfrage Die Länge zwischen zwei Punkten wird im Textfenster ausgegeben (der Vektor und deren X-,Y- und Z-Komponenten).

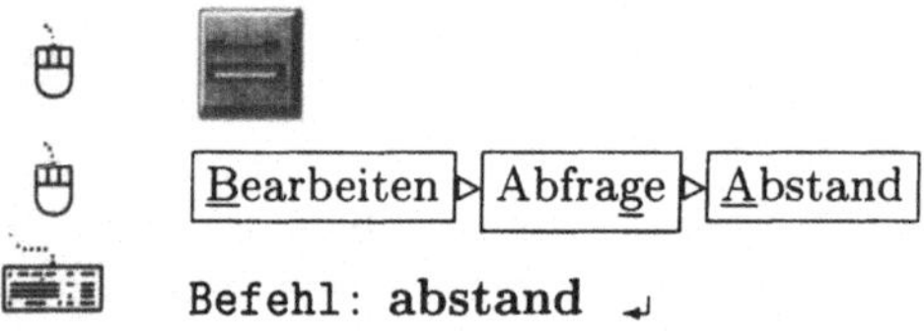

Auflistung der Datenbankeinträge Zu einem Objekt oder Auswahlsatz wird eine Liste der zugehörigen Datenbankeinträge erstellt und im Textfenster angezeigt.

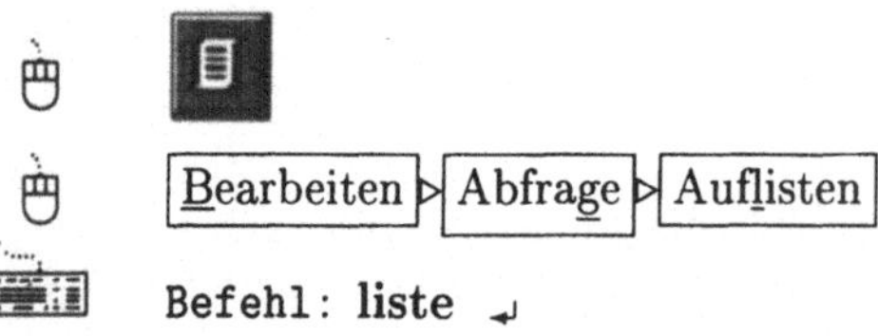

Flächeninhalt Die Funktion **fläche** ermöglicht die Ermittlung des Flächeninhalts eingeschlossener Gebiete (Ausgabe in Zeichnungseinheiten). Die Begrenzung wird entweder über die Randpunkte oder direkt über Objekte definiert (Optionen **Erster Punkt** bzw. **Objekt**). Die Eingabe ist als Folge von positiven oder negativen Werten zu verstehen (Optionen **Addieren** bzw. **Subtrahieren**). Der Zwischen- beziehungsweise Endwert des berechneten Flächeninhalts wird ausgegeben. Bei der Punkteingabe ist die Reihenfolge maßgebend. Bei einzelnen Objekten wird auch der Umfang ausgegeben.

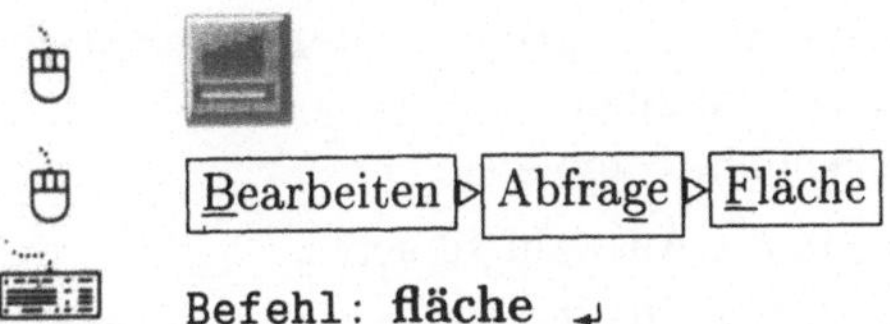

Befehl: **fläche** ↵

3.5 Beschriftung und Bemaßung

Beschriftungen und Bemaßungen sind wesentlicher Bestandteil von technischen Zeichnungen. Bei ihrer Erstellung ist darauf zu achten, daß es sich dabei um maßstabsabhängige Elemente handelt. Die Größe des Schriftsatzes ist für die ausgedruckten Pläne unter Berücksichtigung des Ausgabemaßstabes festzulegen, während die anderen Geometrieelemente skaliert werden können.

3.5.1 Text

Nichtgraphische Informationen Text (Buchstaben und/oder Zahlen) findet in Titel, Beschriftungen, Kennzeichnungen, Spezifikationen und Anmerkungen Verwendung. Die Eingabe ist in Form von Absatz- und Zeilentext möglich.

Absatztext zusammenhängende Absätze, die innerhalb einer horizontalen Begrenzung eingepaßt werden. Die Höhe ist unbegrenzt (einzelne Komponenten des Textes sind formatierbar). Jede Absatzgruppe ist ein eigenes Objekt in AutoCAD, es läßt sich schieben, drehen, löschen, spiegeln, strecken und skalieren.

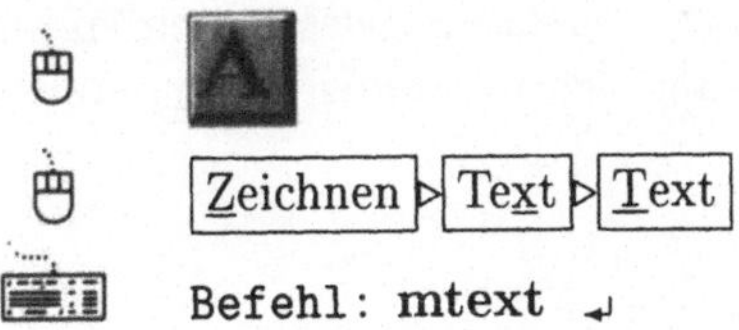

Befehl: **mtext** ↵

Absatztext bearbeiten Dialogfeld zur Texteingabe und -korrektur.

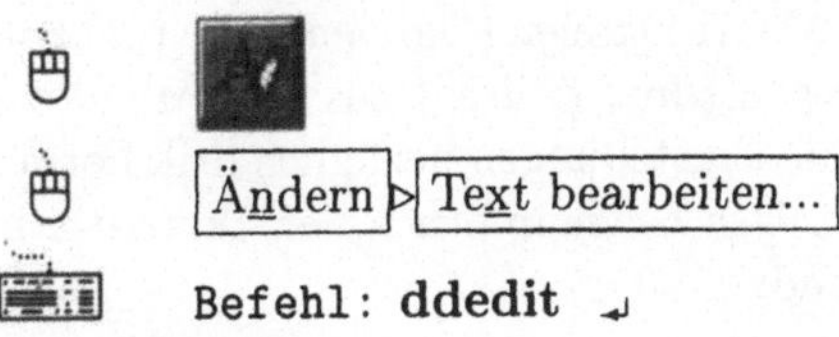

Befehl: **ddedit** ↵

Standardsteuertasten unter Windows　Folgende Tastenkombinationen können zur beschleunigten Arbeit genutzt werden:

[Strg]+[C] Die Auswahl in die Zwischenablage kopieren.

[Strg]+[V] Inhalt der Zwischenablage in die Auswahl kopieren.

[Strg]+[X] Die Auswahl ausschneiden und in die Zwischenablage kopieren.

[Strg]+[Z] Eingabe rückgängig machen und wiederholen.

[Strg]+[Umsch]+[Leertaste] Geschützten Leerschritt einfügen.

[↵] Beenden des aktuellen Absatzes und neue Zeile beginnen.

Benutzerdefinierter Editor　Konfigurieren im Dialogfeld Voreinstellungen unter Diverses. Texteditor: **internal** für den AutoCAD-internen Editor oder z.B. **C:\windows\notepad.exe** für den Standardnotizblock unter Windows.

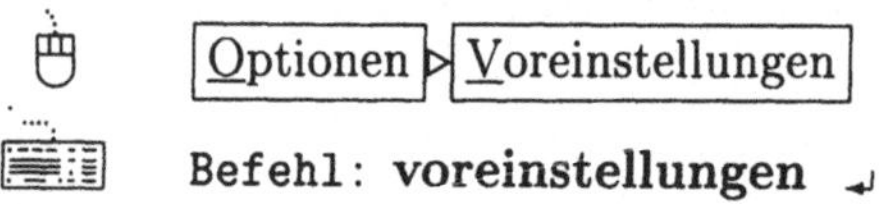

Befehl: **voreinstellungen** ↵

Zeilentext　mehrere einzelne unabhängige Zeilen, durch ↵ getrennt, werden bündig untereinander angeordnet.

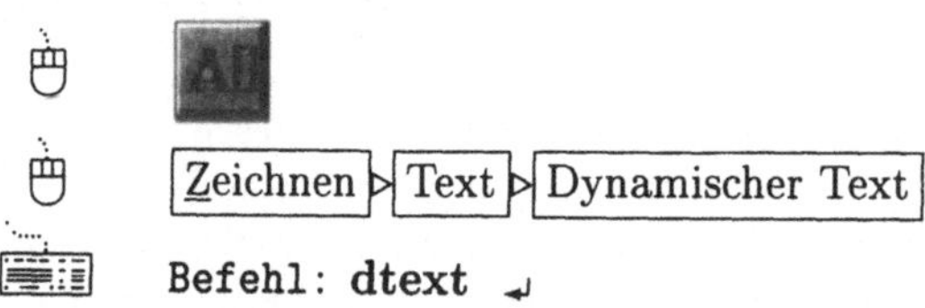

Befehl: **dtext** ↵

Einlesen von Textdateien　ASCII-Dateien können eingelesen werden, aktuelle Einstellungen bezüglich Stil, Format und Schrift werden übernommen.

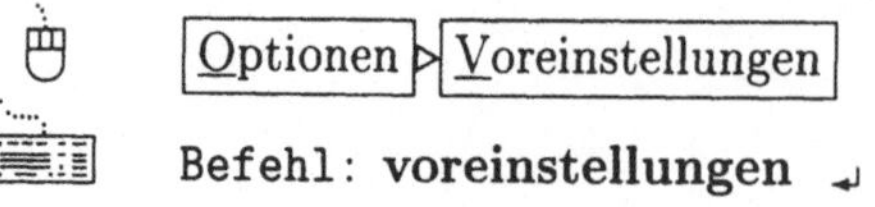

Befehl: **voreinstellungen** ↵

Direktes Ziehen von Textdateien　ASCII-Dateien (Dateiendung .txt) können auch direkt durch Ziehen und Ablegen (*drag & drop*) aus dem Windows-Dateimanager eingelesen werden, aktuelle Einstellungen bezüglich Stil, Format und Schrift werden dabei übernommen. Der Zeilenumbruch der Textdatei ist für die Absatzgestaltung ausschlaggebend.

Rechtschreibprüfung Mehrere Hauptwörterbücher stehen in AutoCAD zur Überprüfung der Texte innerhalb einer Zeichnung zur Verfügung. Die Standardwortliste kann erweitert werden. Nach Aktivierung der Funktion werden entweder gezielt die zu prüfenden Texte selektiert oder durch Eingabe von **alle** sämtliche Textelemente ausgewählt.

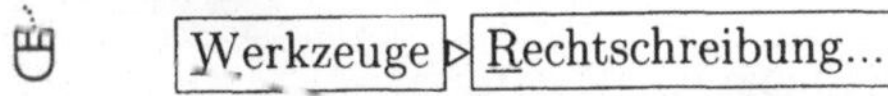

Befehl: **rechtschreibung** ↵

3.5.2 Bemaßung

AutoCAD erstellt automatisch und halbautomatisch alle benötigten Maßangaben inklusive Toleranzen. Die Maßzahlen werden in der aktuell eingestellten Umrechnung direkt aus den Zeichnungseinheiten berechnet und als Vorgabewert benutzt. Man unterscheidet in AutoCAD folgende Arten der Bemaßung: Linear-, Radial-, Winkel- und Ordinatenbemaßung.

Bemaßbare Objekte sind Linien, Multilinien, Bogen, Kreise, Polyliniensegmente und Punkte. Eine Bemaßung kann auch ohne Bezug auf eine existierende Geometrie erstellt werden.

Bei der Erzeugung wird die Bemaßung immer auf den aktuellen Layer gelegt, es wird die aktuelle Farbe übernommen und der zugeordnete Bemaßungsstil entsprechend der Einstellungen der Bemaßungsvariablen verwendet. Stile und Stilfamilien können definiert und nachträglich überschrieben werden.

Die folgenden Begriffe werden zur Erläuterung benutzt:

Definitionspunkte sind die Bezugspunkte der Bemaßung.

Maßlinie dient der Beschreibung der bemaßten Länge und Richtung.

Maßtext ist standardmäßig die bemaßte Länge in den aktuellen Einheiten, vorgabemäßig auf der Maßlinie zentriert angelegt, wenn genügend Platz zur Verfügung steht.

Hilfslinien sind die Geradensegmente, die standardmäßig senkrecht von der Maßlinie ausgehend auf die Definitionspunkte der Bemaßung zeigen.

Führungslinie ist eine Linie zur Zuweisung eines Textes auf einen Punkt oder Objekt der Zeichnung.

Abschlußsymbol ist das Kennzeichnungssymbol des Kreuzungspunktes von Maßlinie und Hilfslinie (z.B. Pfeil, Punkt, Kreis).

Linearbemaßung ist eine auf die Definitionspunkte ausgerichtete Bemaßung von Längen (in der Literatur auch Linienbemaßung genannt). In Auto-CAD werden die Fälle horizontale und vertikale Bemaßung gesondert in der Funktion **bemlinear** angeboten, wobei die Wertberechnung (Maßtext) einer benutzerdefinierten Projektion zugehören kann.

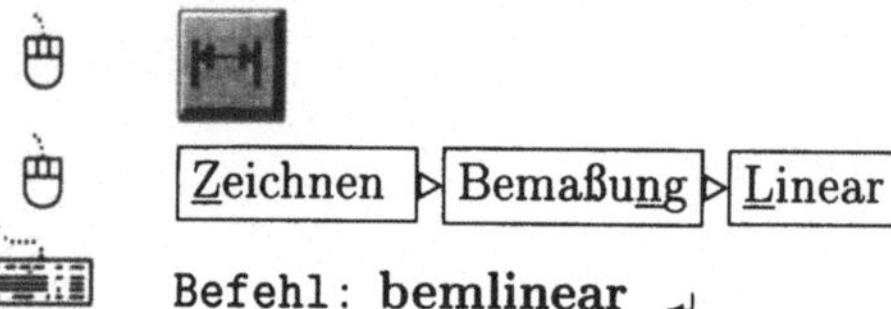

Befehl: **bemlinear** ↵

Beim allgemeinen Fall der ausgerichteten Bemaßung wird keine Projektion benutzt. Die Ausrichtung der Maßlinie (der Winkel zu den Hauptachsen) wird direkt durch die Definitionspunkte festgelegt, dadurch ist jede beliebige Ausrichtung möglich.

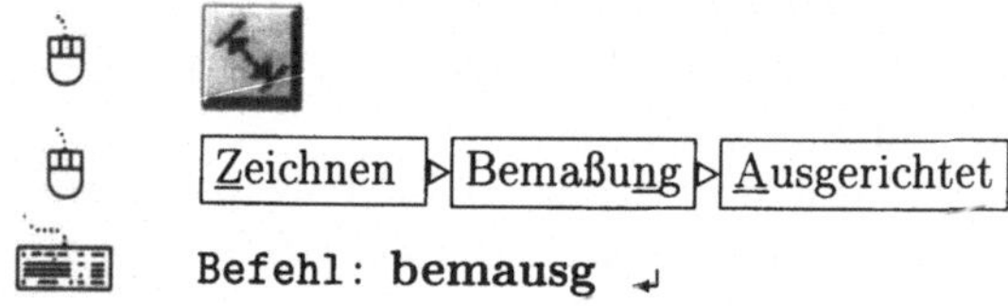

Befehl: **bemausg** ↵

Basislinienbemaßung die Werte beziehen sich auf eine Basislinie (erste Hilfslinie der ersten Bemaßung)

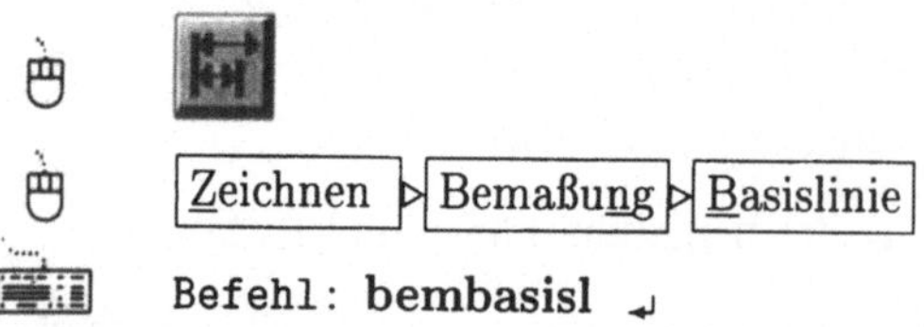

Befehl: **bembasisl** ↵

Kettenbemaßung aneinandergereihte Einzelbemaßungen, die auf den Endpunkt des Vorgängers aufbauen, genaugenommen auf die zuletzt erstellte Hilfslinie.

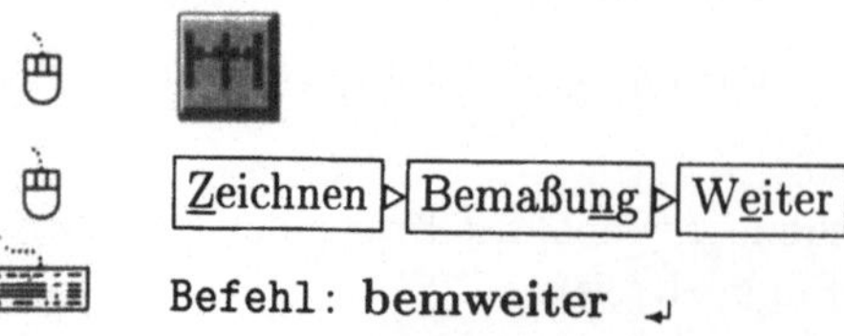

Befehl: **bemweiter** ↵

Radialbemaßung ist die auf kreisförmige Objekte bezogene Bemaßung von Radius oder Durchmesser. Zentrumspunkt ist ein Kreuz zur Kennzeichnung des Mittelpunktes des Kreises oder Kreisbogens. Mittellinie ist die gebrochene Linie in Quadrantenrichtung zur Beschreibung des Kreismittelpunktes.

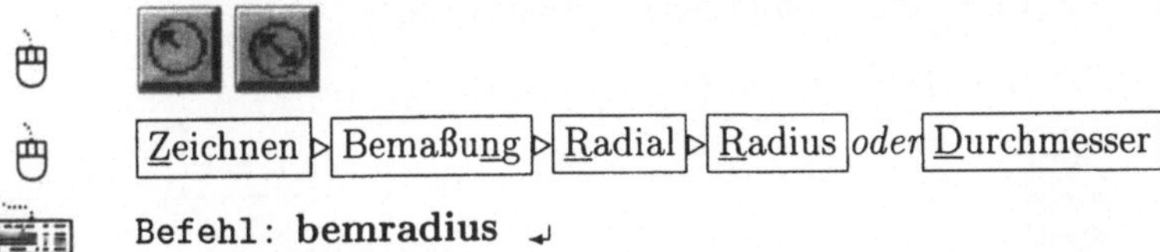

Befehl: **bemradius** ↵

Winkelbemaßung ist die auf drei Punkte bezogene Bemaßung des eingeschlossenen Winkels, kreisförmige Objekte bieten sich zur Winkelbemaßung mit Mittelpunktsangabe an, sind aber nicht zwingend erforderlich.

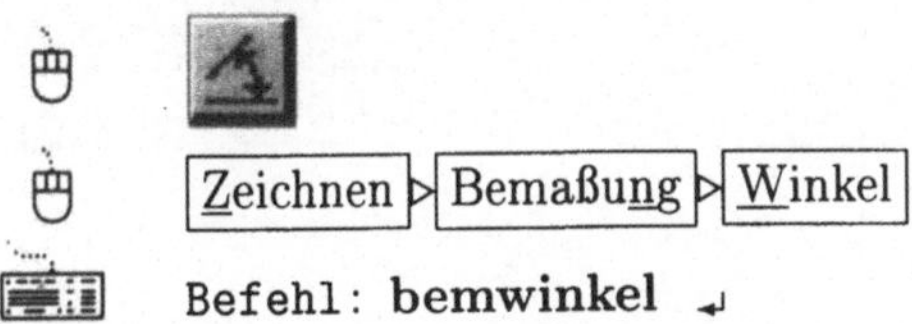

Befehl: **bemwinkel** ↵

Ordinatenbemaßung ist die Bemaßung bezogen auf den aktuellen Koordinatenursprung (BKS) in absoluten Werten. Der Maßtext wird immer an der Führungslinie ausgerichtet. Der kleinere Wert des Koordinatenpaares (x,y) ist für die Bemaßung ausschlaggebend.

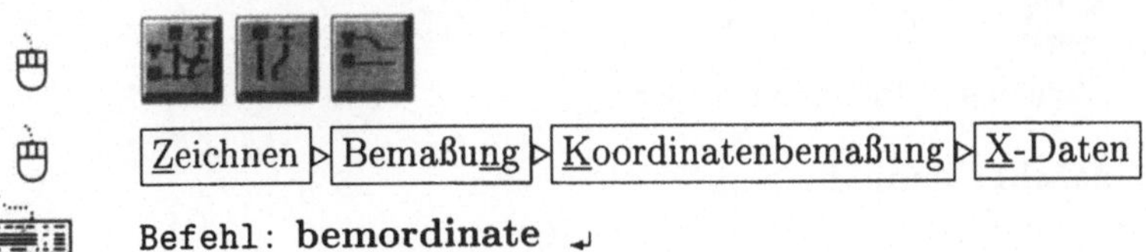

Befehl: **bemordinate** ↵

Führung ist in AutoCAD der durch eine Führungs- oder Ansatzlinie zugewiesene Text innerhalb einer Zeichnung. Zur Formatierung der Führungslinien dienen die Optionen derselben Funktion. Es werden Spline und Geradensegmente zur Verfügung gestellt, sowie das Pfeilsymbol zur Kennzeichnung des Referenzpunktes.

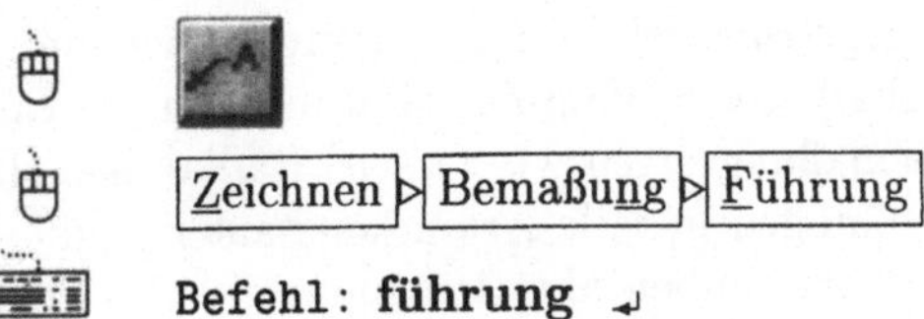

Befehl: **führung** ↵

Einige Werkzeuge zur Behandlung des Maßtextes sind in der Funktion **bemedit** zusammengefaßt. Hiermit kann im Detail eine erstellte Bemaßung verbessert bzw. angepaßt werden, um z.B. Überlappungen zu vermeiden. Die einzelnen Bemaßungen lassen sich auch in die Ursprungslage zurückversetzen, also den Bemaßungsvariablen entsprechend aktualisieren.

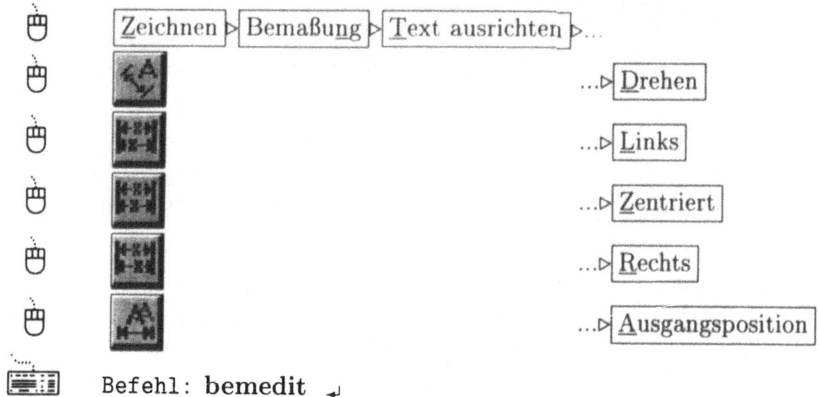

Schräge Bemaßung

ist in AutoCAD eine nachträglich modifizierte Bemaßung. Der Winkel zwischen Hilfslinie und Maßlinie wird geändert.

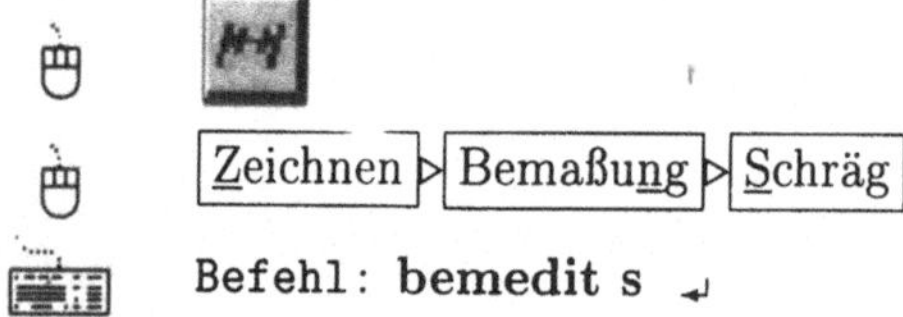

3.5.3 Bemaßungsstile und Stilfamilien

Bemaßungsstile ermöglichen die Arbeit mit benutzerdefinierten Zeichnungsstandards zur Vereinheitlichung von Plänen und Zeichnungsdateien. Verschiedene Bemaßungsstile sind in Stilfamilien zusammengefaßt. Der STANDARD-Stil als Voreinstellung bestimmt alle Eigenschaften und Parameter der Bemaßung. Seine Parameter können gegebenenfalls von den weiteren benannten Stilen überschrieben werden. Innerhalb der Stilfamilien sind individuelle Einstellungen für die verschiedenen Bemaßungsarten wie Linear, Radial usw. definiert, während ein Teil der Einstellungen für alle Arten konstant ist (global zusammenhängender Stil). Zum Beispiel haben alle Bemaßungen eines Stiles einen Maßtext der Höhe 2.5 cm, jedoch ist der Bemaßungstext in der Bemaßungsart linear immer horizontal und in der Bemaßungsart radial immer vertikal ausgerichtet. Die Eingabe der Stile und Stilfamilien erfolgt über einem Hauptdialogfenster mit Schaltflächen zu weiteren Dialogfeldern für Geometrie, Format und Maßtext.

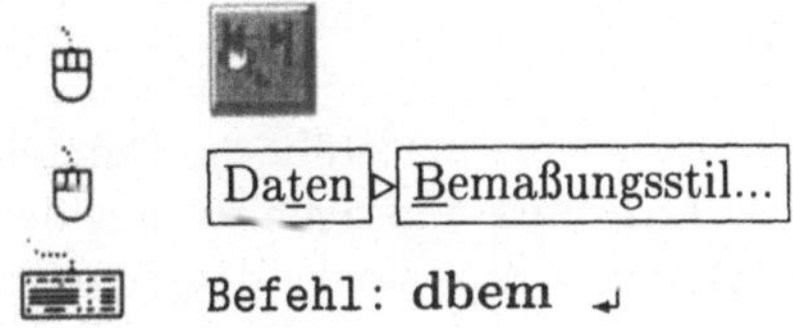

Erstellungsreihenfolge

Zuerst wird ein neuer Stil durch einen eindeutigen Namen definiert. Dieser kann ein übergeordneter Stil einer möglichen Stilfamilie sein. Der neue Stil wird gespeichert. Mögliche untergeordnete Stile werden hinzugefügt, z.B. Abweichungen der Textpositionierung in der Radialbemaßung. Der Stil wird erneut gespeichert.

Änderung des Bemaßungsstils

Änderungen in einem bereits gespeicherten übergeordneten Stil wirken sich nicht auf die untergeordneten Stile aus. Daher müssen immer erst die allgemeingültigen Eigenschaften im übergeordneten Stil festgelegt werden und danach die Details der untergeordneten Stile spezifiziert werden.

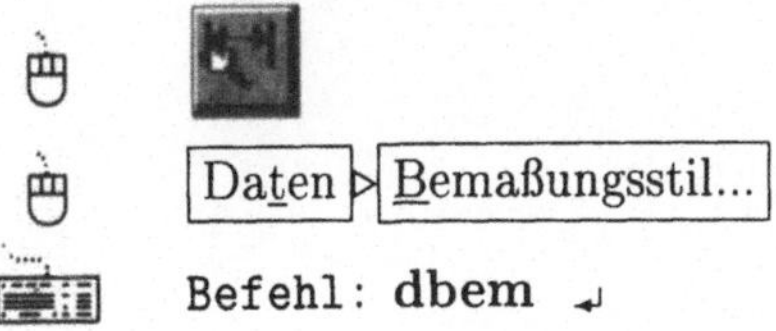

Empfehlungen zur Anordnung der Bemaßung

Der Maßtext sollte immer von unten und von rechts lesbar sein. Überschneidungen von Bemaßung und Objekten sollten prinzipiell vermieden werden. Maßketten sind schnell erstellt und beschreiben den meist wichtigen Zusammenhang der Geometrien. Es wird von Innen nach Außen und vom Detail ins

Globale bemaßt. Somit steht das Gesamtmaß ganz außen. Unnötige Bemaßungen sollten vermieden werden (Redundanzen). Die Textausrichtung und -größe sollte dem Ausgabemaßstab entsprechend gewählt werden. Es ist ratsam, unterschiedliche Stile für unterschiedliche Inhalte festzulegen. Bemaßungshierarchien sollten beachtet oder festgelegt werden.

Planbestandteile

Eine bemaßte Zeichnung beinhaltet üblicherweise eine maßstäbliche Darstellung eines Objektes in einer oder mehreren Ansichten und Schnitte mit den zugehörigen Maßstabsangaben. Neben den Achsen des Systems, den Schnittachsen und den Abmessungen in der Ebene sind Höhenangaben (senkrecht zur Ebene), Details in unterschiedlichem Maßstab und Beschriftungen vorhanden. Außerdem gehört zu einem Plan ein Schriftfeld mit möglichen Planverweisen, Vermerken, eine Pl-Nr, ein Lageplan z.B. M. 1:2000, ein Nordpfeil und eine Legende für bestimmte Symbolerläuterungen.

Kapitel 4

Geometrie 3D

Manche Aufgaben erlauben oder erfordern die direkte Eingabe und Bearbeitung der Daten als dreidimensionales Modell. Alternativen der Objektbeschreibung sind in AutoCAD Version 13 durch zwei Werkzeuggruppen gegeben: **Oberflächen** und **Festkörper**. Beide Werkzeuggruppen nutzen parametrische Funktionen zur Eingabe der charakteristischen Werte. Das sind zum Beispiel die Anzahl der Unterteilungen einer Regeloberfläche oder der Radius eines Zylinders. Der grundlegende Unterschied liegt in der Beschreibung und Weiterverarbeitbarkeit:

Oberfläche Gruppe von Elementen, deren Relativposition veränderbar ist. In einigen Fällen ist die Gruppe nicht einmal als Block gespeichert, sondern jedes Element ist einzeln ansprechbar. Damit erfordert eine Oberfläche einen geringeren Speicheraufwand, der in höherer Verarbeitungsgeschwindigkeit gegenüber Festkörpern zum Ausdruck kommt.

Festkörper Zusammenhängende Elemente mit eindeutiger Relativposition. Die Grundform bleibt bei Manipulationen konstant. Es sind nur Skalierungen und Boolesche Operationen (Vereinigung, Differenz, Schnittmenge) möglich. Nur die Festkörper erlauben die Erstellung eines aus Grundkörpern zusammengesetzten Objektes und die effiziente 3D-Modellierung.

Objektkonvertierung Der Übergang von Oberflächen zu Festkörpern ist nur dann möglich, wenn eine ebene Fläche extrudiert wird oder Polylinien eine Höhe zugewiesen wird. Die Funktion **ursprung** ermöglicht die Zerlegung der Festkörper in Elemente.

Wir stellen im folgenden die Grundfunktionen für die 3D-Objekte von AutoCAD, getrennt für Oberflächen und Festkörper, vor.

4.1 Oberflächen

Mit dem Werkzeugkasten Oberflächen können eigenständige, parametrisierte
3D-Objekte und Oberflächen in bezug auf bereits erzeugte, vorzugsweise dreidimensionale, Geometrie erstellt werden.

Die Sichtbarkeit der Kanten eines 3D-Oberflächenobjektes kann eingestellt
werden.

Kante Steuert die Sichtbarkeit von Kanten der 3D-Flächen eines dreidimensionalen Objektes. Dies ermöglicht die Ortung unsichtbarer Kanten und die
Umschaltung der Sichtbarkeitsvariable.

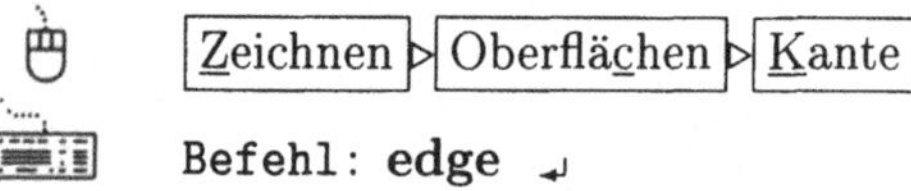

Befehl: **edge** ↵

4.1.1 3D-Objekte

3D konstruiert dreidimensionale Polygon-Netzobjekte, die wie Drahtmodell-
objekte wirken, aber Oberflächen besitzen, da sie aus 3D-Flächen zusammengesetzt sind. 3D-Objekte können deshalb schattiert oder gerendert werden. Sie
erscheinen dann wie Festkörper.

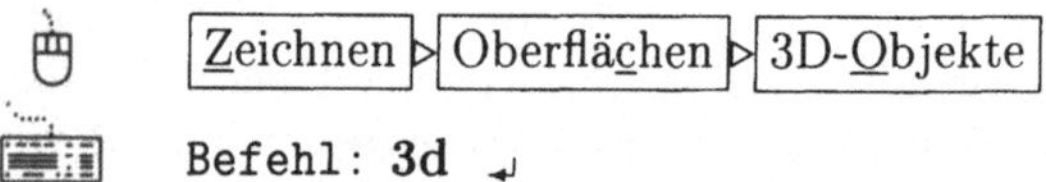

Befehl: **3d** ↵

Alle neun verfügbaren Typen von 3D-Objekten sind mit Griffen veränderbar
(Verschieben eines Knotenpunktes usw.). Sie sind ein Block von 3D-Flächen.
Nach der Erzeugung haben die Einzelflächen keinen funktionalen Zusammenhang mehr, sie können also beliebig und unabhängig voneinander manipuliert
werden.

Zur schnellen Eingabe wählt man das passende Symbol aus dem Werkzeugkasten Oberflächen. Alle Längeneingaben beziehen sich auf das aktuelle BKS:
Länge in X-Richtung, Breite in Y-Richtung, Höhe in Z-Richtung. Die Plazierung des Objekts erfolgt unter einem Winkel gegen die X-Achse, im mathema-
tisch positiven Drehsinn.

Quader Erzeugt das räumliche Polygon-Drahtmodell eines Quaders. Eingabeoptionen: nur eine Längenangabe beim Spezialfall Würfel oder Länge, Breite
und Höhe im allgemeinen Fall.

Keil Erzeugt das Polygon-Drahtmodell eines rechteckigen Keils (3 Rechtecke und 2 Dreiecke als Teilflächen). Der Keil verjüngt sich parallel zur X-Achse. Eingabeparameter: Ecke des Keils (Basispunkt), Länge, Breite, Höhe und Drehwinkel um die Z-Achse, also der Winkel zur X-Achse

Pyramide Erzeugt das Polygon-Drahtmodell einer vierseitigen Pyramide oder eines Tetraeders. Eingabeparameter: 3 oder 4 Basispunkte und Scheitelpunkt.

Kegel Erzeugt das Polygon-Drahtmodell eines Kegels. Eingabeparameter: Basismittelpunkt, Höhe. Eingabeoptionen: wahlweise Durchmesser oder Radius der Basisfläche.

Kugel Erzeugt das Polygon-Drahtmodell einer Kugel. Eingabeparameter: Mittelpunkt, Radius. Eingabeoptionen: wahlweise Durchmesser oder Radius.

Kuppel Erzeugt die obere Hälfte eines sphärischen Polygonnetzes (Halbkugel). Eingabeparameter: Mittelpunkt der Kuppel. Eingabeoptionen: wahlweise Durchmesser oder Radius.

Schale Erzeugt die untere Hälfte eines sphärischen Polygonnetzes (Halbkugel). Eingabeparameter: Mittelpunkt der Schale. Eingabeoptionen: wahlweise Durchmesser oder Radius.

Torus Erzeugt parallel zur XY-Ebene ein torusförmiges Polygonnetz (Donut). Eingabeparameter: Torusmittelpunkt, wahlweise Durchmesser oder Radius. Der Radius oder Durchmesser des Torus wird durch den Abstand zwischen Torusachse und Torusaußenkante festgelegt.

Netz Erzeugt ein ebenes $M \times N$ Gitternetz. Die Größen M und N dieses Netzes legen fest, wie viele Unterteilungen das Netz in der jeweiligen Richtung erhält. Eingabeparameter: 4 Eckpunkte, M und N (gültige Werte zwischen 2 und 256).

4.1.2   3D-Fläche und 3D-Netz

Als Verallgemeinerung der neun Grundtypen kann man beliebige 3D-Flächen und ein 3D-Netz auffassen. Diese Objekttypen werden im folgenden erläutert.

3D-Fläche Erzeugt eine oder mehrere dreidimensionale Flächen. Die drei- oder vierseitigen Flächen (2 Dreiecke, Innenkanten verdeckt) erhalten 3D-Koordinaten, d.h., sie sind beliebig plazierbar. Um eine normale 3D-Fläche zu erzeugen, müssen die Punkte nacheinander abwechselnd im und gegen den Uhrzeigersinn eingegeben werden (die leere Eingabe beendet den Befehl). Zur Steuerung der Sichtbarkeit der Kanten während der Erzeugung der Objekte reicht die Eingabe von **u** oder **unsichtbar** vor der ersten Punkteingabe der zu erzeugenden Kante (noch vor Objektfangmodi und XYZ-Filtern). Alle Kanten können unsichtbar sein, die Flächen erscheinen erst bei 'hidden-lines' und Rendering. Im Gegensatz produziert der 2D-Befehl **solid** eine drei- oder vierseitige Fläche, die parallel zum aktuellen BKS liegt und extrudiert werden kann.

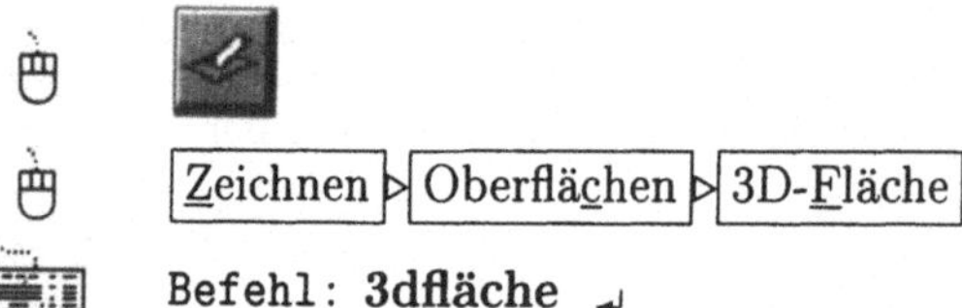

Befehl: **3dfläche** ↵

3D-Netz Erzeugt ein offenes 3D-Flächennetz (ein Block, der mit dem Befehl **ursprung** zerlegbar ist). Ein Polygonnetz wird durch eine Matrix definiert, deren Größe durch M und N festgelegt wird (je zwischen 3 und 256). Diese Funktion ist in erster Linie für Programmierer bestimmt, um das Einlesen von Stützkoordinaten von Freiformflächen zu erleichtern.

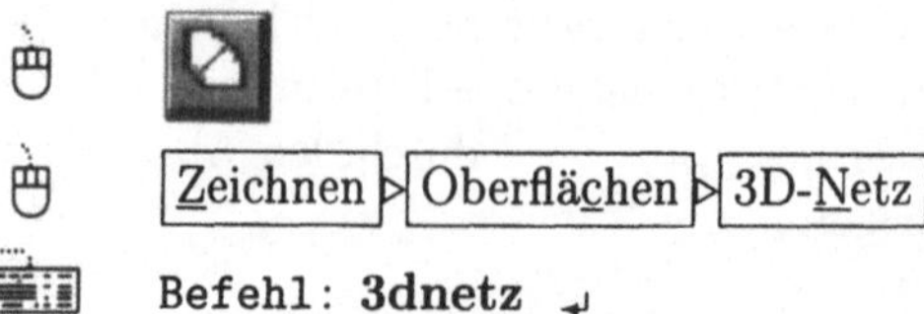

Befehl: **3dnetz** ↵

4.1.3   Kantenbezogene Oberflächen

Die folgenden Funktionen zur Oberflächenerzeugung benötigen vorhandene
Kanten als Ausgangsdaten. Die Einstellung der Systemvariablen *SURFTAB1*
und *SURFTAB2* zur Steuerung der Netzdichte wird empfohlen.

Rotationsoberfläche Erstellt eine gedrehte Oberfläche um eine gewählte
Achse, ausgehend von einer Grundlinie oder einem Profil, das die Rotationsachse schneiden darf (ein Polygonnetz als Näherung einer Rotationskörperober-
fläche). Mögliche Grundlinien sind Linie, Bogen, Kreis, 2D- oder 3D-Polylinie.
Die Rotationsachse wird aus einer Linie oder einer offenen 2D- oder 3D-
Polylinie beschrieben. Die Grundlinie bestimmt die N-Richtung des Ober-
flächennetzes. Einen Sonderfall stellt der Torus mit einem Kreis als Grundlinie
dar. Die Drehachse bestimmt die M-Richtung des Netzes. Parameter: Start-
winkel und eingeschlossener Winkel.

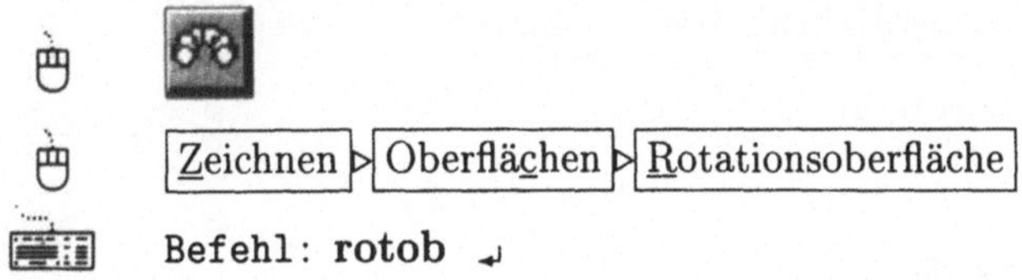

Tabellarische Oberfläche Konstruiert ein Polygonnetz einer allgemeinen
tabellarischen Oberfläche, die durch eine ebene oder räumliche Grundlinie und
einen Richtungsvektor definiert wird. Mögliche Grundlinien sind Linie, Bogen,
Kreis, Ellipse oder 2D- bzw. 3D-Polylinie. Mögliche Richtungsvektoren sind
Linie oder offene Polylinie, wobei jeweils der Endpunkt den Richtungsvektor
definiert.

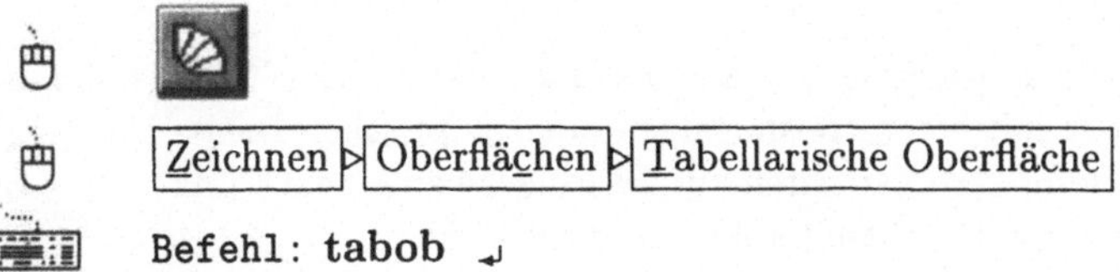

Regeloberfläche Konstruiert ein Polygonnetz, das die Regeloberfläche zwi-
schen zwei Kurven darstellt. Mögliche Kurven sind Punkte, Kreise, Bogen oder
Polylinien. Beide Umgrenzungen sind entweder geschlossen oder offen. Eine
Ausnahme ist der Punkt als Ersatz einer der Kurven.

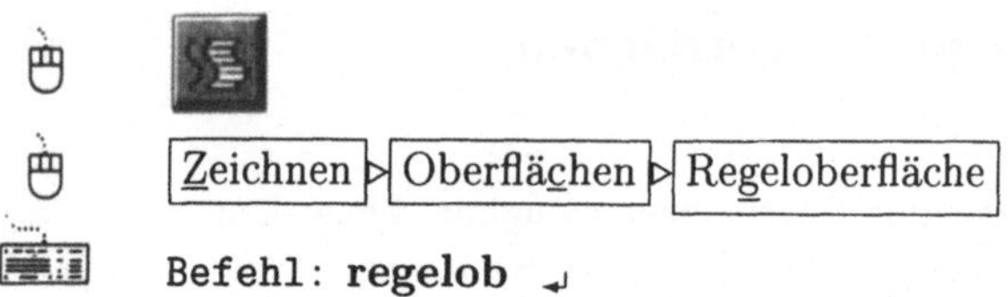

Befehl: **regelob** ↵

Kantendefinierte Oberfläche Konstruiert aus vier aneinandergrenzenden Kanten mit gemeinsamen Endpunkten ein dreidimensionales Polygonnetz, das einem Coons-Oberflächensegment ähnelt (bikubische Oberfläche, die durch Interpolation von vier Begrenzungskanten entsteht). Mögliche Kanten sind Linien, Bogen, offene 2D- bzw. 3D-Polylinien mit beliebiger Reihenfolge bei der Auswahl der Kanten. Die erste Kante bestimmt die M-Richtung des generierten Netzes. Die zwei Kanten, die die erste Kante berühren, bilden die N-Kanten des Netzes.

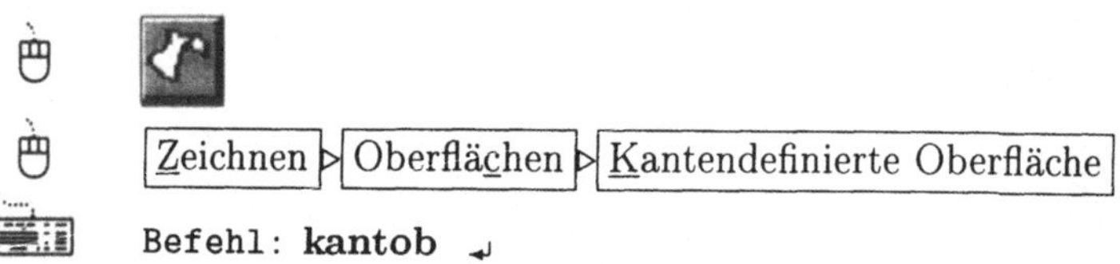

Befehl: **kantob** ↵

4.2 Festkörper

Quader Erzeugt einen dreidimensionalen Quader.

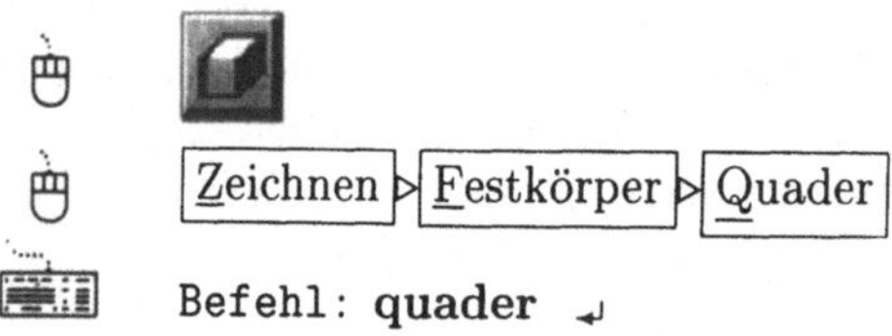

Befehl: **quader** ↵

Kegel Erstellt einen dreidimensionalen Festkörperkegel. Ein Kegel ist ein primitiver Festkörper mit einer kreisförmigen oder elliptischen Basis. Der Kegel verjüngt sich entlang der Lotrechten zur Basisfläche zu einem Punkt. Die Lotrechte verläuft durch den Mittelpunkt der Basisfläche.

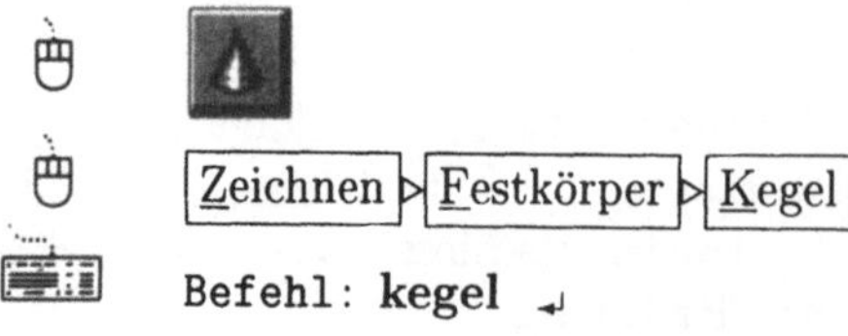

Befehl: **kegel** ↵

Zylinder Erzeugt einen dreidimensionalen Zylinder. Ein Zylinder ist ein primitiver Festkörper ähnlich einem extrudierten Kreis oder einer extrudierten Ellipse, jedoch ohne Verjüngung.

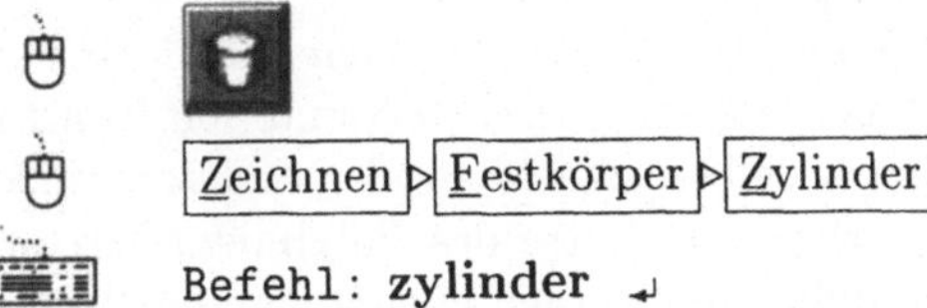

Befehl: **zylinder** ↵

Kugel Erstellt eine dreidimensionale Festkörperkugel. Die Kugel wird so positioniert, daß ihre Zentralachse parallel zur Z-Achse des aktuellen BKS verläuft. Die Breitenlinien verlaufen parallel zur XY-Ebene.

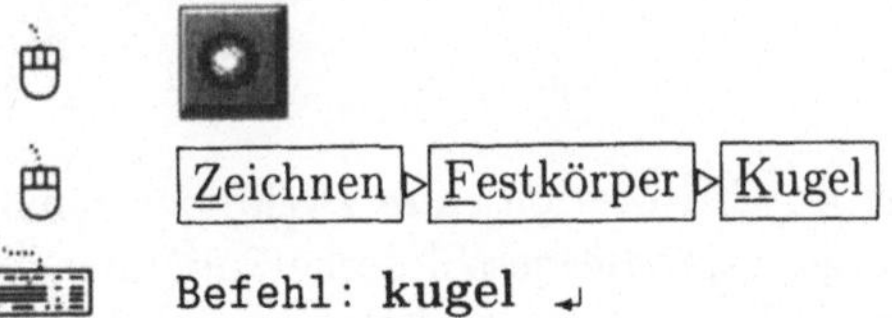

Befehl: **kugel** ↵

Torus Erstellt einen ringförmigen Festkörper. Ein Torus wird durch zwei Radiuswerte definiert: Einer für den Tubus, der andere für den Abstand zwischen der Rotationsachse des Torus und dem Mittelpunkt des Tubus. AutoCAD erzeugt sich selbst überschneidende Tori. Ein sich selbst überschneidender Torus hat kein Loch in der Mitte. Der Grund liegt darin, daß der Radius des Tubus größer als der Radius des Torus ist.

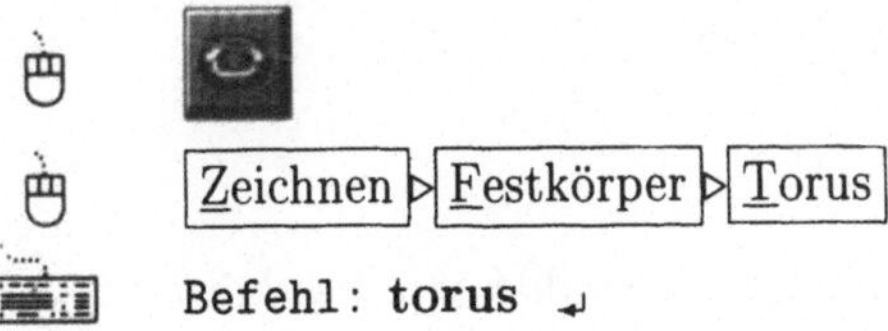

Befehl: **torus** ↵

Keil Erstellt einen dreidimensionalen Festkörper mit einer schrägen Fläche, die sich entlang der X-Achse verjüngt

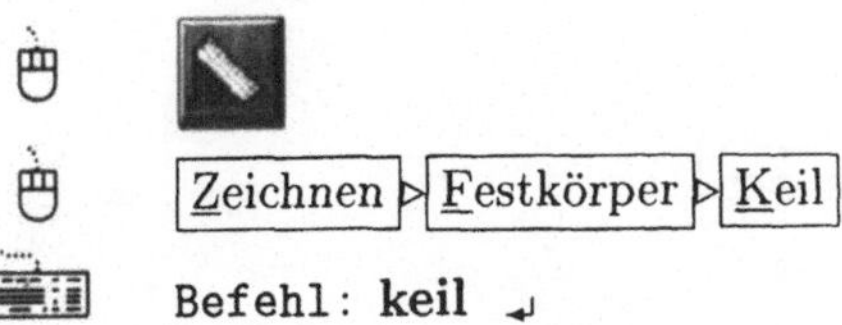

Befehl: **keil** ↵

Extrusion Erstellt einzelne primitive Festkörper durch Extrusion vorhandener zweidimensionaler Objekte entlang eines einzelnen Richtungvektors oder eines bestimmten Pfades. Sie können durch **extrusion** mehrere Objekte gleichzeitig bearbeiten. Erlaubte Ausgangsprofile: geschlossene Polylinien, Polygone, Kreise, Ellipsen, geschlossene Splines, Ringe und Regionen (Elemente eines Blocks sind ausgeschlossen). Polylinien müssen zwischen 3 und 500 Kontrollpunkte besitzen und dürfen sich nicht selbst schneiden oder andere kreuzen. Die Breite einer Polylinie wird ignoriert (die Mitte des Polylinienpfads wird verwendet). Höhenzuweisungen von Objekten werden ebenfalls ignoriert.

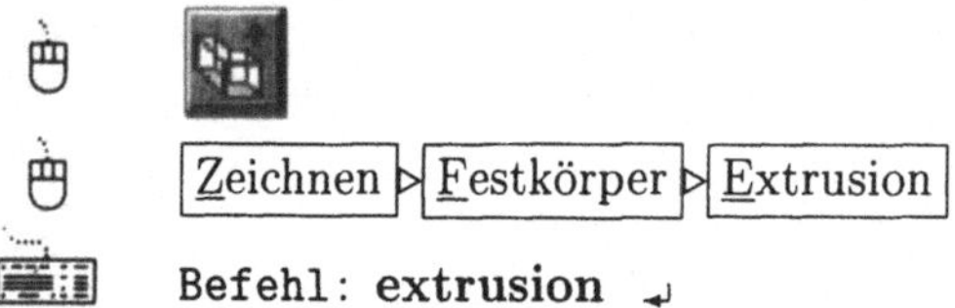

Rotieren Erstellt einen Festkörper durch Rotation eines zweidimensionalen Objekts um eine Achse. Erlaubte Ausgangsprofile: geschlossene Polylinien, Polygone, Kreise, Ellipsen, geschlossene Splines, Ringe und Regionen (Elemente eines Blocks sind ausgeschlossen). Polylinien dürfen sich nicht selbst schneiden. Es kann jeweils nur ein Objekt rotiert werden. Die Rechte-Hand-Regel bestimmt die positive Drehrichtung. Die Breite der Polylinie wird ignoriert (die Mitte des Polylinienpfads wird verwendet).

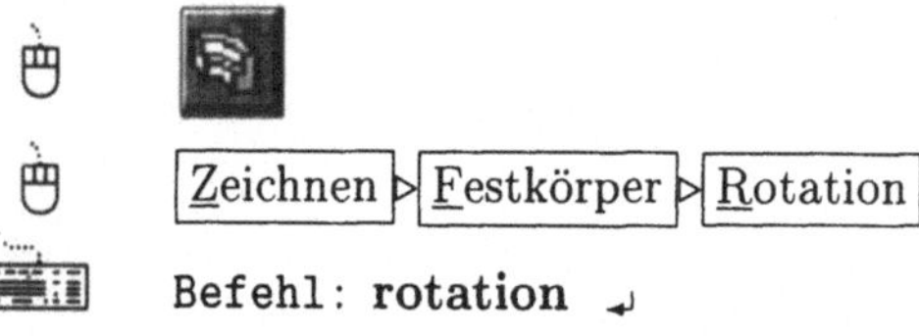

Kappen Schneidet nach Bestimmung des Auswahlsatzes Festkörper mit einer Ebene (Regionen werden ignoriert). Die Festkörper werden immer je in zwei Teilobjekte getrennt und können dadurch aus mehreren Einzelvolumen zusammengesetzt sein.

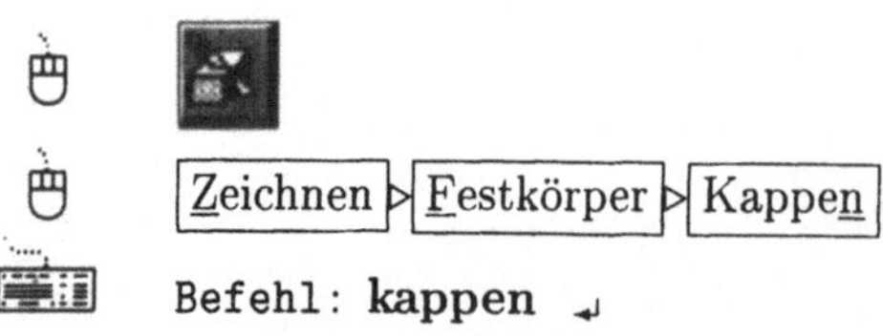

Querschnitt Erstellt Regionen, die den Schnitt durch Ebenen und Festkörper darstellen. Die generierten Regionen werden dem aktuellen Layer zugewiesen und liegen im Schnittbereich. Bei der Auswahl mehrerer Festkörper werden für jeden Festkörper getrennte Regionen erstellt.

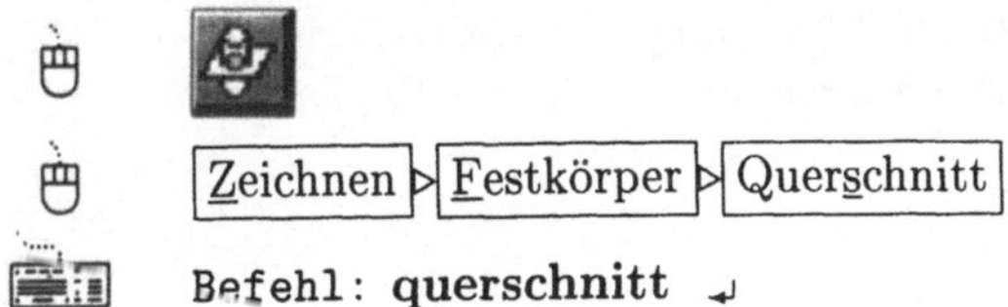

Zeichnen ▷ Festkörper ▷ Querschnitt

Befehl: **querschnitt** ↵

Überlagerung Erkennt die Überlagerung zweier oder mehrerer Festkörper und erstellt (optional) aus ihrem gemeinsamen Volumen (Schnittmenge) einen zusammengesetzten Festkörper. Bei einem einzelnen Auswahlsatz werden alle Festkörper des Satzes miteinander verglichen. Bei zwei Auswahlsätzen werden die Festkörper im ersten Satz mit denen im zweiten Satz verglichen (Unterschiede in der Verarbeitungsgeschwindigkeit!). Die Anzahl der sich überlagernden Festkörper und der Überlagerungspaare wird angezeigt. Nach Wunsch erzeugt AutoCAD auf dem aktuellen Layer aus den Schnittmengen sich überlagernder Festkörperpaare neue Festkörper und markiert diese. Wenn sich mehr als zwei Festkörper überlagern und alle gleichzeitig markiert sind, kann die genaue Identifizierung der Überlagerungspaare schwierig sein. Daher können Paare sich überlagernder Festkörper hervorgehoben werden.

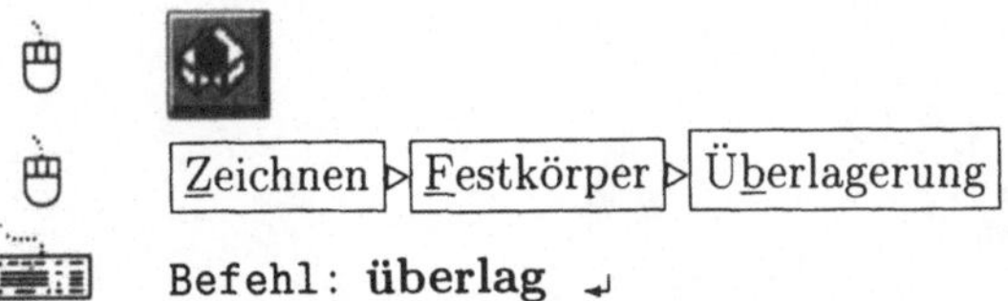

Zeichnen ▷ Festkörper ▷ Überlagerung

Befehl: **überlag** ↵

AME-Konvertierung Konvertiert AutoCAD Advanced Modeling Extension (AME)-Volumenmodelle in AutoCAD-Volumenobjekte. Die ausgewählten Objekte müssen AME Release2 oder 2.1-Regionen oder Festkörper sein. Alle anderen Objekte werden von AutoCAD ignoriert.

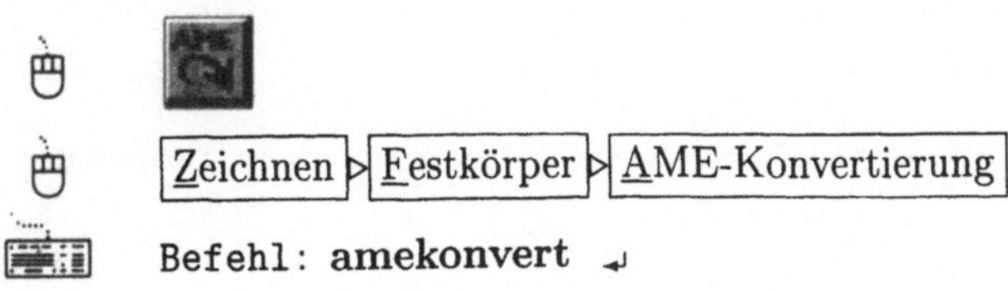

Zeichnen ▷ Festkörper ▷ AME-Konvertierung

Befehl: **amekonvert** ↵

4.2.1 Boolesche Operationen

Die Booleschen Mengenoperationen Summe, Schnittmenge und Differenz sind sowohl auf 2D- als auch auf 3D-Festkörper anwendbar, verglichen wird jeweils Fläche oder Volumen (Abb. 4.1). Die Darstellung der Festkörper bringt bei der Verwendung von **verdeckt** die Einteilung in Dreiecksflächen (Abb. 4.2). Diese Operationen werden auch im Zusammenhang mit Regionen im Kapitel 2D erläutert (Abb. 3.1).

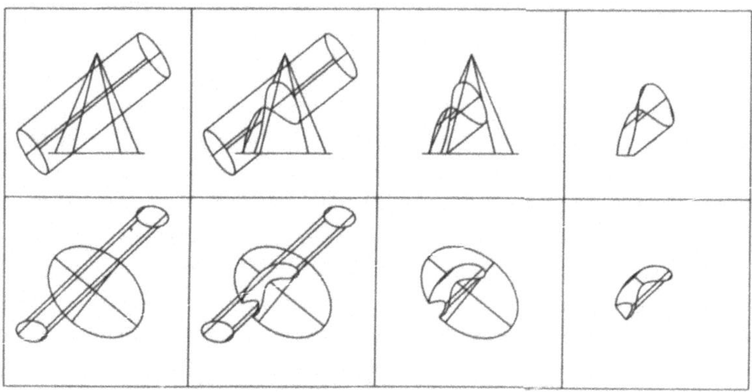

Abbildung 4.1: Boolesche Operationen in 3D mit Festkörpern

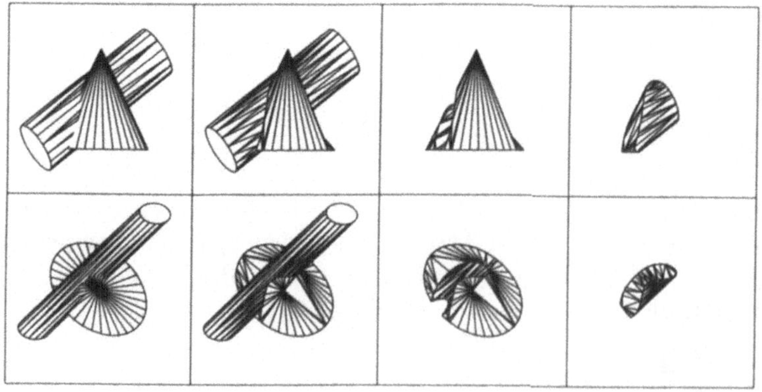

Abbildung 4.2: Boolesche Operationen in 3D mit Festkörper, verdeckt

Kapitel 5

Anwendungsprogrammierung

Die Stärke eines CAD-Pakets wird durch die Erweiterungsmöglichkeiten und den Komfort der Funktions- und Datenschnittstelle des Systems mitbestimmt. AutoCAD eröffnet verschiedene Möglichkeiten der Anbindung von Anwendungen, die branchenspezifische Lösungen auf der Basis des CAD-Konzepts des Grundpakets realisieren.

Der traditionelle Ansatz für die Anwendungsprogrammierung ist die Auto-LISP Schnittstelle. Diese Schnittstelle ist historisch gewachsen und stellte für die älteren Versionen die natürliche AutoCAD-Programmierschnittstelle dar, weil große Teile von AutoCAD selbst in AutoLISP entwickelt wurden. Eine Schnittstelle für compilierende Programmiersprachen ist die ADS (*AutoCAD Development System*)-Schnittstelle. Diese Schnittstelle kommuniziert über die AutoLISP-Schnittstelle mit AutoCAD. Mit der AutoCAD Version 13 steht eine vollständig neue, objektorientierte Schnittstelle, das System ARX (*AutoCAD Runtime Extension*), zur Verfügung. ARX arbeitet ohne den Umweg über AutoLISP mit der Datenbasis von AutoCAD.

Die Programmbeispiele in den folgenden beiden Abschnitten stellen exemplarisch die Verwendung der Programmierschnittstellen dar und sind als Anregung für eigene Experimente gedacht. Sie können natürlich nicht das ausführliche Studium der Schnittstellenspezifikation ersetzen. Vorausgesetzt werden elementare Kenntnisse der verwendeten Programmiersprachen. Die Darstellung ist unabhängig von spezifischen Entwicklungsumgebungen.

5.1 Progammieren mit AutoLISP

AutoLISP ist die spezifische Programmiersprache von AutoCAD. Die Sprache basiert auf der Programmiersprache LISP. Der Befehlsumfang der Sprache ist allerdings so reduziert, daß Standard-LISP Programme nicht ohne entscheidende Anpassungen benutzt werden können. Die LISP-Laufzeitbibliothek wurde durch eine Reihe von AutoCAD-Befehlen entscheidend erweitert.

AutoCAD verfügt über ein internes Interpreterprogramm für AutoLISP, und bis AutoCAD Version 12 war auch ein Compiler für LISP Bestandteil der AutoCAD-Software. Mit dem Übergang auf AutoCAD Version 13 steht eine LISP-Entwicklungsumgebung der Firma Vital mit Editor, integriertem Debugger und Compiler zur Verfügung.

Programme in AutoLISP können direkt und interaktiv mit AutoCAD zusammenarbeiten. AutoCAD unterstützt die Programmierung von nutzereigenen Applikationen in der Programmiersprache AutoLISP mit zwei Methoden. Einmal kann ein AutoLISP-Statement direkt wie ein AutoCAD-Befehl auf der Kommandozeile eingegeben und abgearbeitet werden. Das ist ideal, um erste Erfahrungen mit AutoLISP, mit dem Umgang und mit der Funktionsweise dieser Kommandoschnittstelle zu gewinnen. Zum anderen kann eine Folge von AutoLISP-Befehlen - ein richtiges AutoLISP-Programm - als ASCII-Textdatei mit der Dateierweiterung *.lsp gespeichert und in AutoCAD aufgerufen werden. Die Befehle aus der Programmdatei werden dann interpretiert und als Folge von Einzelanweisungen abgearbeitet. Viele AutoCAD-Befehle sind in Wirklichkeit AutoLISP-Befehle.

5.1.1   Benutzen von AutoLISP-Applikationen

Laden auf Anforderung

AutoLISP-Applikationen können auf der Kommandozeile von AutoCAD mit **load** aufgerufen werden. Diese Funktion ist selbst eine AutoLISP-Applikation. Standardmäßig haben die Applikationsdateien die Dateierweiterung *LSP*, so daß ein Aufruf

  (load "Dateiname")

eine Datei *Dateiname.LSP* im aktuell eingestellten Bibliothekssuchpfad lädt. Ist die Datei oder der angegebene Suchpfad nicht vorhanden, erfolgt eine Fehlermeldung. Will man eine Datei aus einem anderen Verzeichnis als dem aktuellen Bibliothekssuchpfad auswählen, muß man diesen Pfad direkt eingeben. Bei der Angabe der Separatoren, die in MS-DOS üblicherweise mit dem Backslash angegeben sind, der in AutoCAD eine besondere Bedeutung hat, verwendet man entweder „\\" oder „/".

Alternativ zum AutoLISP-Befehl **load** gibt es die AutoCAD-Funktion **appload**, mit der man komfortabel in einer Dateiauswahlbox das zu ladende Programm auswählen kann.

Automatisches Laden

Möchte man eine Bibliothek nützlicher AutoLISP-Programme bereits mit Programmstart verfügbar haben, so kann man das durch einen Eintrag in die Datei *acad.lsp* erreichen. Normalerweise enthält diese Datei eine AutoLISP-Applikation, die beim Programmstart ausgeführt wird. Allerdings kann dieses Programm mit dem schon genannten AutoLISP Befehl **load** weitere Applikationen laden. Dieses Vorgehen hat den entscheidenden Vorteil, daß einfach durch die Aufnahme einer Zeile wie

```
(load "bau")
```

eine Anpassung erfolgen kann.
Tritt bei der Abarbeitung einer AutoLISP-Anwendung ein Fehler auf, wird das Programm abgebrochen. Das bedeutet für das oben angeführte Beispiel, daß beim ersten fehlgeschlagenen Dateizugriff alle weiteren AutoLISP-Applikationen auch nicht geladen werden können. Das kann man mit einem optionalen Parameter der Funktion **load** zumindest nachvollziehbar gestalten. Mit einer Angabe wie

```
(load "bau" "Applikation bau.lsp nicht geladen")
```

wird in dem Fall, daß die Applikation *bau.lsp* nicht geladen werden konnte (weil die Datei nicht im aktuell eingestellten Bibliothekssuchpfad steht), die Fehlermeldung `Applikation bau.lsp nicht geladen` ausgegeben. Damit wird die Fehlersuche möglich.

5.1.2   Beispiel zum Einlesen eines Punktfeldes

Das Einlesen von Koordinatenpunkten soll mit Hilfe eines AutoLISP-Programms realisiert werden. Die Koordinaten stammen aus einer Datenbank oder einer anderen Quelle und liegen als Textdatei vor. Die Struktur der Textdatei ist relativ einfach. In der ersten Zeile steht die Anzahl der folgenden Datensätze, in den nachfolgenden Zeilen, den eigentlichen Datensätzen sind für jeden Punkt die drei Koordinatenwerte angegeben.

Datei Öffnen

Die Datei muß zunächst geöffnet werden, und anschließend werden die Variablen zum Einlesen der Daten initialisiert:

```
(defun C:FELD ( )
(princ "\n")
(setq
        f (open "koordinaten.txt"   "r" )
  punktliste nil
anzahl (read (read-line f))
    )
```

Mit dieser Anweisungsfolge wird die Datei *koo.txt* im aktuellen Suchpfad geöffnet, die Anzahl der eingelesenen Punkte *zahl* wird auf 0 gesetzt, die Einlesevariablen *xpunkt, ypunkt, zpunkt* werden mit 0 initialisiert, und die Anzahl der vorhandenen Datensätze *anzahl* wird aus der ersten Zeile der Datei gelesen. Damit gibt *anzahl* die Anzahl der Schleifendurchläufe für das Punkteinlesen an.

Daten Einlesen

Das Einlesen von Punktkoordinaten erfolgt genau dann, wenn die Datei fehlerfrei geöffnet werden konnte, *anzahl* einen gültigen Zahlenwert enthält und solange, wie die Anzahl der tatsächlich eingelesenen Punkte *zahl* kleiner als *anzahl* ist. Dieser Test erfolgt mit einer Alternative, und die Iteration wird mit Test am Anfang implementiert:

```
(if fil
    (if (= T (numberp anzahl))
     (while (< zahl anzahl)

        ...

       )                            ;while (< zahl anzahl)
     )                              ;if (= T (numberp anzahl))
  )
```

Das eigentliche Einlesen erfolgt in zwei Schritten. Erst wird eine Zeile aus der Datei in eine temporäre Koordinatenliste *p* übertragen. Danach erfolgt die Übertragung der Koordinatenliste in eine Punktliste.

```
        (setq zeile (read-line f))
        (if zeile
            (setq
               p (read (strcat "(" zeile ")" ))
               pl (append pl (list p))
             )
          )                                    ;if zeile
```

Listen sind das zentrale Datenelement von LISP, auch von AutoLISP. Die Programmzeile *p (read (strcat "(" zeile ")"))* erzeugt eine solche Liste von Koordinatenwerten, weil *zeile* mit der angegebenen Umklammerung in das interne LISP-Format umgewandelt wird und dann als Liste von Zahlen interpretiert werden kann. Auf die Variable *p* wird dann genau diese Liste zur Weiterverarbeitung übertragen.

In der nachfolgenden Anweisung wird dann eine Kopie der Koordinatenliste an die Punktliste angehängt. Die Punktliste ist deshalb genaugenommen eine Liste von Listen, die aus jeweils genau drei Koordinatenwerten bestehen.

5.2   Programmieren mit ADS

Seit AutoCAD Version 11 ist ein spezielles AutoCAD Entwicklungssystem (engl. *AutoCAD development system - ADS*) verfügbar. Diese Programmierbibliothek erlaubt es, ausführbare Programme sehr eng mit AutoCAD zu koppeln bzw. Daten zwischen AutoCAD und einem eigenen Anwendungsprogramm direkt auszutauschen.

Die Anwendungsprogramme können in C, seit AutoCAD Version 13 auch in C++, entwickelt werden. Autodesk stellt die benötigten Bibliotheken zur ADS-Programmierung für eine Reihe von Compilersystemen verschiedener Hersteller bereit. Diese Bibliotheken lassen sich bei Kenntnis der Interna des Formats der Bibliothek und der zusammengefaßten Objekte in der Regel auch mit Objekten verbinden, die in einer anderen Sprache als C oder C++ entwickelt wurden. Damit ist der Anwendungsbereich von ADS im Prinzip nicht auf die in C bzw. C++ vorliegende und dokumentierte Sprachbindung beschränkt.

Gegenüber der traditionellen Programmierung mit Hilfe von AutoLISP hat die Programmierung mit ADS den Vorteil, daß die Ausführung des in eine Maschinensprache übersetzten Programms bedeutend schneller geht. Bei reinen Rechenoperationen, Datenverwaltung und Funktionsaufrufen beträgt dieser Vorteil etwa einen Faktor von 30 bis 50 gegenüber einer vergleichbaren AutoLISP-Anwendung.

Allerdings darf nicht außer acht gelassen werden, daß die meisten Applikationen interaktiv mit dem Benutzer zusammenarbeiten, und dann ist nicht mehr nur die Rechengeschwindigkeit, sondern vor allem die Antwortzeit des Benutzers maßgebend. Die Abarbeitungsgeschwindigkeit spielt dann eine untergeordnete Rolle.

Die ADS-Funktionen, die als C- bzw. C++-Interface zur Verfügung stehen, benutzen intern zur Kommunikation mit AutoCAD die AutoLISP-Schnittstelle. ADS greift deshalb nicht direkt auf die Graphikdaten zu, sondern arbeitet mit listenorientierten Datenobjekten. Damit wird ein weiteres Mal der Geschwindigkeitsvorteil einer ADS-Applikation verringert. Variablen, die zwischen AutoCAD und Applikation ausgetauscht werden sollen, müssen in die erforderliche Listenstruktur transformiert werden.

5.2.1 Struktur eines ADS-Programms

Ein ADS-Programm hat eine festdefinierte Struktur, damit es als Zusatzprogramm in eine laufende AutoCAD-Sitzung eingebunden werden kann. Dem Anwender präsentiert sich eine ADS-Applikation als Programmdatei mit der Dateierweiterung *.exp oder *.exe, die als Applikation explizit geladen werden muß oder bei Eintrag in die Datei *acad.ads* zu Programmstart von AutoCAD automatisch geladen wird.

Laden

ADS-Applikationen müssen mit dem Befehl

(xload "Dateiname")

geladen werden und können mit dem Befehl

(xload "Dateiname")

wieder aus dem Speicher entfernt werden.

Mit dem Laden wird eine Anzahl von neuen AutoCAD-Befehlen verfügbar, die in den Programmanweisungen der ADS-Applikation realisiert sind. Diese Befehle müssen dem AutoCAD-Laufzeitsystem zunächst bekannt gemacht werden. Diesen Vorgang nennt man Registrierung. Danach sind diese Befehle benutzbar, d.h., im Kommandomodus verzweigt die Programmausführung zum Nutzerprogramm. Das Anwendungsprogramm reagiert auf die Befehlseingabe. Die auszuführenden Funktionen werden jetzt so entwickelt, daß sie an einer beliebigen Stelle von AutoCAD aufgerufen werden können, ihre Aufgabe abarbeiten und danach die Steuerung an das AutoCAD-System zurückgeben.

Ereignisschleife

Man bezeichnet diese Art der Anwendungsprogrammierung als ereignisgesteuertes Aktionsmodell. Typischer Bestandteil solcher Programme ist eine Endlosschleife mit integrierter Fallunterscheidung. Im Kopf der Endlosschleife wird in einer Testfunktion auf die Übergabe der Steuerung gewartet. In dieser Zeit verbraucht das Anwendungsprogramm keine Ressourcen.

Das Hauptprogramm enthält die folgenden Grundfunktionen

```
void        main(int argc, char **argv)
```

```
{
  int              stat, cindex;
  short scode=RSRSLT;
  initdone=initok=False;
  ads_init(argc, argv);
  for (;;) {
    if ((stat = ads_link(scode)) < 0) {
      exit(1);
    }
    switch (stat) {
    case RQXLOAD:
      scode = -(funcload() ? RSRSLT : RSERR);
      break;
    default:
      break;
    }
  }
}
```

Entscheidend ist, daß ADS mit der Funktion *ads_init* initialisiert wird und
danach das Programm in einer Endlosschleife mit der Funktion *ads_init* auf
Ereignisse wartet, die von der Applikation beantwortet werden müssen. Die Ereignisse werden anhand des von *ads_init* zurückgelieferten Codes identifiziert.
Beim Laden der Applikation wird das Ereignis *RQXLOAD* zum Registrieren
der in der Applikation definierten AutoCAD-Befehle generiert. Deshalb kann in
der anschließenden Fallunterscheidung die Funktion *funcload* aufgerufen werden.

Registrierung der Programmfunktionen

Die Funktion *funcload* führt für alle deklarierten Befehle die Registrierung
durch:

```
static bool      funcload(void)
{
  int              i;
  for (i = 0; i < ELEMENTS(cmdtab); i++)
    if (RTNORM != ads_defun(cmdtab[i].cmdname, i))
      return False;
  return True;
}
```

Die Funktion bricht mit einem Fehlerwert ab, falls sich ein Befehl nicht registrieren läßt.

Es werden dabei die folgenden Definitionen und Typen benutzt.

```
#define ELEMENTS(array) (sizeof(array)/sizeof((array)[0]))

struct ads_comm {
  char            *cmdname;
  void            (*cmdfunc) ();
};


extern void               stab_ein(); /* 1 */
extern void               lager_h_ein(); /* 2 */
...


struct ads_comm cmdtab[] = {
  {"C:AREADEF", area_ein},
  {"C:STAB", stab_ein},
  ...
};
```

Das Makro *ELEMENTS* erlaubt die automatische Bestimmung der Anzahl der Feldelemente im statisch definierten Feld *cmdtab[]*. Die neuen Benutzerfunktionen haben einen sie identifizierenden Namen und sind als Funktion ohne Parameter und ohne Rückgabewert in einem Feldelement vom Typ *ads_comm* definiert. Die statische Variable der Kommandotabelle ist eine Zuordnung von neuen Befehlen (als Zeichenkette definiert) zu Funktionssymbolen. Diese Funktionssymbole müssen im Applikationsprogramm realisiert sein. Die Kennzeichnung der Funktionen mit dem vorangestellten „C:" erlaubt, daß die Funktion direkt ohne Klammern, wie ein AutoCAD-Befehl, aufgerufen werden kann.

Nach der Registrierung der Befehle ist das Applikationsprogramm in der Lage, in einer Fallunterscheidung auf angeforderte Applikationsbefehle zu reagieren. Das erfolgt für das Ereignis *RQSUBR*, das ebenfalls von der Funktion *ads_link* identifiziert werden kann. Die Fallunterscheidung in der Ereignisschleife muß dazu erweitert werden.

Anhand weiterer Informationen wird entschieden, welcher Applikationsbefehl aufgerufen wurde. Dazu benötigt man die Funktion *ads_getfuncode*. Der Aufruf der Funktion, die mit dem eingegebenen Nutzerbefehl verknüpft ist, erfolgt wie folgt:

```
case RQSUBR:
  if (RTERROR != (cindex = ads_getfuncode())) {
    (*cmdtab[cindex].cmdfunc) ();
  }
  break;
```

Bestimmend für den Index ist natürlich die bei der Registrierung benutzte Reihenfolge, die im Programmbeispiel mit dem Feldindex in der Kommandotabelle *cmdtab* übereinstimmt.

Alternativ ist es auch möglich, die neue Funktion direkt in AutoCAD zu integrieren. Mit der Funktion *ads_regfunc(ads_comm, int)* wird dann der Umweg über die globale Ereignisauswertung mit *RQSUBR* und die Indexermittlung mit *ads_getfuncode* vermieden. Wie man außerdem sieht, werden die Funktionen des Anwendungsprogramms ohne Parameter aufgerufen.

Der oben angegebene Programmteil ist der Übergang zwischen dem AutoCAD-Programm und dem Applikationsprogramm. Die Steuerung geht damit an den Anwendungsprogrammierer über. AutoCAD kann mit dem normalen Bearbeitungsmodus erst nach Beendigung der Anwendungsfunktion fortsetzen. Natürlich darf man aber innerhalb der Funktion beliebig oft mit dem Auto-CAD-System Daten austauschen oder interaktiv den Datenbestand manipulieren.

5.2.2 Beipielprogramm Fachwerkeingabe

Am Beipiel eines Anwendungsprogramms zur interaktiven Konstruktion eines ebenen Fachwerkes mit AutoCAD sollen einige grundlegende Aspekte der Programmierung der interaktiven Funktionen erläutert werden. Der vollständige Programmtext ist über WWW beim Autor erhältlich:

```
http://www.iib.bauwesen.th-darmstadt.de/~laemmer
```

Hier sollen nur wesentliche Aussschnitte dargestellt werden. Die Interaktion mit dem AutoCAD-System erfolgt in zwei Betriebsarten - einmal mit der Kommandozeileneingabe und zum anderen durch die Konstruktion auf der Zeichenfläche. Zunächst zur Kommunikation über die Kommandozeile.

Eingabe numerischer Werte

Eine nützliche Funktion zum Einlesen einer Fließkommazahl von der Kommandozeile von AutoCAD ist zum Beispiel:

```c
double   get_real(char *text, double vorgabe)
{
  ads_real        zahl;
  int             status;

  ads_initget(RSG_NOZERO | RSG_NONEG, NULL);

  if (RTNORM == (status = ads_getreal(text, &zahl)))
    return (double) zahl;
  else
    ads_printf("\nWert wird %0.3lf gesetzt", vorgabe);
  return vorgabe;
}
```

Mit dieser Funktion kann ein Text zur Eingabeaufforderung angezeigt werden, und die Nutzereingabe wird bei Fehlbedienung durch eine (sinnvolle) Vorgabe ersetzt. Die eigentliche Eingabefunktion für eine Fließkommazahl ist *ads_getreal*. Das Verhalten dieser Funktion wird mit der Funktion *ads_initget* definiert. Die angegebenen Parameter haben folgende Bedeutung:

RSG_NOZERO Die Eingabe von Null ist nicht erlaubt.

RSG_NONEG Die Eingabe eines negativen Wertes ist nicht erlaubt.

Beide Einschränkungen haben den physikalischen Hintergrund, daß eine Fläche ≤ 0 für einen Fachwerkstab nicht sinnvoll ist. Mit der angegebenen Voreinstellung kann der Eingabeprozeß bereits innerhalb der AutoCAD-Funktion *ads_getreal* die entsprechenden Einschränkungen vornehmen.
Das Ergebnis kann dann nur eine Zahl (Rückgabewert *RTNORM*) oder der Funktionsabbruch sein, bei dem dann der Vorgabewert benutzt wird.
Der Vorgabewert ist die aktuelle Einstellung für die Stabfläche. Die Idee ist es, daß ein Stab immer mit einer voreingestellten Stabfläche erzeugt wird. Zum Ändern dieser Vorgabe dient die folgende Funktion, die bereits als AutoCAD-Kommando registriert wurde.

```c
double   FEM_flaeche = 1E-3;

void     area_ein(void)
{
  char q[100];
  sprintf(q, "\nFlaeche <%0.3e>:", FEM_flaeche);
  FEM_flaeche = get_real(q, FEM_flaeche);
```

```
  ads_retvoid();
}
```

Mit dem Aufruf von *ads_retvoid* geht die Programmsteuerung nach erfolgreichem Abschluß der Funktion *area_ein* wieder an AutoCAD über.

Eingabe von Graphik - Fachwerkstabkonstruktion

Herzstück der interaktiven Fachwerkskonstruktion ist das Erzeugen der Fachwerkstäbe. Die Stäbe können als AutoCAD-Linie dargestellt werden. Anfangs- und Endpunkt sind dann automatisch Fachwerkknoten.

Da Fachwerkknoten ohne anschließende Fachwerkstäbe nicht in eine Berechnung eingehen können, kann auch kein einzelner Fachwerkknoten konstruiert werden. Die Existenz eines Fachwerkknotens wird erst mit einem anschließenden Stab bestimmt. Es gibt deshalb keine direkt aufrufbare Konstruktionsfunktion für einen Fachwerkknoten, sondern nur eine Konstruktionsfunktion für einen Fachwerkstab mit zwei Fachwerkknoten. Das Grundgerüst der Funktion besteht aus einer Ausgabe auf der AutoCAD-Kommandozeile, der Eingabe des Anfangsknoten und der Eingabe eines Endknoten, die nur akzeptiert wird, wenn Anfangs- und Endknoten nicht am gleichen geometrische Ort liegen. Diese Überprüfung wird mit der Funktion *ads_distance* realisiert.

```
void      stab_ein(void)
{
  ads_point        p1, p2;
  ...

  ads_printf("\nNeuer Stab E-Modul %0.3e Flaeche %0.3e",
             FEM_emodul, FEM_flaeche);

  if (RTNORM != get_elementknoten(0, NULL, p1))
    return;
  do
      if (RTNORM != get_elementknoten(1, p1, p2))
        return;
  while (0 == ads_distance(p1, p2));
  ...

  ads_retvoid();
}
```

Die Ausgabezeile protokolliert die Voreinstellungen für Material- und Querschnittswerte, die für die Erzeugung des neuen Fachwerkstabes benutzt werden.

Die im Beispiel benutzte Eingabefunktion für die Fachwerkknoten ist mit ihrem komplexen Gesamtaufbau im folgenden dargestellt. Die Komplexität ist dadurch begründet, daß die Konstruktion des Fachwerkknotens jederzeit abgebrochen werden kann, die Auswahl zwischen einem neuen Knoten und der Referenz auf einen bereits existierenden Knoten besteht oder statt dessen auch die Voreinstellung für Elastizitätsmodul oder Stabquerschnitt verändert werden kann.

Diese Möglichkeiten werden analog der üblichen AutoCAD-Kommandoweiche implementiert, d.h., in der Eingabeaufforderung wird eine Reihe von Kommandospezifikatoren angegeben, die durch die Eingabe des entsprechenden Großbuchstaben oder des vollständigen Parameternamens ausgewählt werden können. In unserem Fall lautet die Kommandozeile

Anschluss/E-modul/Flaeche

Standard ist die Konstruktion eines Stabknotens. Die Funktion wird sowohl für die Konstruktion des Anfangs- als auch des Endknotens benutzt, die sich nur im Kommandotext unterscheiden.

```
int get_elementknoten(int nr, ads_point p0, ads_point p1){

 char kw[100];
 char *kstr[]={"\nStabanfang <neu>/Anschluss/E-modul/Flaeche:",
               "\nStabende <neu>/Anschluss/E-modul/Flaeche:",
               };
 while (1) {
    ads_initget(RSG_OTHER, "Anschluss E-modul Flaeche");

    switch (ads_getpoint(p0, kstr[nr], p1))    {

    case RTKWORD:
      if (RTNORM != ads_getinput(kw))
        return RTERROR;
      if (!strcmp("E-modul",kw)) {
        mat_ein();
        break;
      } else if (!strcmp("Flaeche",kw)) {
        area_ein();
        break;
```

```
      } else if (strcmp("Anschluss",kw))
        return RTERROR;
      if (RTNORM == get_point(p0,"\nStabknoten:",p1))
        return RTNORM;
      break;

    case RTNORM:
      return RTNORM;

    case RTCAN:
      return RTCAN;

    default:
      break;
    } /* switch */
  } /* while (1) */
}
```

Der Grundaufbau der Funktion besteht aus einer Eingabeinitialisierung, die
die graphisch-interaktive Eingabe eines Geometriepunktes oder die Auswahl
eines Kommandospezifikators erlaubt. Diese Einstellungen erfolgen mit dem
Aufruf von *ads_initget*.

Die Eingabe wird dann mit der Standardfunktion *ads_getpoint* realisiert. Der
erste Parameter zur Funktion *p0* gibt an, ob ein Gummiband als Feedback
bei der Positionierung des neuen Punkts benutzt werden soll. Das ist bei der
Konstruktion des Fachwerkstabes natürlich nur für den Endknoten sinnvoll. In
dem Fall gibt das Gummiband die Lage des neuen Stabes an, weil als Parameter
ein gültiger Zeiger auf einen Punkt übergeben wird. Ist der erste Parameter
der Nullpointer, wird kein Feedback gezeichnet. Das Gummiband wird intern
von AutoCAD realisiert.

Die Unterscheidung zwischen Eingabe des Anfangs- und Endknotens erfolgt
über die Parameterliste der Funktion *get_elementknoten*. Der Integerparameter
spezifiziert die Auswahl der passenden Eingabeaufforderung, und der Punkt-
parameter schaltet das Feedback ein oder aus.

Der Rückgabewert von *ads_getpoint* erlaubt eine Differenzierung in die Eingabe
eines Schlüsselwortes *RTKWORD*, die normale Punkteingabe *RTNORM* und
den Befehlsabbruch *RTCAN*. Da dieser Rückgabewert auch sinnvoll in der auf-
rufenden Funktion *stab_ein* interpretiert werden kann, wird er gegebenenfalls
als Rückgabewert benutzt. Ist kein passender Ergebniswert von *ads_getpoint*
geliefert worden, wird die Eingabe wiederholt.

Bei Eingabe eines Schlüsselwortes ist nur die Auswahl *Anschluss* interessant.
Die beiden anderen Schlüsselworte erlauben die Aktualisierung der Vorgabewerte für den neuen Stab mit der bereits vorgestellten Funktion *area_ein* bzw.
mit einer analog aufgebauten Funktion *mat_ein*.

Selektion

Die Auswahl *Anschluss* bedeutet statt der Konstruktion eines neuen Fachwerkknotens die Bezugnahme auf einen bereits vorhandenen Fachwerkknoten. Dazu
wird die folgende Funktion *get_point* benutzt:

```
#define      AppName         "FEM"
#define      SStabEbene      "STAEBE"


#define DXF_EED -3
#define DXF_LAYER 8


int get_point(ads_point p0, char *prompt, ads_point pt){

  struct resbuf  *sset = NULL;
  ads_name       ent;
  long           found;

  if (NULL == (sset = ads_buildlist(RTDXF0, "LINE", DXF_LAYER,
          SStabEbene, DXF_EED, Xed(1), AppName, NULL))) {
    ads_printf("\nFEHLER:datei ads_buildlist");
    return RTERROR;
  }

  do {
    if (RTNORM != ads_getpoint(p0, prompt, pt))     {
      ads_relrb(sset);
      return RTERROR;
    }
    if (RTNORM == ads_ssget(NULL, pt, NULL, sset, ent))
      ads_sslength(ent, &found);
  } while (found <= 0);

  ads_relrb(sset);
  return RTNORM;
}
```

Diese Funktion besteht aus zwei Abschnitten. Zunächst wird ein Selektionskriterium aufgebaut - die Datenstruktur *sset*. Es soll nach Linien auf einer bestimmten Ebene (auf der Ebene der Fachwerkstäbe mit dem Namen *STAEBE*) und mit der nutzerspezifischen Kennung *FEM* gesucht werden. Damit wird die Liniensuche auf die vom Anwendungsprogramm selbst erzeugten Linien eingeengt, die diese Kennung aufweisen. Diese Kennung bezeichnet man als erweiterte Objektinformation (engl. *Extended Entity Data*). Diese Information wird als Text oder als numerische Information sowohl in der internen Datenstruktur von AutoCAD als auch in allen Datenaustauschformaten bereitgestellt.

In einer Endlosschleife werden dann zunächst eine Punkteingabe (Funktion *ads_getpoint* und dann ein Test mit dem Selektionsmuster (Funktion *ads_ssget*) durchgeführt. Die Funktion *ads_sslength* liefert die Anzahl der gefundenen Linien. Diese Linien erfüllen das Selektionskriterium, der angegebene Punkt *pt* ist damit entweder Anfangs- oder Endknoten eines bereits eingegebenen Fachwerkstabes. Der Punkt kann deshalb mit seinen Koordinaten als Referenz auf einen existierenden Fachwerkknoten benutzt werden.

Es ist hier festzuhalten, daß die Fachwerkknoten selbst nicht als Element der Fachwerkdaten auftauchen. Man kann also zum Beispiel nicht direkt nach einem Fachwerkknoten mit bestimmtne Koordinaten suchen. Die einzige Möglichkeit, auf einen Fachwerkknoten zuzugreifen, ist es, die angeschlossenen Fachwerkstäbe zu untersuchen. Dabei wird die EED-Information als Schlüssel benutzt. Es soll deshalb im folgenden dargestellt werden, wie die Fachwerkstäbe als applikationsspezifische Information in die AutoCAD-Datenbasis abgelegt werden.

Graphikdaten mit EED-Information

Der oben angegebene Ausschnitt aus der Funktion *stab_ein* realisiert zunächst nur die Eingabe zulässiger Fachwerkknoten, die sowohl neue Knoten als auch Kopien von bereits bestehenden Knoten sein können. Gleichzeitig sind die Stabkennwerte für Material und Querschnitt aktualisiert worden.

In einem nächsten Schritt ist jetzt ein neues AutoCAD-Graphikobjekt zu erstellen und in die Datenbasis abzulegen. Das erfolgt mit dem folgenden Funktionsausschnitt:

```
  if (NULL == ( newent = ads_buildlist(
            RTDXFO, "LINE",
   DXF_COLOR, BLUE,
   DXF_LAYER, SStabEbene,
   DXF_BPT, p1,
```

```
    DXF_BPT+1, p2,
    DXF_EED, Xed(1), AppName,
    Xed(40), FEM_emodul,
    Xed(41), FEM_flaeche,
    NULL )))
        ads_fail("\nFehler beim Erzeugen Liste");

    if (RTNORM != ads_entmake(newent)) {
        ads_printf("\nFehler beim Erzeugen des Stabes");
    }


    ads_relrb(newent);
```

Zunächst muß ein Linienobjekt als Liste erstellt werden. Dazu dient die komfortable Funktion *ads_buildlist*, die eine *NULL*-terminierte Liste an Parametern in der angegebenen Reihenfolge in die gewünschte Listenstruktur überführt. Die Parameter werden dabei immer entsprechend den angegebenen Programmzeilen gruppiert.

Die Liste wird initialisiert mit einer Kennung zum Objekttyp, hier *LINE*. Dann folgen die Parameter der Linie. Das sind im einzelnen die Parameter Farbe (*DXF_COLOR*), Ebene (*DXF_LAYER*), Anfangs- und Endpunkt (*DXF_BPT* bzw. *DXF_BPT+1*). Die Liste ist dann noch nicht zu Ende, sondern es folgen nun die beiden zusätzlichen EED-Informationen, eingeleitet mit der Kennung *DXF_EED*. Elastizitätsmodul und Stabquerschnitt werden als Fließkommazahl direkt in die AutoCAD-Liste eingetragen.

Die benutzten Konstanten sind wie folgt definiert (vergleiche hierzu Gruppenkodes der AutoCAD-DXF-Schnittstelle):

```
#define DXF_EED -3
#define DXF_BLOCK 2
#define DXF_BPT 10
#define DXF_LAYER 8
#define DXF_WIN 50
#define DXF_COLOR 62


#define Xed(g)  (1000+(g))   /* EED Code generieren */
```

Die Funktion *ads_buildlist* stellt den erforderlichen Speicherplatz selbständig bereit. Für den Fall, daß nicht genügend Speicherplatz vorhanden sein sollte, ist die Fehlerbehandlung in *ads_fail* zuständig, die eine Fehlermeldung ausgibt und zu AutoCAD zurückkehrt.

Die Funktion *ads_entmake* erzeugt schließlich den Eintrag in der AutoCAD-Datenbasis. Zu einer korrekten Funktion gehört abschließend, daß der Speicherplatz für die nur temporär benötigte Liste zur Beschreibung des Fachwerkstabes mit der Funktion *ads_relrb* wieder freigegegeben wird. Andernfalls wäre die Referenz auf den Datenbereich verloren.

Ausgabe einer Stabliste

Die Interaktion zwischen dem Applikationsprogramm und dem AutoCAD-Programm erfolgt innerhalb der Ereignisschleife und dem Aufruf der passenden Applikationsfunktionen. Der Zugriff auf die Daten in der AutoCAD-Datenbasis erfolgt über die oben beschriebenen Listen. Die Erstellung einer Liste aller eingegebenen Fachwerkstäbe besteht deshalb aus zwei Schritten: 1. Eine Funktion muß aufgerufen und eine Selektion durchgeführt werden. 2. Die Selektionsliste muß nach relevanten Informationen, besonders den hier interessierenden EED-Informationen und den Geometrieinformationen, durchsucht werden.
Eine Funktion, die eine Selektionsliste, in der sich Informationen zu genau einem Fachwerkstab befinden, inspiziert und die benötigten Daten Anfangs- und Endpunkt, Elastizitätsmodul und Querschnittsfläche extrahiert, sieht wie folgt aus:

```
void get_stab_data ( struct resbuf *rb,
                     ads_point ap,
                     ads_point ep,
                     double *E, double *A){
  for (; rb; rb = rb->rbnext)
    switch (rb->restype) {
    case DXF_BPT:                 /* Anfangspunkt */
      ap[X]=rb->resval.rpoint[X];
      ap[Y]=rb->resval.rpoint[Y];
      break;
    case DXF_BPT+1:               /* Endpunkt */
      ep[X]=rb->resval.rpoint[X];
      ep[Y]=rb->resval.rpoint[Y];
      break;
    case 1040:          /* E - Modul */
      *E = rb->resval.rreal;
      break;
    case 1041:          /* Flaeche */
      *A = rb->resval.rreal;
      break;
```

```
     default:
       break;
     }
}
```

Auch hier begegnen uns wieder die schon bei der Erzeugung einer Liste für
das Fachwerk benutzten Parameter. Der Funktionsrahmen, der diese Funktion
benutzt, kann aus den bisher gezeigten Programmabschnitten ebenfalls recht
einfach abgeleitet werden.

Zunächst wird eine geeignete Beschreibung der Selektionskriterien benötigt.
Dazu werden Objekttyp, Ebene, Farbe und EED-Kennung spezifiziert. Die Su-
che wird mit dem Parameter *entall* für die Funktion *ads_ssget* auf die gesamte
AutoCAD-Datenbasis ausgedehnt, denn in diesem Fall wollen wir nicht ermitteln, ob überhaupt Fachwerkstäbe vorhanden sind, sondern der Rückgabewert
soll auf eine Liste aller Fachwerkstäbe verweisen.

Anschließend kann die Anzahl der Fachwerkstäbe ermittelt werden. Mit der
Funktion *ads_ssname* wird einzeln auf jeweils genau ein in der Liste *sset* spezi-
fiziertes AutoCAD-Datenobjekt zugegriffen. In der Liste *sset* stehen also nicht
die gefundenen Datenobjekte selbst, sondern nur ihre Namen. Deshalb müssen
in einem zweiten Schritt für jedes Datenobjekt gesondert alle Parameter ange-
fordert werden. Dabei wird mit der Funktion *ads_entgetx* noch einmal geprüft,
daß nur Applikationsdaten benutzt werden.

```
  if (NULL == (sset = ads_buildlist(RTDXF0, "LINE",
                              DXF_LAYER, SStabEbene,
                              DXF_COLOR, BLUE ,
                              DXF_EED, Xed(1), AppName,
                              NULL)))
     ads_retvoid();

  if ((RTNORM == (ret = ads_ssget("X", NULL,
                              NULL, sset, entall)))) {
     ads_sslength(entall, &anz);

     while (anz--) {
       if (RTNORM != (ret = ads_ssname(entall, anz, ent))) {
         ads_printf("\nFEHLER %d:datei:ads_ssname ent %d",
                    ret, anz);

       } else {
         if (NULL == (rb = ads_entgetx(ent, &appname)))
```

```
            ads_printf("\nFehler:datei:ads_entgetx");
        else {
            get_stab_data(rb, p0, p1, &E, &A);
    ...


    ads_relrb(rb);
        }
    }
}


    ads_sstree(ontall);
```

Mit dem Aufruf der schon oben beschriebenen Funktion *get stab_data* werden
die in Listenform von AutoCAD bereitgestellten Informationen in die Datenstruktur der Applikationsfunktion überführt. Hier kann dann eine Überprüfung
auf Vollständigkeit der Fachwerkdaten erfolgen. Erforderlich sind neben der
Geometrie des Tragwerkes außerdem Informationen über Randbedingungen
und Belastungen.
Sind diese Daten bereitgestellt (über ähnliche Funktionen, wie die oben für
den Fachwerkstab beschriebenen), dann werden diese Daten

- zur Verwendung in einem externen Programm in eine Datei gespeichert,

- über den Windows-Mechanismus direkt an ein anderes Programm übertragen oder

- in einer eingebundenen Funktion der Applikation verarbeitet.

Die letzte Möglichkeit ist immer dann angezeigt, wenn das Anwendungsprogramm zu umfangreich ist, um als AutoCAD-Applikation eingebunden werden
zu können oder wenn das Berechnungsprogramm nicht im Quelltext oder als
linkfähige Bibliothek vorliegt. Im folgenden wird deshalb das Speichern der
Fachwerkdaten in eine externe Datei zur Verwendung in einem eigenständigen
Programm beschrieben.

Datenspeicherung

Die kritische Funktion beim Datenspeichern ist die geeignete Öffnung der Datei und die Vergabe des Dateinamen. Dabei sind die Fehlermöglichkeiten beim
Zugriff auf das lokale Dateisystem und die Bedienungsvariabilität zu berücksichtigen.

Die Funktion *ads_getfiled* erlaubt die Eingabe eines Dateinamens in der Datei-box von AutoCAD. Allerdings wird mit dieser Funktion die Datei selbst noch nicht geöffnet, sondern es wird lediglich der gültige Dateiname bereitgestellt. Speicherplatz für diesen Dateinamen und eine optionale Dateimaske müssen als Eingabeparameter in der schon bekannten Listenstruktur bereitgestellt wer-den. Die Dateimaske wird als voreingestelltes Suchmuster benutzt. Allerdings kann der Benutzer jede beliebige Datei auswählen.

Liefert die Funktion *ads_getfiled* statt des Namens einer bereits existierenden Datei eine Kennung zur Eingabe eines Dateinamens, dann ist dieser zusätzlich mit dem Aufruf der Funktion *ads_getstring* bereitzustellen.

```c
FILE               *ausgabefile()
{
  FILE               *ret = NULL;
  static struct resbuf filename = {NULL, RTSTR};
  struct resbuf   *rb;
  char            *name;

  if (NULL == (filename.resval.rstring = malloc(511))) {
    ads_printf("FEHLER:ausgabefile:malloc");
    return ret;
  }
  rb = &filename;
  if (RTNORM == ads_getfiled("FEM-Datenfile",
                             NULL, "INP", 1, rb)) {
    if (NULL != rb) {
      if ((RTSHORT == rb->restype) && (1 == rb->resval.rint)) {
        if (RTNORM != ads_getstring(0, "Dateiname [.INP]:",
                                    filename.resval.rstring))
          return ret;
        name = filename.resval.rstring;
      } else if (RTSTR == rb->restype) {
        name = rb->resval.rstring;
      } else
        return ret;
      if (NULL == (ret = fopen(name, "w")))
        ads_printf("\nFEHLER:fopen %s", name);
    }
  }
  return ret;
}
```

Das Öffnen der Datei erfolgt am Ende nachdem alle Möglichkeiten der Fehlbedienung ausgeschlossen wurden. Die Funktion liefert dann entweder einen gültigen Dateideskriptor zum Erzeugen eines Datenfiles oder den *NULL*-Pointer im Fehlerfall.

5.3 Zusammenfassung

Die ADS-Programmierung erlaubt einen Zugriff auf die AutoCAD-Datenstruktur mit compilierten Applikationsmodulen, die in einer Programmiersprache wie C, C++, Pascal usw. und einem von AutoCAD unterstützten Compilersystem entwickelt wurden. Dabei wird von AutoCAD intern die Lisp-Schnittstelle mit den zugehörigen Mechanismen zum Datenaustausch benutzt.

Das Beispiel dokumentiert exemplarisch die vielfältigen Möglichkeiten der Einbindung von spezifischen Erweiterungen der AutoCAD-Funktionen.

Kapitel 6

Übungsbeispiele

Aufbau und Konventionen

Es werden schematische Beispiele mit möglichst gleichbleibender Struktur angestrebt. Ziel ist die Vermittlung einer klaren, zielgerichteten, zeit- und aufwandsparenden Arbeitsweise bei der Verwendung des CAD-Systems Auto-CAD. Die Beispiele sind hauptsächlich nach Schwierigkeitsgrad geordnet, inhaltlich sind sie aufeinander aufbauend strukturiert. Der Lösungsweg ist meist in Abschnitte unterteilt und beinhaltet zum Teil Verweise auf Alternativlösungswege. Die Themenbereiche sind zum Teil bauingenieurspezifisch, zum Teil aber auch mit Absicht allgemein gehalten. Wie schon in vorherigen Kapiteln erwähnt, ist der Aufruf der erwünschten Funktion meistens über die Werkzeugkästen, die Abrollmenüs oder die direkte Tastatureingabe möglich.

Datei ▷ Speichern unter...

Befehl: sichals ↵

Diese Schreibweise verwandelt sich im Übungsteil zu einer verkürzten Eingabezeile der folgenden Form:

- sichals ↵

Im Falle detaillierter Erläuterungen der Eingabe wird die Eingabezeile folgendermaßen dargestellt:

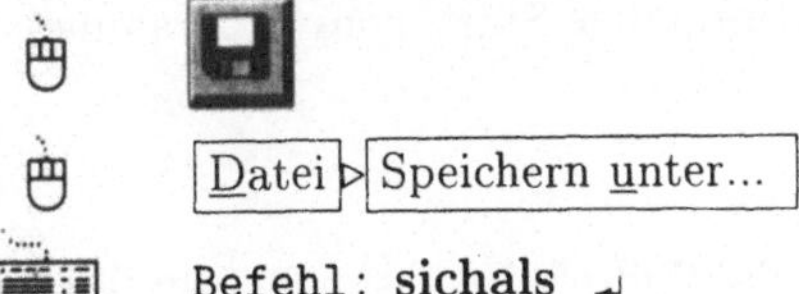

- plinie ↵ end ↵ end ↵ @-2.4,0 ↵ @0,.6 ↵ @.15,0 ↵ ...
... @0,-.4 ↵ @2.25,0 ↵ @0,.05 ↵ @.2,0 ↵ @-1,0 ↵ @-.2,0 ↵ s ↵

6.1   Grundkenntnisse

Als bekannt vorrausgesetzt werden die Windows-Oberfläche und der Umgang
mit windowsüblichen Elementen wie Programme starten, Fenster öffnen und
schließen.

Starten der AutoCAD-Sitzung

Im Gegensatz zu anderen Windows-Programmen ist AutoCAD befehlsorien-
tiert. Der Start in der Windowsumgebung erfolgt durch die übliche Mausakti-
vierung des Icons (Doppelklick) oder der zugehörigen Schaltfläche im Menü.

Anlegen einer DWG-Datei

Standardmäßig wird nach dem Programmstart die Zeichnung *Namenlos* angelegt. Man kann die Voreinstellungen direkt in eine Datei speichern. Dies sollte
möglichst zu Beginn der Arbeitssitzung geschehen.

- **sichals** ↵

Eine sinnvolle Benennung und Plazierung der Datei und der Verzeichnisse erspart im späteren Verlauf viel Arbeit. Bei Übungen an fremden Computern
ist oft die Sicherung der eigenen Daten wichtig. Vermeiden Sie die direkte
Speicherung auf Diskette, da dies beim späteren Zwischenspeichern der Daten
zeitaufwendiger und fehleranfälliger ist als bei Festplatten. Ein häufiger Fehler
von Anfängern ist der unbeabsichtigte mehrmalige Start eines Programmes.

Beenden der AutoCAD-Sitzung

Die Arbeitssitzung am PC, die ja das Programm AutoCAD simultan mit anderen Programmen zur Textverarbeitung, Tabellenkalkulation, Datenbanken
usw. ermöglicht, wird irgendwann beendet. Häufig ist das Abspeichern der aktuellen Daten schon geschehen, und die direkte Anweisung zum Beenden ist
möglich.

- **quit** ↵

Damit sind die Rahmenbedingungen für die sichere Arbeit mit AutoCAD zur
Erstellung und Archivierung von Daten vorgestellt worden. Diese scheinbar
nebensächlichen Arbeitsschritte werden erst bei Problemen wichtig.

6.2   Objekterstellung

Funktionsaufruf

Der übliche Arbeitsplatz steht zur Verfügung. Somit sind die Standardfunktionen des Programmes direkt aufrufbar. Beispielsweise die Funktion zur Erstellung einer Polylinie **plinie**.

*  **plinie** ↵

Parametereingabe

Bei einem großen Teil der zu benutzenden Funktionen ist die Eingabe von Parametern notwendig. Hier sind es die Knotenpunkte der Polylinie in Koordinatenpaaren. Folgender Eingabedialog entsteht bei der gezielten Eingabe von Punkten in Weltkoordinaten (globale Koordinaten):

```
Befehl: plinie  ↵
von Punkt:  0,0  ↵
Aktuelle Linienbreite beträgt 0.00
Kreisbogen/Schliessen/Halbbreite/sehnenLänge/
Zurück/Breite/<Endpunkt der Linie>:  1,0  ↵
Kreisbogen/Schlies.....Linie>:  1,1  ↵
Kreisbogen/Schlies.....Linie>:  0,1  ↵
Kreisbogen/Schlies.....Linie>:  0,0  ↵
Kreisbogen/Schlies.....Linie>:      ↵
Befehl:
```

Diese ohnehin schon etwas gekürzte Fassung der Meldungen des Programmes und der erforderlichen Eingaben des Benutzers wird in den folgenden Beispielen immer verkürzter auftreten, da die Wiederholung jedes einzelnen Schrittes auch dem Leser unnötig erscheinen wird.

Hier die gekürzten Fassungen des Dialoges je nach Eingabeart, die Bildschirmmeldungen der Funktion werden weggelassen.

Weltkoordinaten (globale Koordinaten)

* plinie ↵ 0,0 ↵ 1,0 ↵ 1,1 ↵ 0,1 ↵ 0,0 ↵ ↵

Relativkoordinaten, rechtwinklig

- 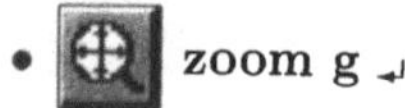 plinie ↵ 0,0 ↵ @1,0 ↵ @0,1 ↵ @-1,0 ↵ @0,-1 ↵ ↵

Relativkoordinaten, polar

- plinie ↵ 0,0 ↵ @1<0 ↵ @1<90 ↵ @1<180 ↵ @1<270 ↵ ↵

Funktionsalternative

Eine Alternative zur Erstellung dieser konkreten Geometrie bietet die Funktion **rechteck**, die nur zwei Eckpunkte zur Erstellung des Objektes benötigt.

- rechteck ↵ 0,0 ↵ 1,1 ↵

Bisher ist kein Wort über die graphische Ausgabe der Objekte innerhalb von AutoCAD gefallen. Die vorherigen Schritte liefen ohne visuelle Kontrolle der Geometrie ab. Oftmals ist dies aber sinnvoll und, vor allem zu Beginn der Einarbeitung, beruhigend.

6.3   Zusammengesetzte Objekte

Bestandteile dieser Übung sind die Kontrolle der Ansicht und die Erstellung von zusammengesetzten Objekten, die Änderung der Eigenschaften von Objekten und die Fehlerkorrekturen an bereits erstellten Objekten.

Anpassung der Bildschirmausgabe

Die Polylinie kann bereits bei der Erstellung aus verschiedenen Gründen nicht sichtbar sein. Die Anpassung der Ansicht auf den Bereich der existierenden Objekte erfolgt durch die Funktion **zoom**, die hier durch den Parameter **Grenze** das Bild so anpaßt, daß alle in der aktuellen Zeichnung erstellten Objekte sichtbar sind.

- zoom g ↵

Eingabe neuer Objekte

Die Erstellung von einzelnen, unabhängigen Objekten wird jetzt durch die Methode erweitert, basierend auf vorhandenen Geometrien neue Objekte zu erstellen. Die Funktion **kreis** wird aufgerufen und die Eingabeoption **3 Punkte** aktiviert. Die Funktion erhält hier keine direkten Zahleneingaben über die Tastatur, sondern „fängt"die Koordinaten dreier Punkte. Es werden die vier Geradensegmente mit der Maus ausgewählt, wobei zuerst der Fangmodus eingestellt wird und dann die Objektauswahl erfolgt.

Anschließend erfolgt die Erstellung eines Textelementes, hier die Kennzeichnung **A** als Text. Dieser erhält als Einfügepunkt den Kreismittelpunkt. Die Eingabeparameter sind der Einfügepunkt, die Texthöhe, Neigungswinkel und der eigentliche Text. Als Fangmodus wird **zen** benutzt.

Änderung einzelner Parameter

Zur Anpassung der Textposition werden die gespeicherten Definitionsdaten des Textelementes mit **dmodify** in einem Dialogfeld angezeigt. Vorher muß das zu behandelnde Objekt ausgewählt werden. Eine der Möglichkeiten ist die direkte Auswahl mit der Maus.

Die Ausrichtung des Textelementes steht auf `Links` und wird geändert in `Mitte Zentriert`. Die Angaben beziehen sich auf den Einfügepunkt oder Basispunkt des Textes.

Fehlerkorrekturen

Eine denkbar einfache Fehlerkorrektur ist das Löschen eines Objektes in der Zeichnungsdatei. Hier kann beispielsweise der Kreis gelöscht werden. Zur visuellen Kontrolle dient die Bildregenerierung.

-  **löschen** ↵

- **regen** ↵

6.4   Genauigkeit

Diese Übung soll die Möglichkeiten zur Korrektur ungenauer Daten mit Hilfe von Griffen verdeutlichen.

Einfache Freihandlinien anlegen

Der Benutzer erstellt zuerst eine ungenaue Geometrie, hier eine einfache Linie (direkt im Zeichenbereich angeklickte Endpunkte).

- **linie** ↵

Verschieben der Griffe

Das zu bearbeitende Objekt, hier die Linie, kann direkt mit der Maus ausgewählt werden. Hierbei erscheinen die Griffe in Form von 3 Kästchen. Der mittlere Griff dient bei der Linie zum Verschieben des ganzen Objektes. Hierzu reichen das Anklicken des Griffes und beispielsweise Neusetzen im Zeichnungsbereich. Die Endgriffe dienen zur Verschiebung der Endpunkte. Man kann beispielsweise erst einen Endgriff selektieren und dann die neuen Koordinaten eingeben: **10,15** und **20,50**. Zum Deaktivieren der Griffe reicht die Betätigung von [Esc]

- 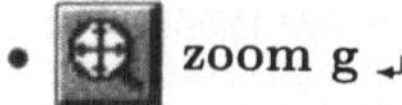 **zoom g** ↵

6.5 Zeichnungshilfen

Ziel ist die Ausnutzung der Zeichnungshilfen in AutoCAD zur vereinfachten Eingabe und zur Strukturierung der Daten.

Zeichnungsdatei anlegen

Standardmäßig wird eine namenlose, leere Kopie der Prototypzeichnung erstellt. Das Dialogfenster „Neu" erlaubt das Auswählen einer bestimmten Prototypzeichnung. Nach Angabe der gewünschten Vorlage wird eine Kopie mit neuem Namen angelegt. Die Quelldatei bleibt somit unverändert.

* neu ↵

Die Zeichnungsumgebung einrichten

Die Einstellungen bezüglich Einheiten, Winkel, deren Genauigkeit (Nachkommastellen) und Richtung werden eingestellt. Einstellungsvorschlag: dezimale Einheiten mit einer Genauigkeit von 3 Nachkommastellen, Winkeleinheit Dezimalgrad mit einer Genauigkeit von 1 Nachkommastelle.

* **ddunits** ↵

Die Limiten (dt. Grenzen) der Zeichnung können festgelegt werden, falls die Vorgabewerte unpassend sind und die endgültigen Abmessungen für den Plot bekannt sind. Nach Erstellung der kompletten Zeichnungsdaten können die Limiten als Plotbereich herangezogen werden. Hier ein Eingabebeispiel, die Eckpunktkoordinaten sind willkürlich gewählt worden:

* **limiten** ↵ -50,-80 ↵ 130,215 ↵

Zeichnungshilfen ausnutzen

Raster und Fang für die Eingabeerleichterung aktivieren und auf die notwendigen Größen anpassen, beispielsweise Rasterwerte von 2 Einheiten in X-Richtung, 4 Einheiten in Y-Richtung und Fangwerte von 1 Einheit in X-Richtung, 2 Einheiten in Y-Richtung.

- **ddrmodi** ↵

Layerstruktur anlegen

Die Schritte zur Erstellung einer Ebenen- oder Layerstruktur können getrennt von der eigentlichen Objekterstellung erfolgen. Man kann sie als Arbeitsvorbereitung ansehen, auch wenn während der Eingabe der Objekte die Benennung der Layer geändert wird oder weitere erstellt werden müssen. Die Schrite zur Verwendung der Layer sind die folgenden: Erstellen eines Nameneintrages in der Liste (Eingabe im Textfeld, Anmeldung als **Neu**), Auswahl im Listenfeld mit der Maus und Bearbeitung der Eigenschaften (Farbe, Linientyp) und des Status (Ein/Aus usw.). Die Vorgabewerte der Layer sind Farbe `Weiß` und Linientyp `Continuous`.

- **layer** ↵ **n** ↵ **achsen** ↵ ↵

Layerstruktur nutzen

Wenn man beispielsweise die Layer `ACHSEN` und `MESSPUNKTE` definiert hat, kann man einen dieser Layer als den aktuellen setzen, was am einfachsten über das zugehörige Abrollmenü geschieht. Die Aktivierung des Layers kann auch im Dialogfenster oder über die Eingabezeile geschehen.

- **layer** ↵ **se** ↵ **achsen** ↵ ↵

6.6   Schraffurgrenzen

Thema ist ein Bausteinquerschnitt in 2D zur Verdeutlichung der Grenzdefinition für Schraffuren.

Äußere Schraffurgrenze

Zur Erzeugung der Grenzen wird **rechteck** gewählt.

* ▢   rechteck ↵ 0,0 ↵ @1,1 ↵

Innere Schraffurgrenzen

Zur Erzeugung eines zweiten, kleineren Rechtecks läßt sich durch die leere Eingabe (Leertaste oder ↵) der zuletzt ausgeführte Befehl erneut aufrufen.

*   ↵ 0.1,0.1 ↵ @.1,.1 ↵

Die Funktion **reihe** erleichtert die Generierung der Objekte erheblich. Hier läßt sich direkt mit der Maus auswählen oder in diesem konkreten Beispiel das letzte erzeugte Objekt ansteuern. Die Abfragefolge beendet man mit der leeren Eingabe als Zeichen des Listenendes.

* ⣿   reihe ↵ r ↵ 5 ↵ 5 ↵ 0.175 ↵ 0.175 ↵

Schraffur als Schnittflächendarstellung

Es bietet sich an, aus der Palette an Schraffurmustern eine Schraffur zu nutzen. Nach Bestimmung der erforderlichen Parameter in den zugehörigen Dialogfenstern läßt sich die Voransicht zur Kontrolle erzeugen. Im Bereich der Schraffur sollte auf den passenden Skalierungsfaktor geachtet werden. da bei kleinen Faktoren der Speicherbedarf sehr schnell steigt. Nach erfolgreicher Bestimmung der Grenzen läßt sich die Schraffur anlegen.

Darstellung der Schritte

Nach dem Aufruf von **gschraff** erscheint ein Dialogfenster zum Testen und Festlegen der Parameter. Im Beispiel wird ein Schraffurmuster aus der Liste **Vordefiniert** ausgewählt. Die Muster-Eigenschaften werden festgelegt: Mustername, Skalierfaktor und Winkel. Die Umgrenzungsdefinition erfolgt durch die Aktivierung der Schaltfläche **Punkte wählen** und der nachfolgenden Punktbestimmung. Der Punkt wird innerhalb des Gebietes direkt mit der Maus eingegeben. Jetzt ist die Schraffurvoransicht möglich. Das Testen der gewählten

Parameter ist immer zu empfehlen. Schließlich wird bei zufriedenstellender Voransicht die endgültige Schraffur erstellt.

-  **gschraff** ↵

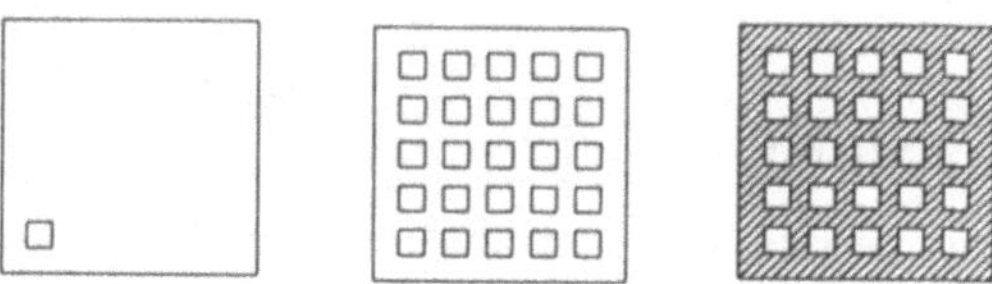

6.7 Kreisprojektionen

Thema ist die Projektion eines Kreises mit unterschiedlichen Parametern, so daß Ellipsen, Parabeln bzw. Hyperbeln als Bild des Kreises entstehen.

Objekterzeugung

Ein Kreis wird durch Eingabe von Mittelpunkt und Radius erstellt. Ein umschreibendes Quadrat wird durch zwei Eckpunkte als spezielles Rechteck definiert.

- **kreis** ↵ 0,0 ↵ 1 ↵
- **rechteck** ↵ -1,-1 ↵ 1,1

Parallelprojektionen erstellen

Derselbe Kreis mit umschriebenem Quadrat wird hier unterschiedlich axonometrisch projiziert. Dadurch erscheint das verzerrte Abbild der Objekte als Rhomben und Ellipsen. Die drei Projektionen im Vergleich:

- **apunkt** ↵ 0,0,1 ↵

- **apunkt** ↵ 1,0,1 ↵

- **apunkt** ↵ 1,2,15 ↵

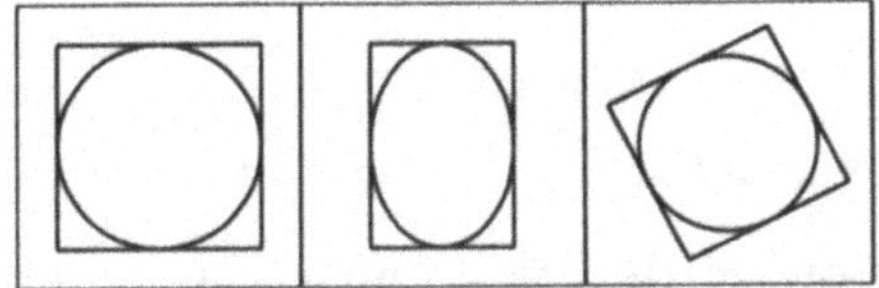

Objekterzeugung

Konzentrische Kreise mit Durchmesser 1, 2 und 4 und 30 Einheiten und Konstruktionslinien in Achsenrichtung werden erstellt. Zwei unterschiedliche Schraffuren werden angelegt. Vor der Erstellung der Schraffuren wird der Layer mit den Konstruktionslinien deaktiviert, damit die Konstruktionslinien nicht als Schraffurgrenze benutzt werden.

Schraffureinstellungen:

1. Stil: ANSI 37, Skalierfaktor = 1, Winkel 45 Grad
2. Stil: NET, Skalierfaktor = 0.5, Winkel 0 Grad

-  kreis ↵ 0,0 ↵ d ↵ 1 ↵

- 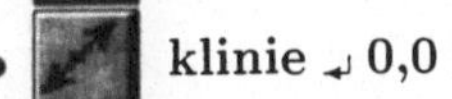 klinie ↵ 0,0 ↵ 0,1

- gschraff ↵

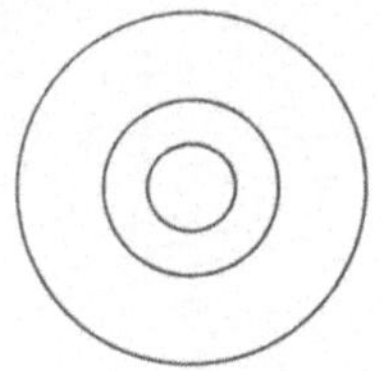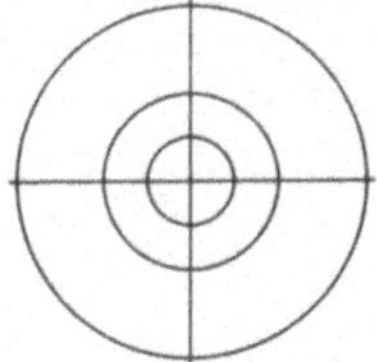

Fenster im Papierbereich festlegen und Zentralprojektion erstellen

Nach Aktivierung des Papierbereiches muß mindestens ein Fenster definiert werden. Das ist hier willkürlich gewählt worden. Es können auch exakte Abmessungen wie im Modellbereich definiert werden. Folgende Einstellungen für die Perspektive sind in diesem Beispiel gegeben: Kamera: Winkel zur XY-Ebene : 26.5, Winkel zur X-Achse in der XY-Ebene: 29.9, Abstand: 1.1188, Punkte: Zielpunkt (0,0,0), Kamerapunkt (0 867,0.5,0.5), Zoomfaktor: 18.917.

- **tilemode** ↵ **0**

- **mvsetup** ↵ **e** ↵ ↵ **1** ↵

- **dansicht** ↵ **alle** ↵ ↵ **k** ↵ **26.5** ↵ **29.9** ↵ **ab** ↵ **1.1188** ↵ ...
...**pu** ↵ **0,0,0** ↵ **0.867,0.5,0.5** ↵ **zo** ↵ **18.917** ↵

Anmerkung

Die drei Kurven sind nur noch teilweise sichtbar, da die Ansicht auf den Fensterbereich begrenzt ist. Eine Ellipse entsteht, da der Kreis vollständig vor dem Beobachter liegt und keine Punkte in der Augpunktebene liegen. Eine Parabel entsteht, weil genau ein Punkt die Augpunktebene tangiert. Eine Hyperbel entsteht, weil der Kreis an zwei Punkten die Augpunktebene schneidet. Die restlichen Linien sind durch die Schraffuren entstanden.

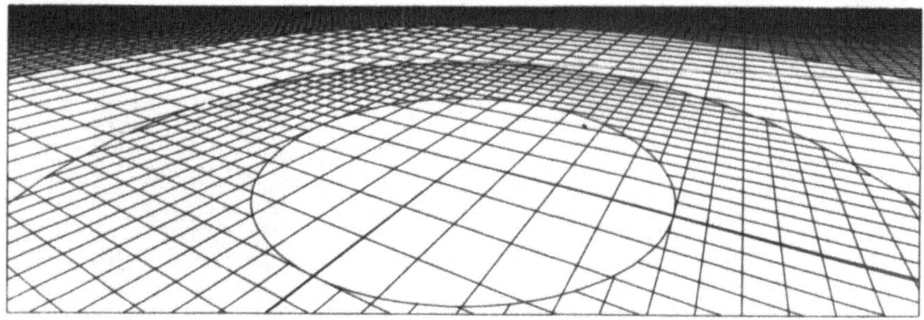

Layer und Papierbereich

Nach Deaktivierung des Schraffurlayers (Frieren oder Ausschalten) sind die eigentlichen Kreise und Konstruktionslinien deutlich erkennbar.

- 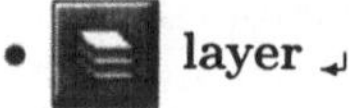 **layer** ↵

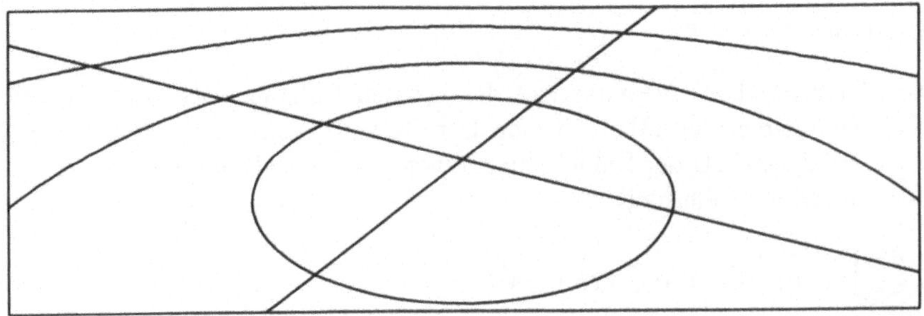

Layer und Modellfenster

Auch der Rahmen des Modellfensters im Papierbereich kann auf einem gesonderten Layer liegen und deaktiviert werden. Somit kann gezielt nur ein Teil
der Objekte dargestellt werden.

- 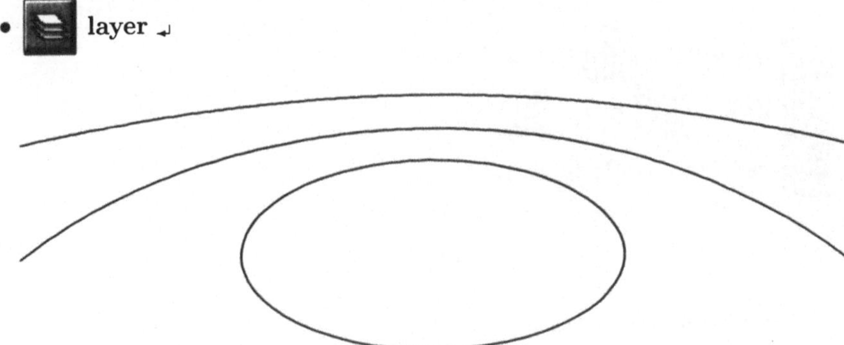 **layer** ↵

6.8 Beschriftung in AutoCAD

Vorarbeiten

Aus den Planabmessungen (Blattgröße) ergeben sich die Abmessungen des
Schriftfeldes (Rechteckes) und die teilweise unterschiedlichen Höhen der Tex-
te. Anzustreben ist eine vereinheitlichte Textpositionierung, wobei sich die
Verwendung von Attributen anbietet.

Rahmenerzeugung

Die Blattgröße DIN A0 entspricht der äußeren Rahmengröße von 841x1189 bzw. der inneren von 831x1179 mm. Der Gesamtrahmen und das Schriftfeld werden in AutoCAD der Einheit cm entsprechend erstellt, um den Plot 1:1 zu erstellen (ohne Skalierung).

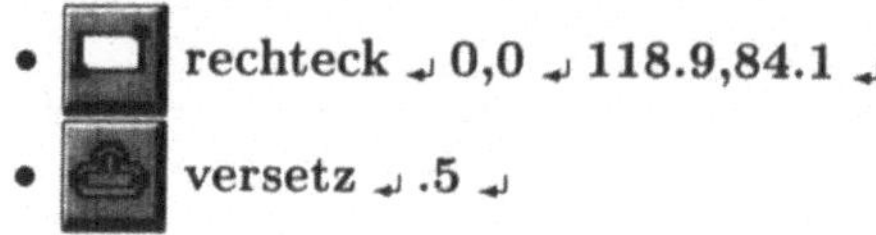

- rechteck ↵ 0,0 ↵ 118.9,84.1 ↵
- versetz ↵ .5 ↵

Textfelderzeugung

Hier wird verkürzt die Erstellung der Textfelder beschrieben, da prinzipiell durch eine Kombination dieser Funktionen jedes Textfeld erstellt werden kann.

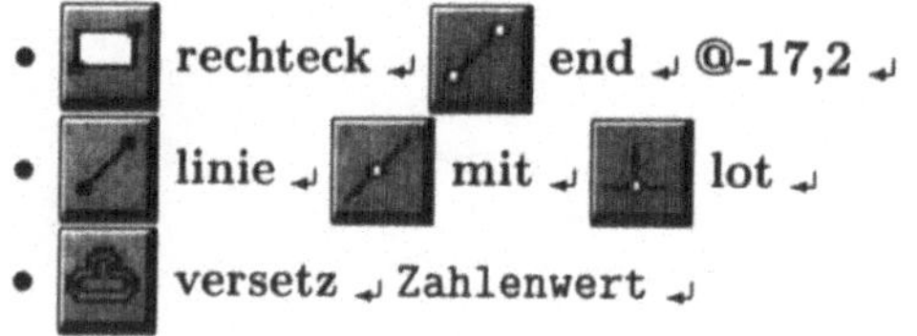

- rechteck ↵ end ↵ @-17,2 ↵
- linie ↵ mit ↵ lot ↵
- versetz ↵ Zahlenwert ↵

Texterzeugung

Einzelne Textelemente werden in rechteckigen Bereichen angelegt. Das Dialogfeld des Editors erscheint nach Funktionsaufruf und erlaubt die direkte Eingabe des Textes. Der Basispunkt des Textes ist ausschlaggebend für die Anordnung im Feld z.B. oben links. Hier erfolgt die Ausrichtung der einzelnen Schriftfeldelemente nach Basispunkten.

- mtext ↵
- kopieren ↵ m ↵
- ddedit ↵

Bauteil·		
Gezeichnet		Maßstab
Zustaendig·	Projekt-Nr.	Konto-Nr.
Geprueft		
Datum		
Freigabe am		
Nachunternehmer:		

Texthervorhebungen

Durch die Wahl unterschiedlicher Schriftarten, Schrifthöhen und Darstellungen (Fett, Kursiv usw.) lassen sich die Inhalte klar differenziert darstellen. Außerdem ist die Gruppierung mehrerer Schriftfelder durch einen kräftigeren Rahmen möglich.

- 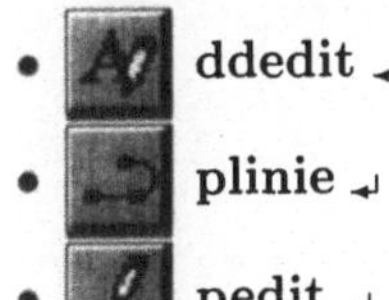 ddedit ↵

- plinie ↵

- pedit ↵

Vorlagen

Benutzung bestimmter Vorlagen aus Datei sind auch im Textbereich möglich. Einzelner Text kann eingefügt und weiterverarbeitet werden. Die Verwendung einer Bibliothek von Symbolen ist denkbar, ebenfalls der Einsatz von Blöcken mit Attributen. Im Beispiel wird das Symbol als Block abgelegt. Hier ist ein Block mit zwei Attributen (Kürzel und Erläuterungstext) unter Umständen sinnvoll.

- ◼ dtext ↵

- ◼ block ↵

- ◼ hoppla ↵

Bemerkungen:

Die Schalplane gelten nur in Verbindung mit den Ausführungsplänen der Architekten und
Fachplaner

Zeichenerklärungen:

▼OKVorhD   Oberkante vorhandene Decke

▽OKD   Oberkante Dach

▽OKFF   Oberkante Fertigfußboden

▼OKB   Oberkante Bordstein

▼OKRD   Oberkante Rohdecke

Anpassungen

Das Kopieren und Editieren von Textobjekten kann bei ähnlichen Feldern zeit-
sparend sein. Auch hier ist der Einsatz der Funktion **reihe** möglich. Alternativ
ist die separate Erstellung der Schriftbereiche mit Textverarbeitungsprogram-
men und Zusammenfügen der Plots zur Plankopie möglich.

- ◼ kopieren ↵ m ↵

- ◼ reihe ↵ r ↵

- ◼ ddedit ↵

h									Gez.	Zust.	Gepr.
g											
f											
e											
d											
c											
b											
a											
Index	Datum	Aenderung							Gez.	Zust.	Gepr.
Architektur											
Objektplanung											
Bodengutachter											
HKLS											
Elektro											
Tragwerk											

6.9   Schraffur aus Liniensegmenten

Liniensegmente definieren

In einer Textdatei werden folgende Definitionswerte der Schraffur festgelegt und in einer Datei mit Endung **pat** gespeichert.

```
*Nikolaus, das Haus vom Nikolaus
  0, 0,0, 0,4,  1,-3
  0, 0,1, 0,4,  1,-3
 90, 0,0, 0,4,  1,-3
 90, 1,0, 0,4,  1,-3
 45, 0,0, 2.8284, 2.8284, 1.4142, -4.2426
135, 1,0, 2.8284, 2.8284, 1.4142, -4.2426
 45, 0,1, 2.8284, 2.8284, 0.7071, -4.9497
135, 1,1, 2.8284, 2.8284, 0.7071, -4.9497
```

Einsetzen des neuen Musters

Die Definitionszeilen ergeben das abgebildete Muster. Die Bemaßung ist hier nachträglich erstellt worden.

-  gschraff ↵

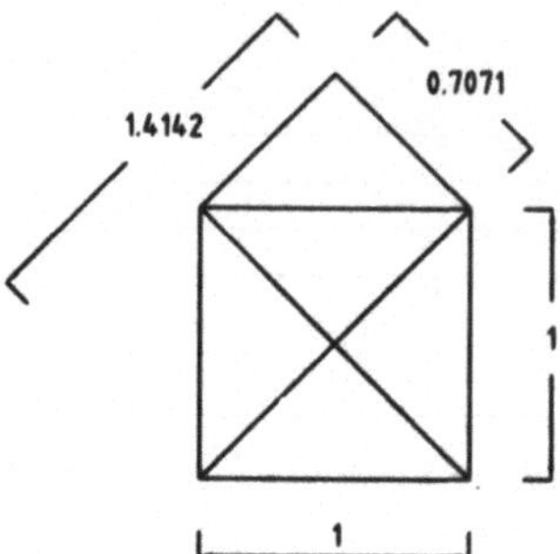

Die Schraffur wirkt wie eine Ansammlung von Nikolaushäuschen, es handelt
sich aber um einzelne Linienanweisungen. Man vergleiche die Zahlenwerte in
den Darstellungen mit denen der Definitionszeilen.

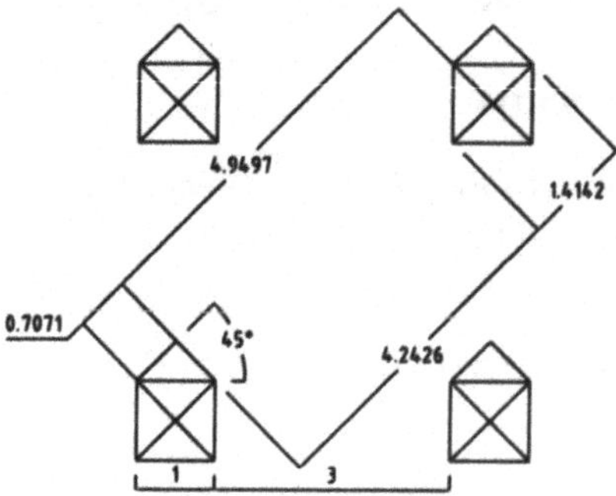

Wie im Beispiel ersichtlich, dient eine Umgrenzung auch für zwei nacheinan-
der definierte Schraffuren, hier zwei unterschiedliche Winkel und Skalierungen.
Die Objekte werden nicht als Grenzlinien erkannt, wenn sie Elemente einer
Schraffur sind.

- rechteck ↵
- gschraff ↵

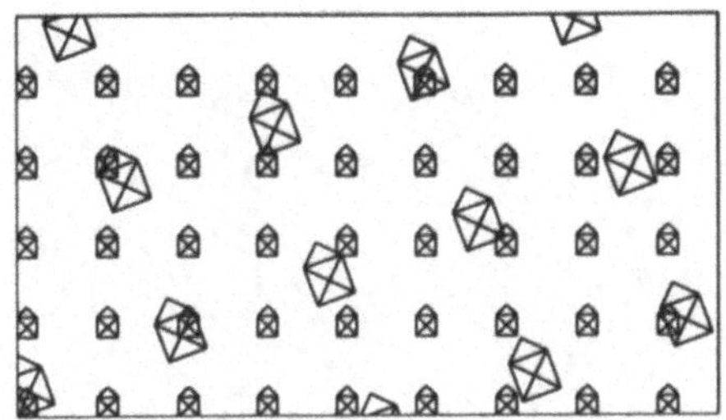

Splines und Kreis als Begrenzungen

Der Sonderfall bei nicht eindeutiger Abfolge von Grenzen wird hier betrachtet. Der Kreis wird mit Absicht so plaziert, daß ein Widerspruch bei der Grenzbeschreibung entsteht.

-  spline ↵

- 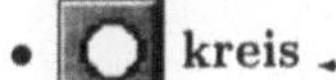 kreis ↵

-  gschraff ↵

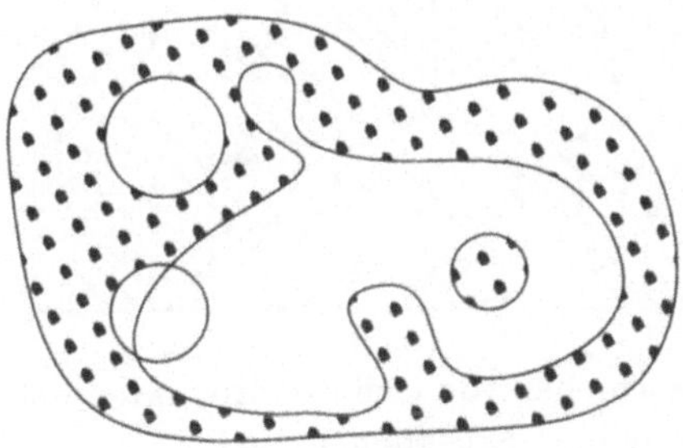

Rechteck als neue äußere Umgrenzung

Dadurch werden vorher nicht schraffierte Flächen jetzt schraffiert.

- rechteck ↵

- gschraff ↵

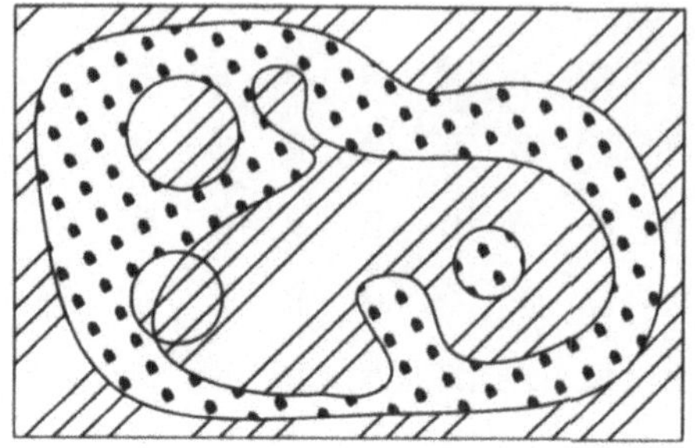

Änderung der Grenzen

Der Kreis wird nach Auswahl der kompletten Schraffur verschoben. Nur eine
Schraffur wird aktualisiert.

- **strecken** ↵

- **regen** ↵

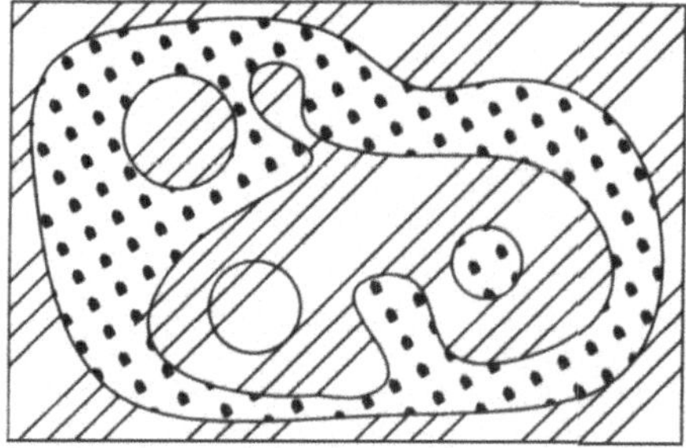

Änderungen durch Verschieben von Definitionspunkten und Teilobjekten über
Griffe führen zu unerwarteten Ergebnissen.

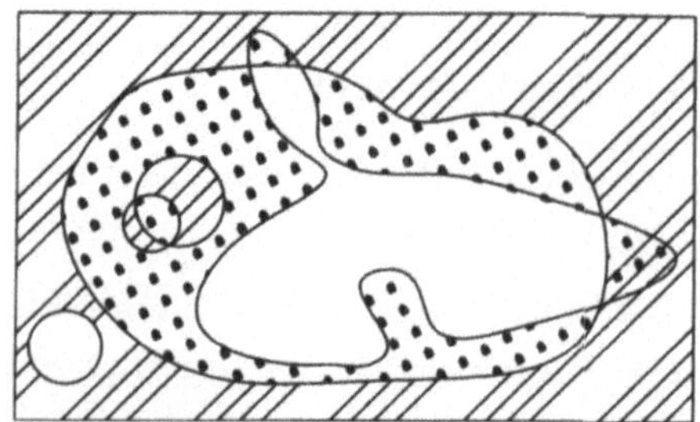

6.10 Extrudieren

Ziel dieser Übung ist die Verdeutlichung des Übergangs von 2D nach 3D und
der 2D-Mengenoperationen.

Die Umwandlung in Regionen

Die Ausgangsgeometrie des Schraffurbeispiels wird zur Weiterverarbeitung übernommen. In diesem Fall ist nur die Projektionsrichtung mit Hilfe von **apunkt**
geändert und somit eine Axonometrie erstellt worden. Zur Erstellung des Ex-
trusionskörpers wird in diesem konkreten Fall erst jede Einzelgrenze (Rechteck)
in eine Region umgewandelt. Hierzu wird **region** benutzt. Die resultierende
Fläche wird standardmäßig nicht schraffiert dargestellt.

- apunkt ↵ 1,2,3 ↵
- 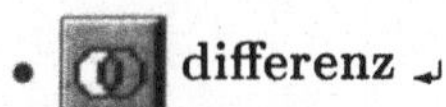 region ↵

Subtraktion von Regionen

Nach Erstellung der sich überschneidenden Regionen läßt sich die Differenz-
menge der Regionen erstellen, hierzu dient **differenz**. In diesem Beispiel werden die kleinen Regionen von der großen abgezogen.

-  differenz ↵

Extrusion der Regionen

Die Endform wird bei der komplexen Ausgangsform (Rechteck mit Aussparungen) durch die Erstellung der Einzelquader und nachfolgende Subtraktion erreicht. Die Standardeinstellung von AutoCAD zur Volumenerstellung ist
Drahtmodell.

- 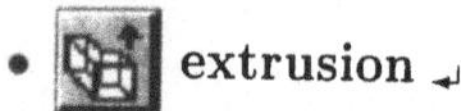 extrusion ↵

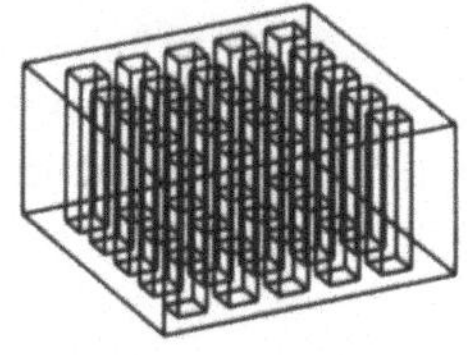

Verdeckte Axonometrie

Nach der Umwandlung in einen 3D-Festkörper behandelt das Programm die
Berandung als „deckende Flächen". Deshalb werden nach Aufruf von **verdeckt**
eingeschlossene oder verdeckte Objekte nicht angezeigt.

- 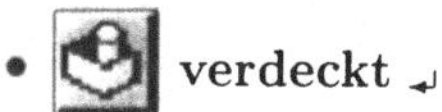 verdeckt ↵

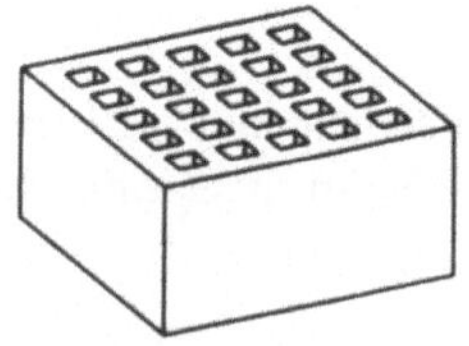

6.11   Schraffur und Block

Das Beispiel soll die Zusammenhänge zwischen Schraffur und Block sowie
mögliche Fehlerquellen zeigen.

Schraffurdefinition

Acht Zeilen beschreiben die benutzerdefinierte Schraffur MEXICO, die hier
in einem Rechteck angelegt wird. Nach der Erstellung dieses Eintrages in der
acad.pat-Datei mittels eines Texteditors wird diese abgespeichert. Eine Rand-
geometrie, hier ein beliebiges Rechteck, wird erstellt. Die neue Schraffur wird
innerhalb des Rechtecks angewendet, indem im zugehörigen Dialogfeld der Stil
in der Liste ausgewählt wird und das zu schraffierende Gebiet durch einen innenliegenden Punkt definiert wird. Alternativ kann das Objekt Rechteck durch
anklicken zur Grenzbestimmung genutzt werden.

```
*MEXICO
0, 1,1, 0,6, 2,-2
0, 1,-1, 0,6, 2,-2
90, 1,1, 0,2, 1,-2
90, 0,2, 3,2, 2,-4
0, 3,2, 0,6, 2, -2
0, 3,4, 0,6, 2,-2
0, 0,0, 0,4, 0,-4,0
```

-  rechteck ↵
- 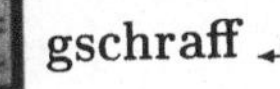 gschraff ↵

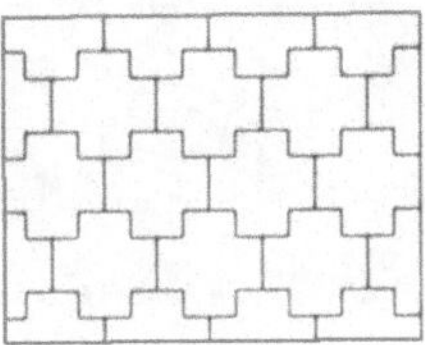

Schraffurüberlappung

Eine zweite Schraffur wird zur Übersichtlichkeit auf einem neuen Layer angelegt. Hier wird der Schraffurstil ansi_31 gewählt. Wieder wird die Recht-
eckumgrenzung genutzt. Die bereits erstellte Schraffur MEXICO auf Layer 0
wird vorerst nicht als Grenze erkannt.

-  layer ↵
- gschraff ↵

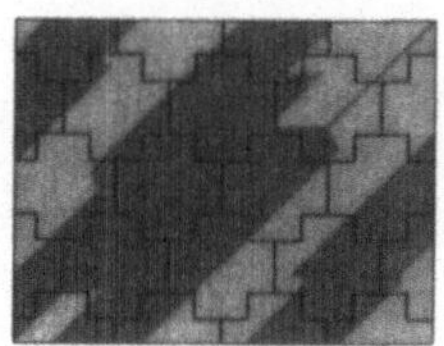

Schraffurzerlegung

Die zweite Schraffur wird durch Frieren des zugehörigen Layers ausgeschaltet.
Die erste Schraffur wird zerlegt, um deren Komponenten als neue Grenzen zu
benutzen. Man beachte die gesonderte Behandlung der Grenzen für jede einzelne Linie der Schraffur.

- layer ↵

- ursprung ↵

- layer ↵

- gschraff ↵

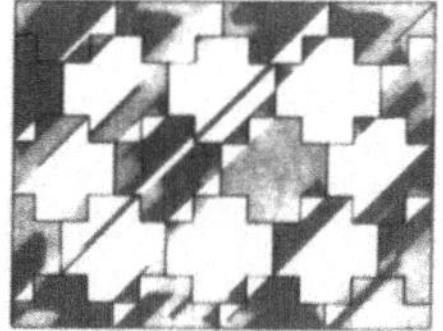

Teilbereiche einer Schraffur

Die dritte Schraffur wird durch Frieren des zugehörigen Layers ausgeschaltet.
Die neue Schraffur wird über die Eingabe von Punkten innerhalb der in Frage kommenden Felder generiert. Die Schraffuren der Teilbereiche bilden einen
zusammenhängenden Block.

- layer ↵

- gschraff ↵

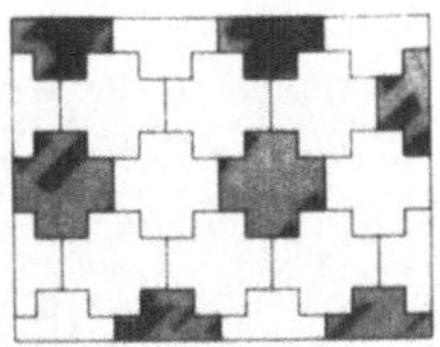

6.12   Text und Schraffur

Erstellung von Text und Schraffur

Beispiel dreier Assoziativschraffuren mit im voraus erstelltem Text. Die Beziehung zwischen Textobjekten und Schraffuren wird hier dargestellt. Auch die gespiegelte Schraffur erlaubt die Manipulationen der Grenzen.

- dtext ↵
- kreis ↵
- plinie ↵
- gschraff ↵

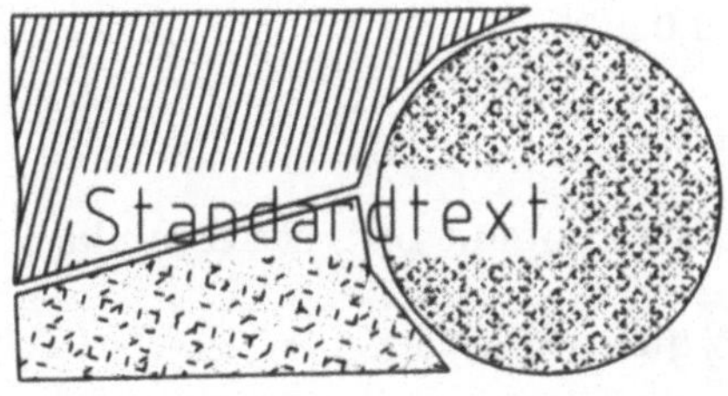

Nachbearbeitung der Schraffurgrenzen

Die Arbeit mit Griffen ist bei der nachträglichen Bearbeitung der Umgrenzungslinie (Knotenpunkte der Umgrenzung oder Boundary) sehr praktisch, weil nach Verschieben eines oder mehrerer Knotenpunkte die Schraffur mitzieht. Man kann einer erstellten oder neuen Schraffur direkt die Eigenschaften einer schon vorhandenen übertragen.

- schraffedit ↵

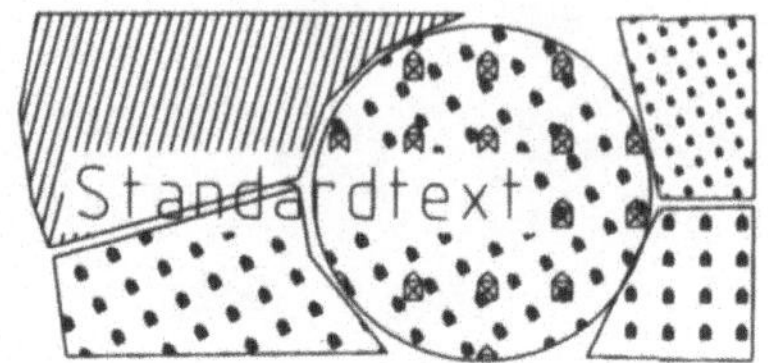

6.13   Block mit Attributen

Blockkomponenten erstellen

Die Ansicht wird zentriert und skaliert (Koordinaten des Mittelpunktes und Skalierfaktor). Die Objekte Kreis und Strahl werden erzeugt. Für den Strahl werden die Datei mit Liniendefinitionen geladen und ein Typ als aktuell gesetzt. Der Kreis wird hier durch Mittelpunkt und Radius definiert. Danach wird der aktuelle Linientyp modifiziert. Hierzu wird die Datei acad.lin herangezogen. Die Attributdefinition erfolgt mit der Attributbezeichnung **Nummer**, der Eingabeaufforderung **Nummer eingeben**, dem Wert **0** als Vorgabewert und der Textoption Ausrichtung **Mitte zentr**. Der Einfügepunkt (Ausgangspunkt) kann hier exakt mit dem Objektfang **zen** als dem Kreismittelpunkt ermittelt werden. Die Texthöhe wird hier auf 2 Einheiten gesetzt.

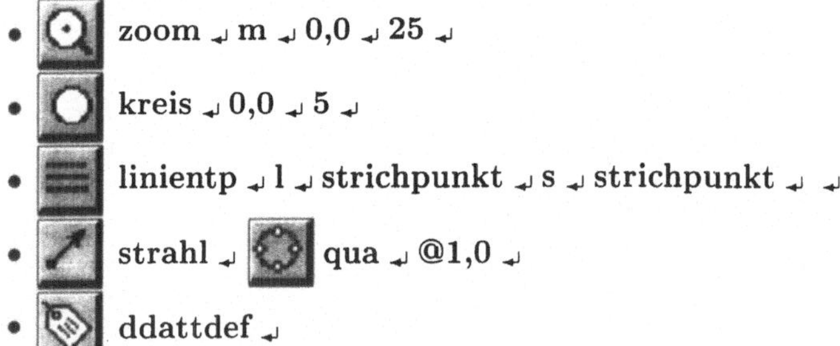

- zoom ↵ m ↵ 0,0 ↵ 25 ↵
- kreis ↵ 0,0 ↵ 5 ↵
- linientp ↵ l ↵ strichpunkt ↵ s ↵ strichpunkt ↵ ↵
- strahl ↵ qua ↵ @1,0 ↵
- ddattdef ↵

Block definieren

Zur Aufnahme in die Liste der Blöcke einer Zeichnung muß jeder Block namentlich eindeutig festgelegt werden. Die Funktion **block** erwartet also einen Namen und eine Liste von Elementen. Hier werden alle Objekte der Zeichnung in den Block eingesetzt.

- 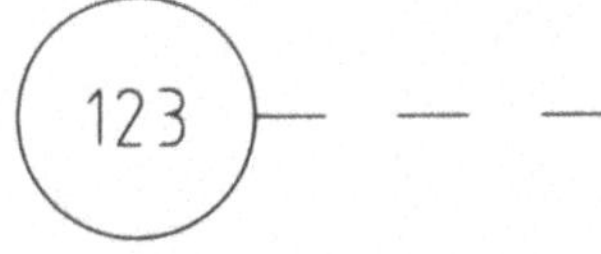 block ↵ achse ↵ 0,0 ↵ alle ↵

Block einsetzen

Der Einsatz eines Blocks erfordert einen eindeutigen Blocknamen. Im zugehörigen Dialogfenster kann entweder ein Name eingegeben oder aus der Liste selektiert werden.

- einfüge ↵ 0,0 ↵ 1 ↵ 1 ↵ 0 ↵ 123 ↵

Block mehrmals einsetzen

Als Alternative zum wiederholten Aufruf des Dialogfensters bei mehrmaligem Einsatz eines Blockes ist die Erstellung einfacher Kopien sinnvoll. Die Parameter der Funktion sind Objektwahl und Punkteingabe. Beim Drehen der Objekte wird hier erst der zu drehende Block ausgewählt, dann der Drehmittelpunkt definiert und zuletzt der Drehwinkel eingegeben. Die Funktion **meinfüg** koppelt das Einfügen von Blöcken mit der Reihenerstellung und kann unter Umständen hilfreich sein.

- kopieren ↵ @0,-35 ↵

- drehen ↵ -50 ↵

Blockattribute editieren

Nach der Objektwahl wird der Wert im Dialogfeld geändert. Das ist bei kopierten Blöcken notwendig, da die Attribute ebenfalls kopiert und nicht neu abgefragt werden.

- **ddatte** ↵

Bemaßen der Blockgeometrie

Bei der linearen Bemaßung wird der Strahl am Ende angewählt. Bei der Winkelbemaßung werden die Endpunkte der Pfeile gefangen. In diesem Beispiel ist von der Blockdefinition her noch der aktuelle Linientyp `strichpunkt`. Um durchgezogene Bemaßungslinien zu erhalten, ist diese Variable auf `vonlayer` zu setzen.

- **linientp** ↵ s ↵ **vonlayer** ↵
- **bemlinear** ↵ **end** ↵ **end** ↵ @5,0 ↵
- **bemwinkel** ↵ **sch** ↵ **end** ↵ **end** ↵ **end** ↵

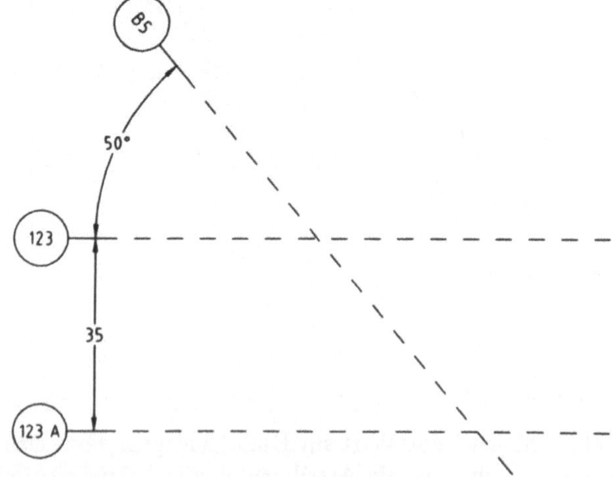

6.14   Text, Schraffur und Attribute im Block

Blockvorlagen

Zwei unterschiedliche Blockvorlagen werden gegenübergestellt. Beide bestehen
aus graphischen Elementen wie Kreise, Assoziativschraffuren und nicht varia-
blem Text, außerdem sind die ausschließlich groß geschriebenen Texte die zuvor
definierten Attribute.

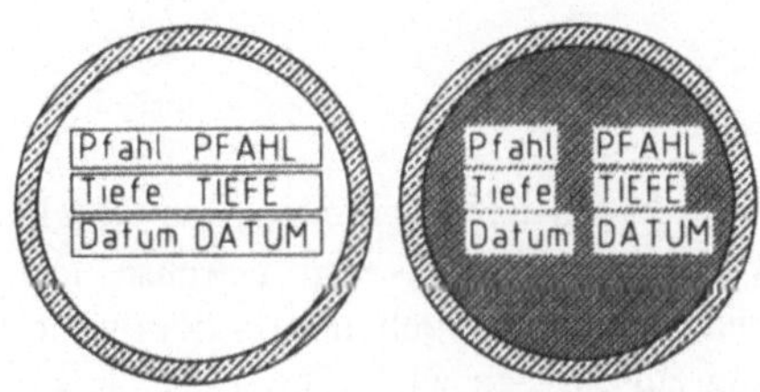

Block mit Attributen

Man erkennt im Vergleich der Vorlage (oben) mit dem zugehörigen Block (unten) die festen Textelemente und die variablen Attribute. Das Beispiel beschreibt den Einsatz eines Blocks zur Darstellung von Pfahlsymbolen.

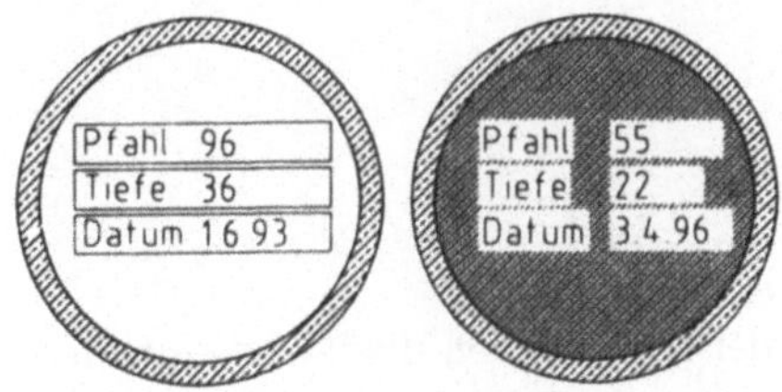

6.15   Koordinatensysteme

Thema dieser Übung ist die Gliederung der Eingabe in Bereiche. Daraus folgt
die Vereinfachung der Eingabe von Objekten. Die hier in 2D beschriebenen
Arbeitsschritte sind auch räumlich ausführbar.

Objekte anlegen

Im Weltkoordinatensystem werden zur Übung einige Linien erstellt. Diese
sollen hier die Ausrichtung der lokalen Koordinatensysteme darstellen. Diese Hilfsobjekte sind nicht für die Erstellung des BKS notwendig, sie tragen

aber oft als Hilfskonstruktion in komplexen Darstellungen bei. Sinnvoll ist hier die Verwendung eines separaten Layers.

- layer ↵
- linie ↵

BKS anlegen

Hier wird durch ein Objekt ein BKS definiert. Das Objekt Linie bestimmt den Ursprung und die Ausrichtung der X- und Y-Achse. Der Selektionspunkt ist für die Ausrichtung der Achsen maßgebend, da dem näherliegenden Endpunkt der Linie der Ursprung zugewiesen wird. Die Y-Achse wird dann im positiven Drehsinn festgelegt. Anders ist es bei der objektunabhängigen Eingabe. Hier wird die Lage der positiven Y-Komponenten durch einen Punkt in der Ebene definiert (z.B. durch Mausklick). Somit ist dann das BKS eindeutig definiert.

- bks ↵
- bks ↵

Textobjekte lokal anlegen

Nach der Erstellung der BKS werden diese nacheinander aktiviert und der zugehörige Text eingegeben ,

- bks ↵
- text ↵ 0,0 ↵ WELT BKS ↵
- bks ↵
- text ↵ 0,0 ↵ ERSTES BKS ↵
- bks ↵
- text ↵ 0,0 ↵ ZWEITES BKS ↵

-  bks ↵
- text ↵ 0,0 ↵ DRITTES BKS ↵
- bks ↵
- text ↵ 0,0 ↵ VIERTES BKS ↵
- bks ↵
- text ↵ 0,0 ↵ FÜNFTES BKS ↵
- bks ↵

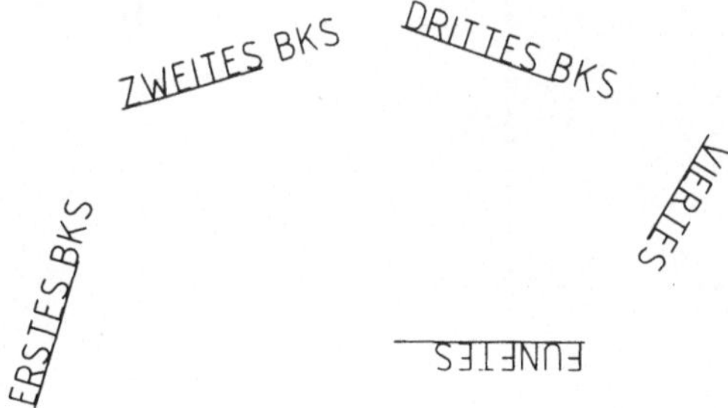

Beschreibung der entstandenen Geometrien

Die in diesem Beispiel benutzten Maße werden hier noch einmal angezeigt.
Der Versatz der Maßlinie zu den Definitionspunkten ist minimiert worden.
Am schnellsten wird hier mit Griffen gearbeitet.

- layer ↵
- bemlinear ↵ h ↵

- 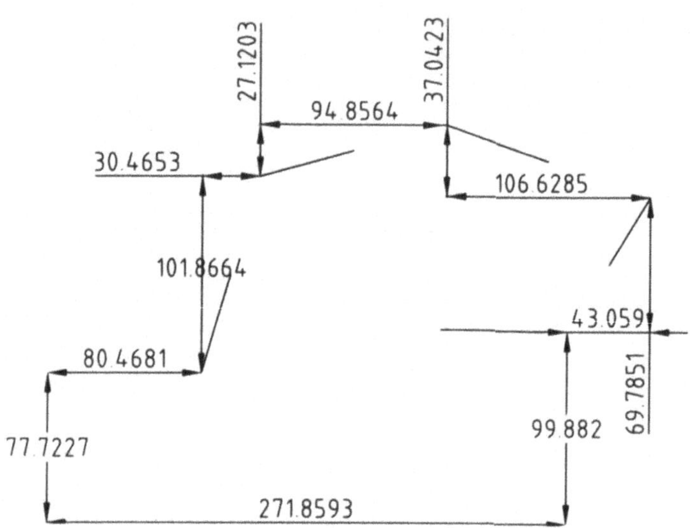 bemlinear ↵ v ↵
- bemlinear ↵ h ↵
- bemlinear ↵ v ↵
- bemlinear ↵ h ↵

Winkelangaben

Zur Kontrolle der Winkel bei gleichzeitiger Benutzung der Bemaßung wird hier
ein Stil festgelegt, der bei Winkelbemaßung nur eine Hilfslinie darstellt.

- layer ↵
- bemwinkel ↵

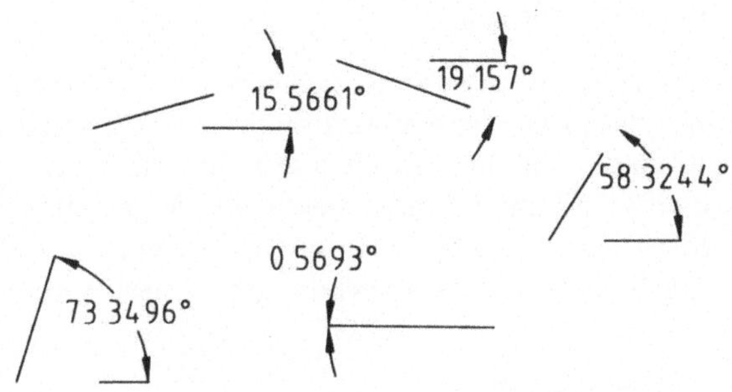

Überlappungen

Mehrere Layer sind auch hier nützlich, da die Überlappungen in einer Ansicht schwer zu vermeiden sind.

-  **layer** ↵

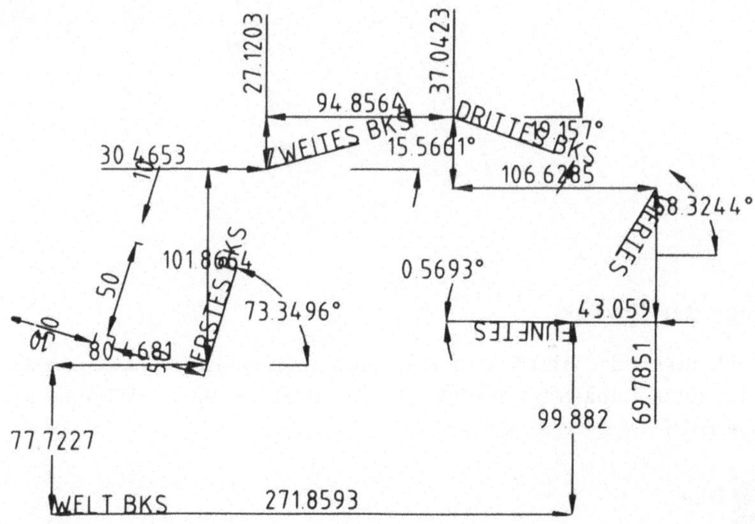

Lokal Objekte anlegen

Hier werden einige Rechtecke in lokalen Koordinaten erstellt. An dieser Stelle könnte auch beispielsweise ein bestimmtes Hochhaus in 3D eingegeben werden, das in getrennten Dateien erstellt und referenziert werden könnte (**xref**). Bei Detailarbeiten sind unter Umständen mehrmalige Maßstabsprünge notwendig. Die erforderlichen Arbeitsschritte können dann minimiert werden, wenn die Bereiche auch als benannte Ansichten gespeichert werden (**ddview**).

-  **rechteck** ↵ **0,0** ↵

- **reihe** ↵ **0,0** ↵

- **bemlinear** ↵

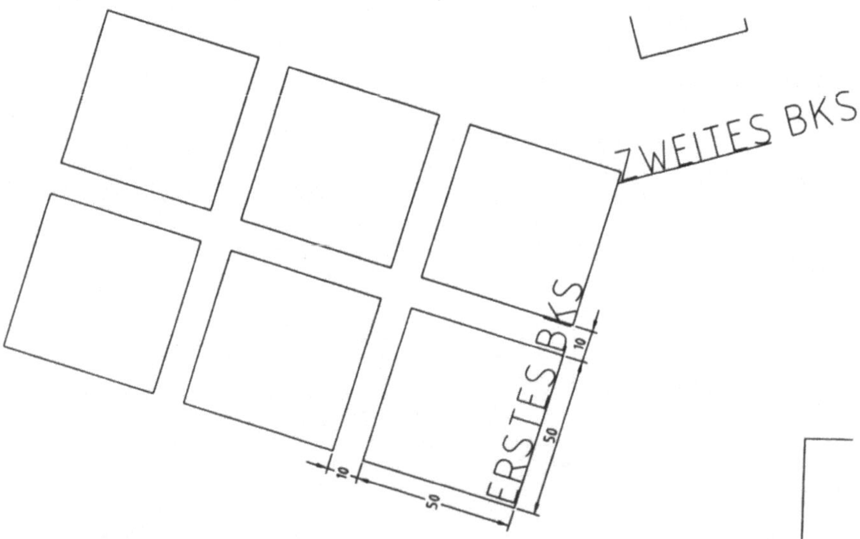

Abfrage der Bezüge

Die Zahlenwerte der Abstände und Orientierung der Koordinatensysteme zueinander können abgefragt werden. Die Angaben beziehen sich immer auf das aktuelle BKS.

-  **bks** ↵

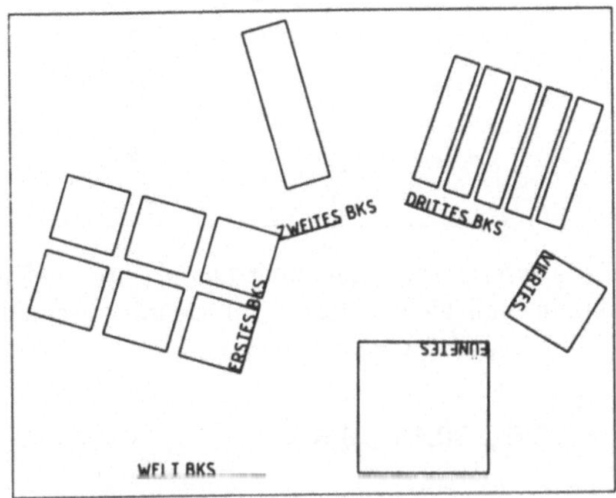

6.16   Zusammenfassung der Bemaßungsarten

Ziel dieses Abschnittes ist die Verdeutlichung der Möglichkeiten des Systems.

Lineare Bemaßung

Die Bemaßungen können erstellt werden, ohne überhaupt von Bezugsobjekten ausgehen zu müssen. Die Definitionspunkte der Maßlinien sind ausreichend. In diesem Beispiel wird mit den aktuellen Werten der Variablen gearbeitet, diese Variablen sollten im Laufe der Einarbeitung bekannt werden. Die einfachste Form der Bemaßung ist der Abstand zweier Punkte parallel zu einer Achse des Koordinatensystems. Nach der Eingabe der Definitionspunkte muß die Lage der Maßlinie definiert werden. Ein Punkt auf der Gerade ist ausreichend.

- 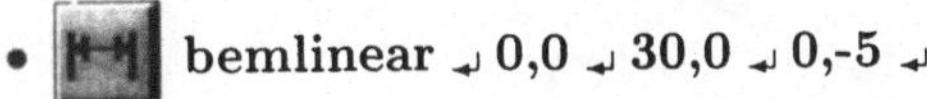 bemlinear ↵ 0,0 ↵ 30,0 ↵ 0,-5 ↵

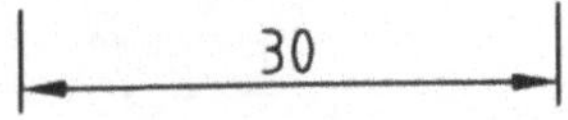

Die erstellte Objektgruppe setzt sich aus zwei Definitionspunkten, zwei Hilfslinien, einer Maßlinie mit dem Abschlußsymbol Pfeil und dem Maßtext zusammen. Entsprechend kann eine vertikale Bemaßung erstellt werden.

-  bemlinear ↵ 30,0 ↵ 30,15 ↵ 35,0 ↵

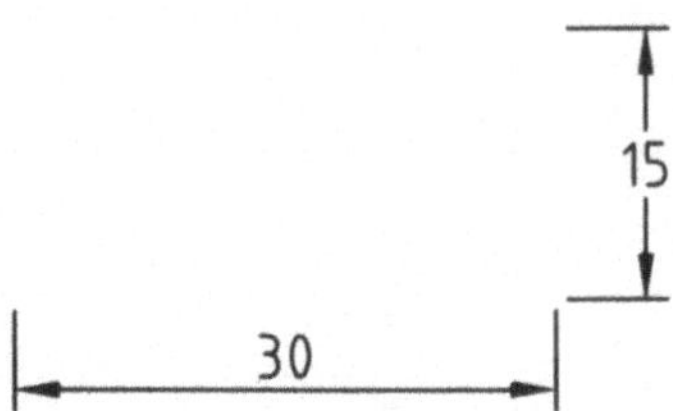

In allgemeiner Lage erfolgt die Bemaßung ausgerichtet auf die Definitionspunkte. Die Maßlinie muß nicht versetzt zur Definitionsgeraden liegen, eine Bemaßung ohne Hilfslinien ist auch möglich.

- 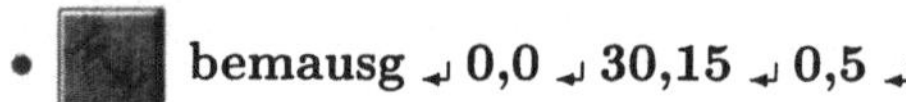 **bemausg** ⏎ **0,0** ⏎ **30,15** ⏎ **0,5** ⏎

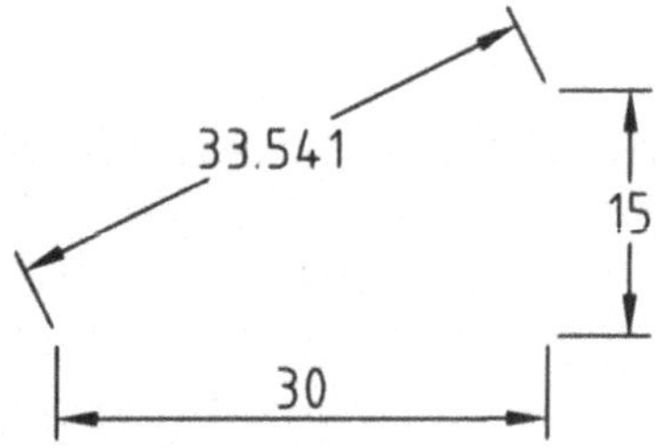

Drei Definitionspunkte sind zur Erstellung einer Winkelbemaßung ausreichend. In diesem Beispiel ist die Winkeleinstellung Grad. Die Eingabe erfolgt über den Scheitelpunkt und die beiden Endpunkte. Hinzu kommt das Koordinatenpaar zur Bestimmung der Maßlinienlage.

- 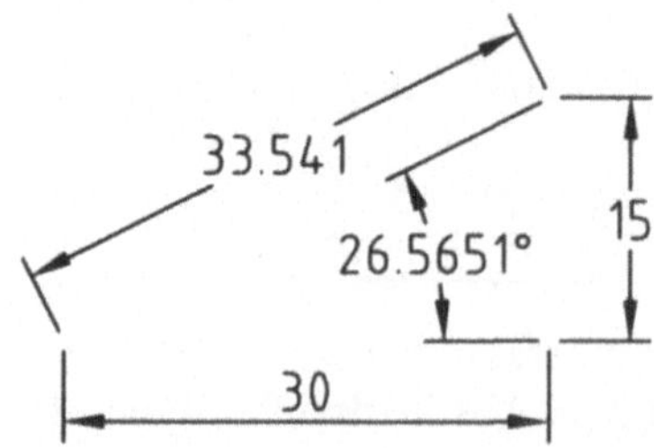 **bemwinkel** ⏎ ⏎ **0,0** ⏎ **30,0** ⏎ **30,15** ⏎ **23,5** ⏎

Horizontale oder vertikale Werte und Anordnung können auch erzwungen werden. Im Beispiel wird der Parameter **h** für horizontale Lage benutzt. Die Lage der Maßlinie wird weiter durch einen Punkt definiert.

- 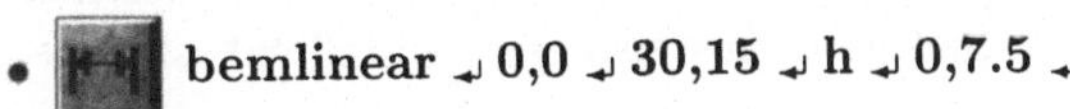 **bemlinear** ↲ **0,0** ↲ **30,15** ↲ **h** ↲ **0,7.5** ↲

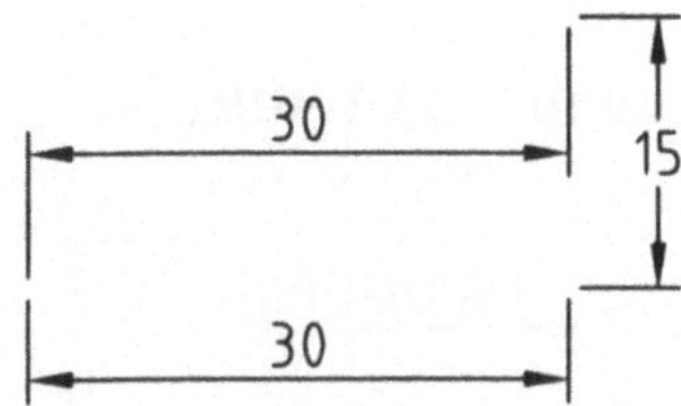

Die Projektion der Länge in eine benutzerdefinierte Richtung ist möglich. Die Winkelangabe bezüglich der X-Achse bestimmt die Richtung der Maßlinie. Der Parameter **d** wird für Drehen der Maßlinie und nachfolgende Winkeleingabe benutzt. Man beachte die unterschiedliche Länge der Hilfslinien.

- **bemlinear** ↲ **0,0** ↲ **30,15** ↲ **d** ↲ **15** ↲ **0,10** ↲

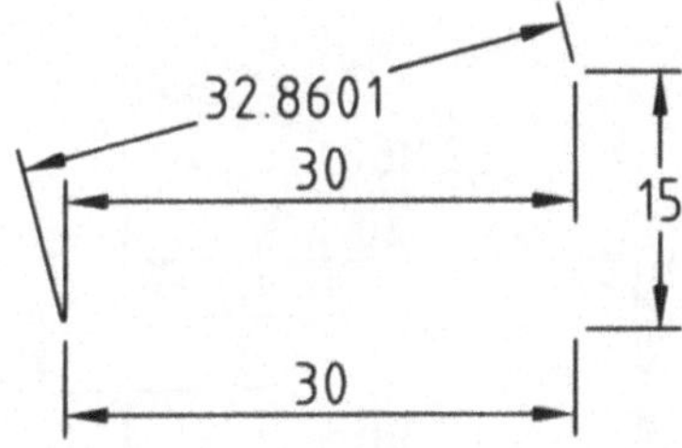

In manchen Fällen ist die schräge Anordnung der Bemaßung aus Platzgründen erforderlich. Hier erfolgt die Angabe des Winkels von der Hilfslinie zur X-Achse. Eine bereits erstellte Bemaßung ist auszuwählen.

- 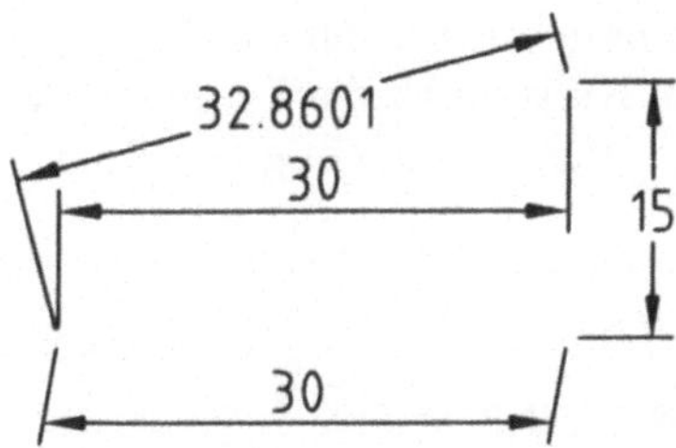 **bemedit** ↲ **s** ↲ **80** ↲

Die folgende Funktion erstellt eigentlich bemaßungsähnlichen Text, der hier mittels eines Pfeilsymbols zugeordnet wird. Der sogenannte Maßtext ist beliebig und benutzerabhängig.

-  **führung** ↵ **0,0** ↵ **10,10** ↵ ↵ **URSPRUNG** ↵ ↵

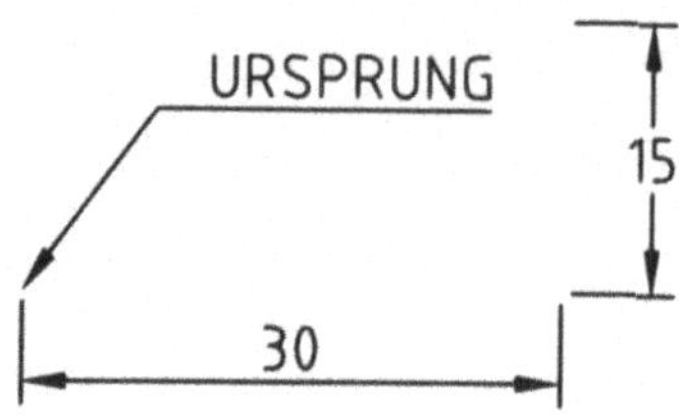

Abschließend soll an dieser Stelle auf die Mankos der Bemaßung in AutoCAD hingewiesen werden. Alle vorgestellten Objektgruppen sind unabhängig voneinander, eine Optimierung der Lage (keine Überlappungen von Text, usw.) wird vermißt.

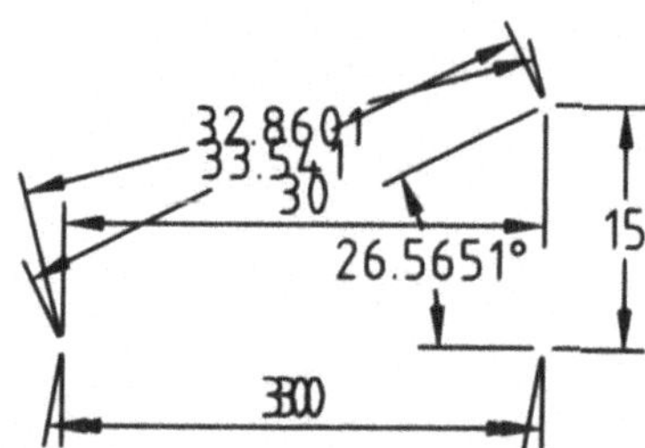

Objektbezogene Bemaßung

Einige Bemaßungstypen beziehen sich auf vorhandene Objekte wie Kreisbogen o.ä. Im Beispiel wird ein Kreis durch die Parameter Mittelpunkt und Radius und ein Bogen durch drei Punkte eindeutig bestimmt.

- **kreis** ↵ **5,5** ↵ **5** ↵

- **bogen** ↵ **2,8** ↵ **8,5** ↵ **2,2** ↵

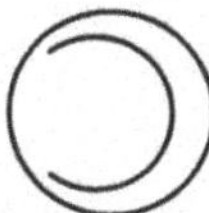

Nach Aufruf der Funktion wird der Kreis ausgewählt und der Durchgangspunkt für die Maßlinie über ein Koordinatenpaar definiert. Die Lage der Maßlinie kann auch über den Mausklick erfolgen.

-  **bemradius** ↵ 8,0 ↵

Im folgenden das Entsprechende mit dem Bogen.

- 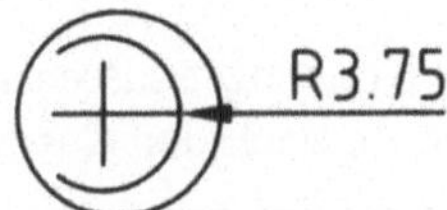 **bemradius** ↵ 10,5 ↵

Die Winkelangabe bezieht sich im Beispiel auf die Öffnung. Auch hier ist die Angabe eines Durchgangspunktes für den Maßbogen erforderlich.

- 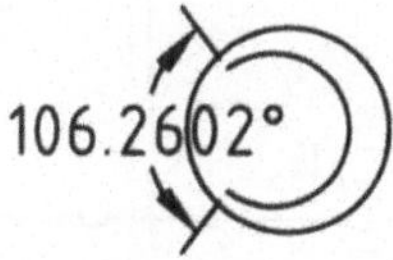 **bemwinkel** ↵ -2,5 ↵

Zur Verdeutlichung der Möglichkeiten eine abgeänderte Bemaßung: Der Abstand zum Objekt und die Anzahl der Nachkommastellen werden geändert.

- **bemwinkel** ↵ -7,5 ↵

- **bemwinkel** ↵ 17,5 ↵

Die Kennzeichnung der Kreismittelpunkte bzw. deren Abstand erfolgt hier mit Hilfe des Objektfanges **zen**.

- [H-H] **bemlinear** ↵ [⊙] **zen** ↵ [⊙] **zen** ↵ **0,-5** ↵

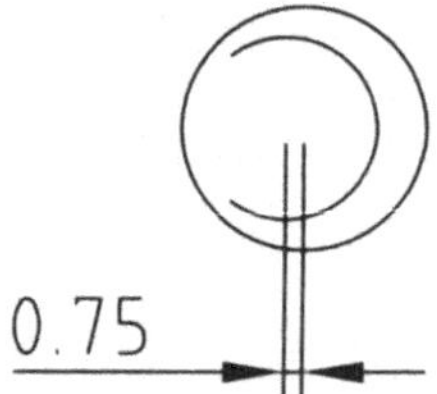

Mittelpunkte von Kreisen und Kreisbogen lassen sich ermitteln und markieren. Dabei werden die Objekte einzeln nach der Auswahl abgearbeitet.

- [⊕] **bemmittelp** ↵

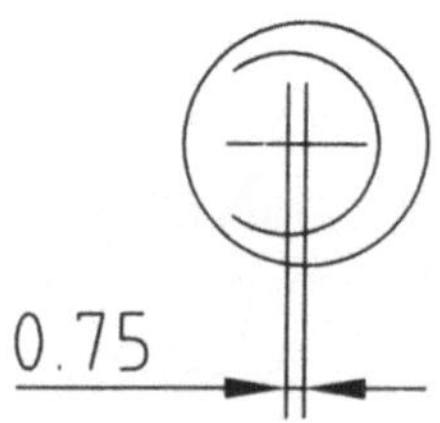

Bemaßungsketten bauen auf eine bereits vorhandene Bemaßung auf. Die Maßlinienposition ist maßgebend für die folgenden. In diesem Beispiel werden willkürlich zwei Punkte ausgewählt.

- [⚘] **bemausg** ↵

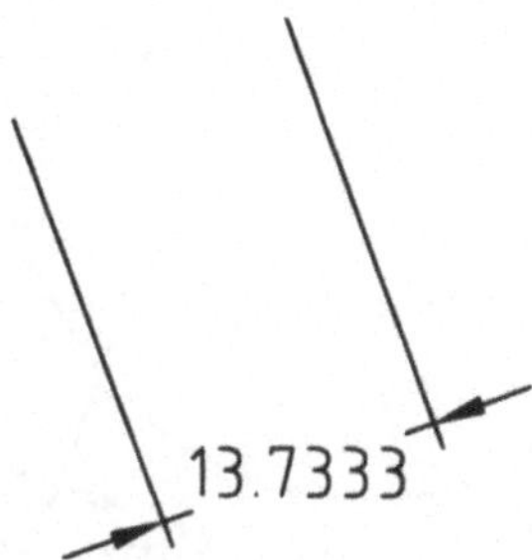

Man beachte im folgenden die unterschiedliche Anordnung von Maßtext und Pfeil, die durch den Freiraum zwischen den Hilfslinien bestimmt wird. Es werden ebenfalls willkürlich Punkte ausgewahlt.

- **bemweiter** ↵

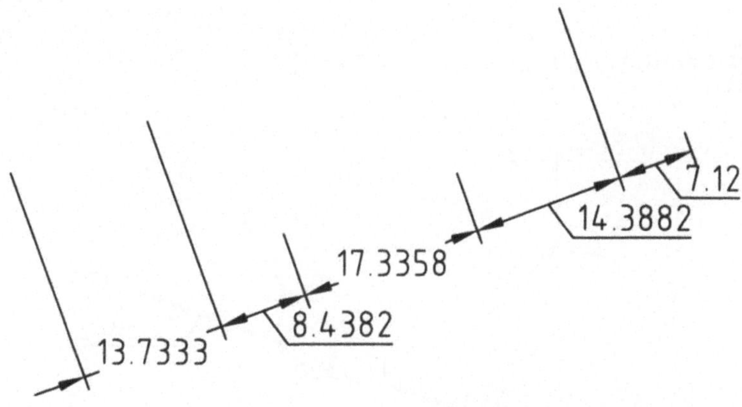

Zur Verdeutlichung soll eine Spline vermaßt werden. Während die Ausgangsbemaßung als ausgerichtete Bemaßung gleichlange Hilfslinien besitzt, ist bei den restlichen Bemaßungen die Maßrichtung maßgebend.

- **linie** ↵
- **spline** ↵

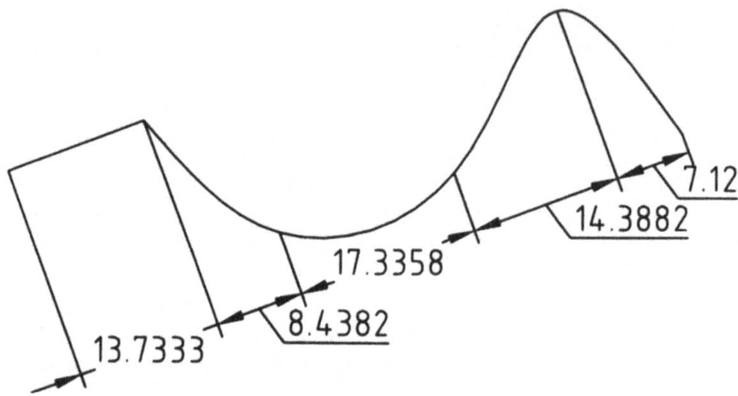

Bei der Basislinie wird jede neue Maßlinie auf eine Hilfslinie bezogen, welche
für die Ausrichtung der restlichen bestimmend ist.

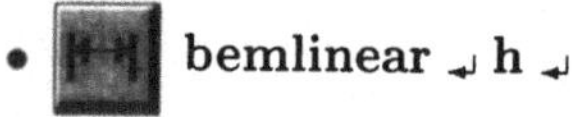 **bemlinear ↵ h ↵**

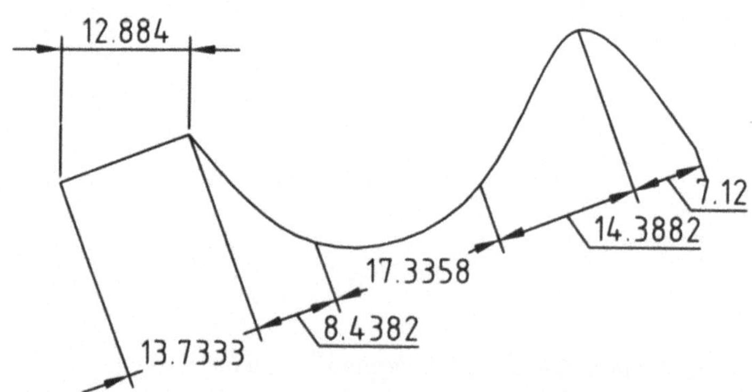

Die Basishilfslinie wird zur Erstellung der folgenden Bemaßungen ausgewählt.

• **bembasisl ↵**

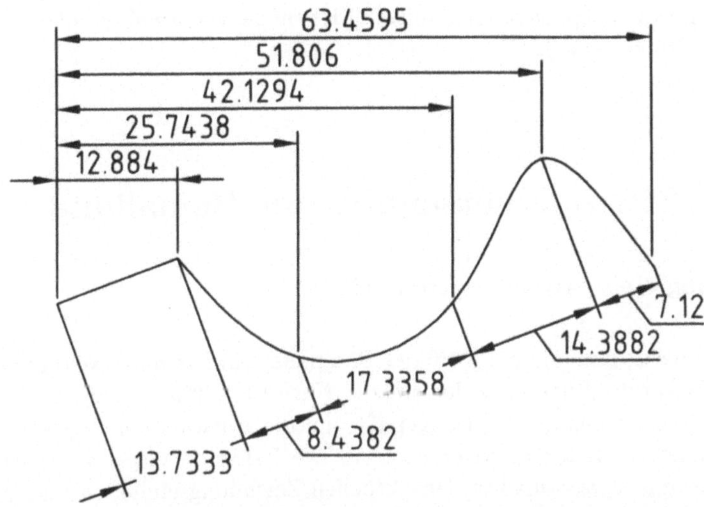

Die Ordinatenbemaßung ist nicht zwingend objektbezogen. Im folgenden Beispiel wird aber von einer Polylinie ausgegangen, die mit Hilfe eines 10×10-Rasters erstellt wurde. Die Arbeit ist mit aktiviertem Orthomodus vorteilhaft.

- 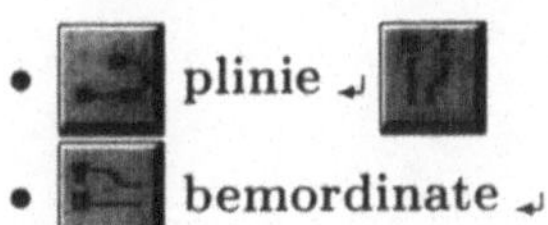 plinie ↵ bemordinate ↵

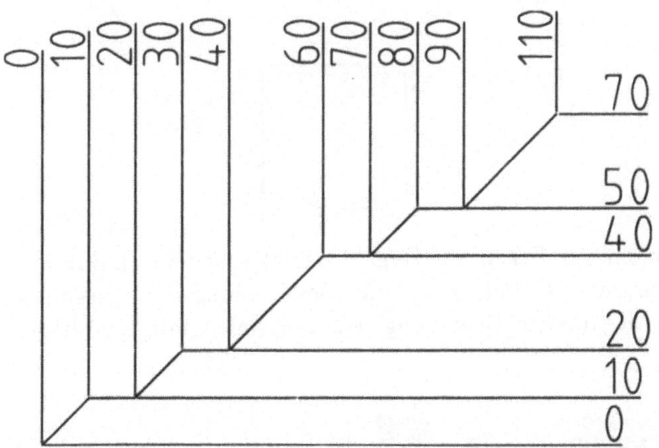

Zuletzt sei noch die Tatsache erwähnt, daß es die direkte Bemaßung am selektierten Objekt gibt und die einzelnen Einstellungen manuell dem Zeichnungsmaßstab angepaßt werden müssen (Texthöhe, Pfeilsymbolgröße, Abstand Hilfslinie-Objekt usw.).

6.17   Stützenquerschnitt mit Bemaßung

Erstellung einer Ausgangsgeometrie

Drei Rechtecke, einmal als Umriß des Betonquerschnitts und zweimal als vorläufige Kontur des Bügels, werden erstellt. Nach Erstellung des ersten Objektes wird die Ansicht den Grenzen angepaßt, um die Auswahl der Objekte in den nachkommenden Befehlen zu erleichtern. Die Funktion **versetz** erwartet als Parameter das Versatzmaß in den aktuellen Zeichnungseinheiten und danach die Auswahl eines Objektes sowie der Versetzrichtung, hier der Innenbereich.

- **rechteck** ↵ **0,0** ↵ **130,130** ↵

- **zoom g** ↵

- **versetz** ↵ **2** ↵

- **versetz** ↵ **6** ↵

Das Ausrunden der Ecken des Bügels erfolgt schrittweise durch Eingabe des Funktionsparameters Radius und die Bestimmung der Ausgangskanten. Alternativ ist die direkte Erzeugung von Polylinien mit Kreisbogensegmenten möglich.

- **abrunden** ↵ **r** ↵ **18** ↵   **abrunden** ↵

- **abrunden** ↵ **r** ↵ **12** ↵   **abrunden** ↵

In folgenden wird ein Kreis zur Beschreibung der Ausrundung erstellt. Hierzu wird der Mittelpunkt der Bügelausrundung (Kreisbogen) gefangen und das Durchmessermaß angegeben. Danach wird eine Polylinie zur Beschreibung des Bügelendes gewählt, wobei der erste Knotenpunkt relativ zum Kreismittelpunkt eingegeben wird.

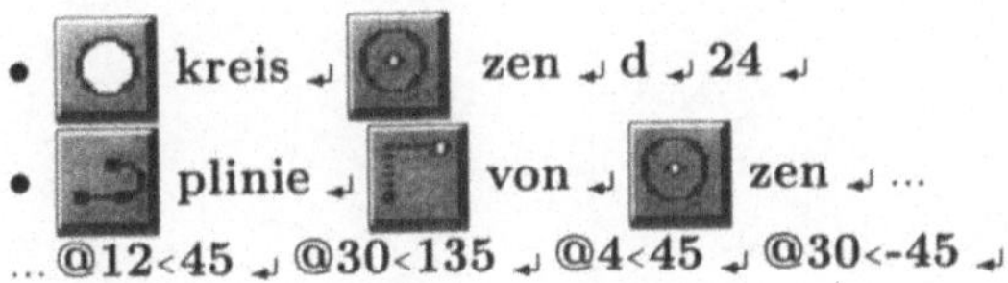

- kreis ↵ zen ↵ d ↵ 24 ↵
- plinie ↵ von ↵ zen ↵ …
  … @12<45 ↵ @30<135 ↵ @4<45 ↵ @30<-45 ↵

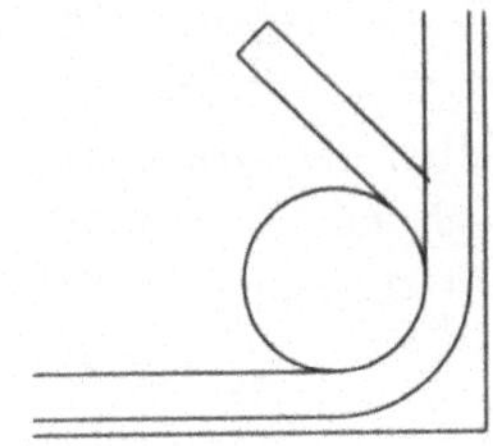

Im folgenden wird die differenzierte Darstellung verdeckter Teile durch gestrichelte Linien betrachtet. Der Linientyp wird vor der Erzeugung der Linie geladen. Der Linientyp ist jedoch keineswegs endgültig, er läßt sich noch nachträglich anpassen. Im Beispiel wird die Datei acad.lin geladen und der Linientyp **verdeckt 2** ausgewählt. Das eigentliche Objekt, der Kreisbogen, kann unterschiedlich eingegeben werden: 3 Punkte, Anfangspunkt, Radius und Winkel usw.

- linientp ↵ l ↵ * ↵ s ↵
- bogen ↵ end ↵ r ↵ 12 ↵ w ↵ 45 ↵

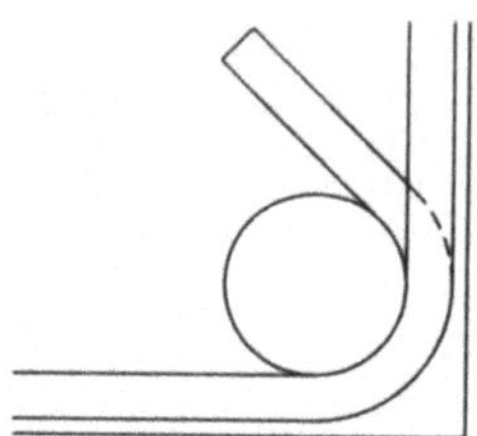

Zum Spiegeln der erstellten Objekte wird die Spiegelachse durch einen Eckpunkt des Quadrates und einen relativen Punkt definiert.

-  spiegeln ↵ end ↵ @1,-1 ↵ ↵

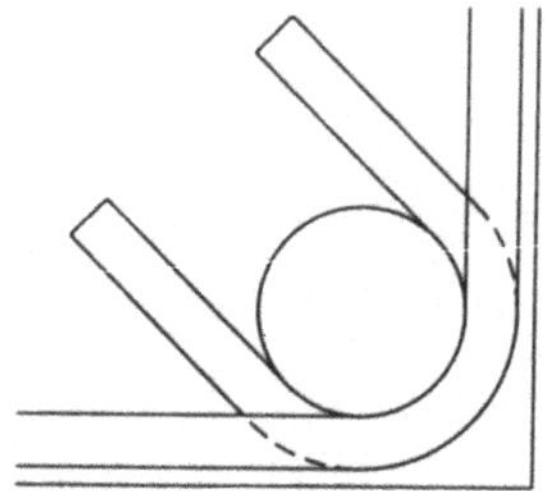

Danach erfolgt das Nacharbeiten der strichlierten Teile. Da nur ein Teil der gespiegelten Polylinie gestrichelt dargestellt werden soll, muß diese erst in zwei Einzelobjekte zerlegt werden. Der gespiegelte Kreisbogen erhält auch eine andere Linienzuweisung.

-  bruch ↵

-  ändern ↵

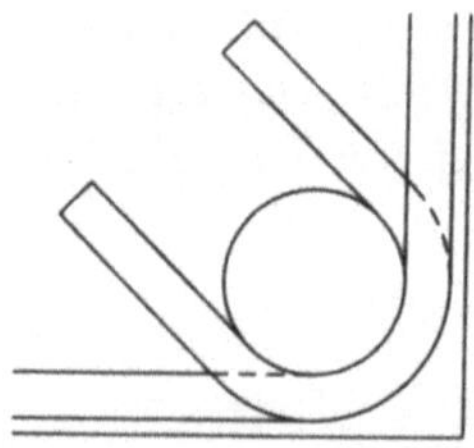

Die Darstellung der geschnittenen Bewehrungsstäbe kann durch gefüllte Flächen erfolgen, die Funktion **ring** erstellt nach Übergabe der Parameter Innen-, Außenradius (0 bzw. 7 Einheiten) und Einfügepunkt das Objekt. Die Funktion

reihe erstellt danach die restlichen drei Ringe (im Bild nicht dargestellt), zur Erstellung müssen bei der polaren Anordnung Mittelpunkt und Winkel sowie die Anzahl der Elemente übergeben werden.

- ring ↵ von ↵ zen ↵ @5<-45 ↵
- reihe ↵ p ↵ 65,65 ↵ 4 ↵ j ↵ ↵

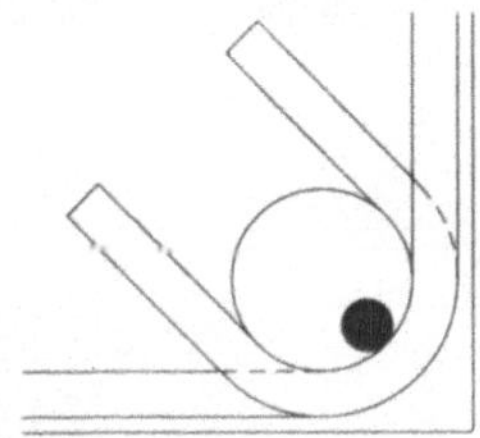

Bemaßung der Geometrie

Das Anlegen getrennter Layer für Objekte unterschiedlicher Art ist immer sinnvoll. In diesem Beispiel erscheint ein Layer für die Bemaßung ausreichend. Bei der Erstellung der Bemaßung reicht hier die Auswahl der Objektkanten. Sie sind für die Ausrichtung der Maßlinie bestimmend. Nur der Abstand Maßlinie-Objekt ist noch einzugeben. Die Texthöhe beträgt im Beispiel 5 Einheiten, die Abstände Objekt-Maßlinie und Maßlinie-Maßlinie betragen hier 10 Einheiten.

- zoom ↵
- layer ↵
- bemlinear ↵ ↵ @20,0 ↵

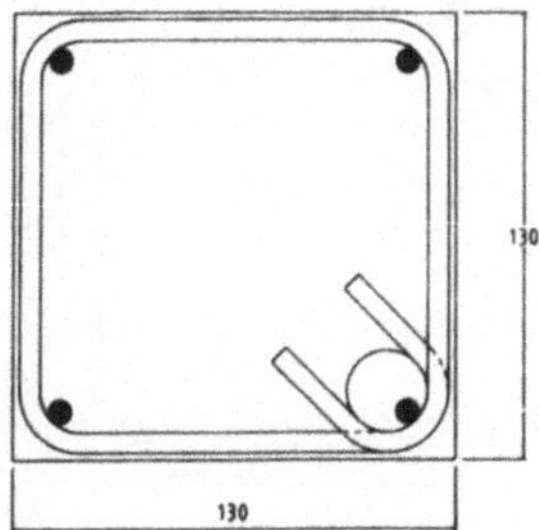

Punktfilter

Durch die Verwendung geeigneter Punktfilter läßt sich die Position der Hilfslinien gezielt steuern. Relevante Werte für die vertikale Bemaßung sind die
Y-Komponenten. Es spielt also keine Rolle, daß die X-Komponenten der Definitionspunkte identisch sind.

• 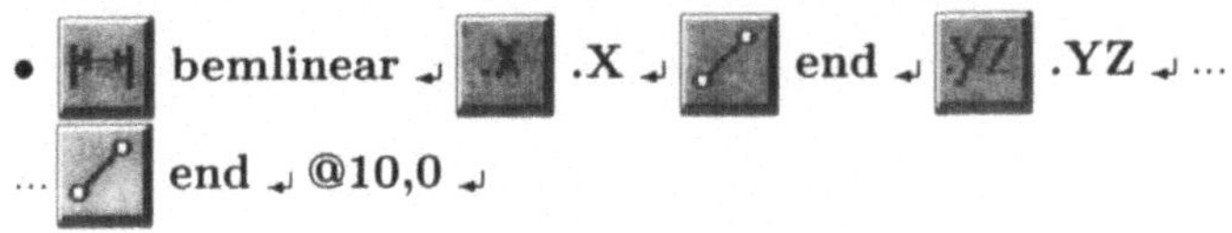 bemlinear ⏎ .X ⏎ end ⏎ .YZ ⏎ ...

... end ⏎ @10,0 ⏎

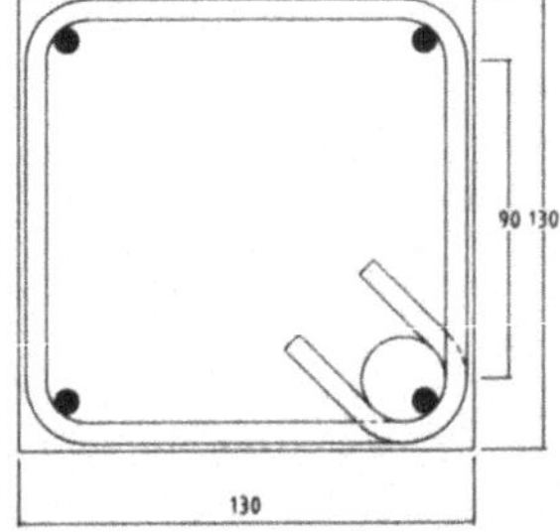

Weiterentwicklung

Die ermittelte Lage der Maßlinie wird nun für die folgenden übernommen. Entweder wird die zuletzt erstellte Hilfslinie als Anfangsobjekt benutzt (Vorgabe),
oder eine Hilfslinie wird ausgewählt.

• bemweiter ⏎ .X ⏎ end ⏎ .YZ ⏎ end ⏎

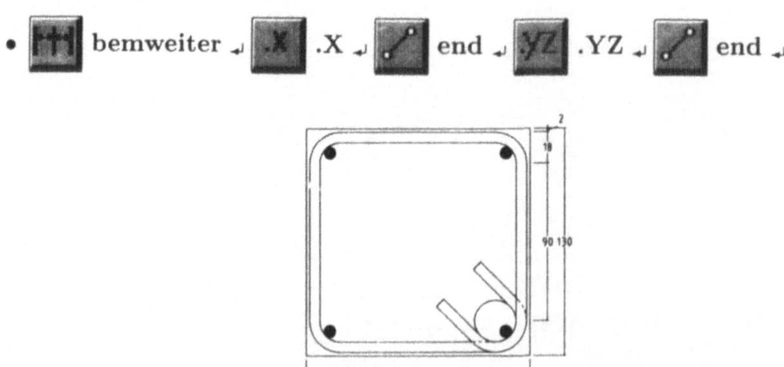

Horizontale Symmetrie

Bei symmetrischen Geometrien kann man auch im Bereich der Bemaßung zeit-
sparend arbeiten, indem die Objekte an den Achsen gespiegelt werden. Hier
wird die Spiegelachse durch zwei gefangene Mittelpunkte definiert.

- 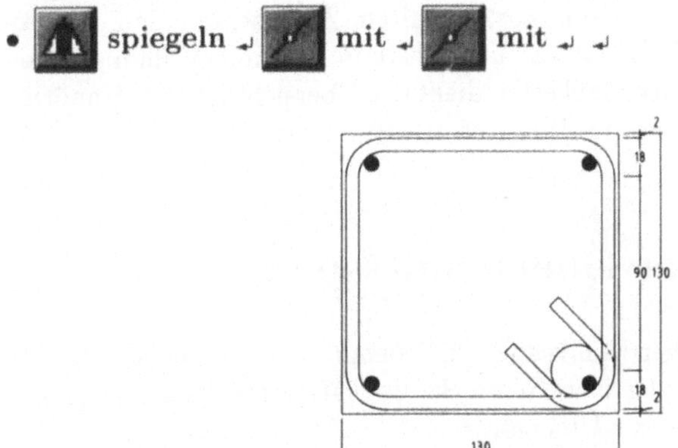 spiegeln ↵ mit ↵ mit ↵ ↵

Symmetrie in 45 Grad

Die horizontalen Elemente der Bemaßung lassen sich genauso wie bisher erstellen oder komplett spiegeln, da die Geometrie identisch ist. Durch Fangen
der entsprechenden Eckpunkte wird die Spiegelachse (Diagonale des Quadrats)
definiert.

- 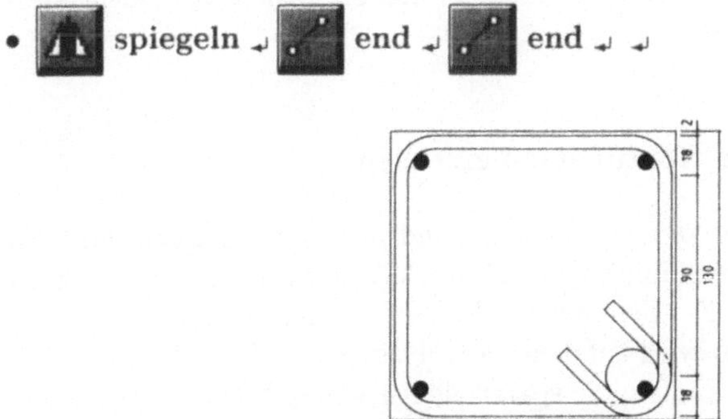 spiegeln ↵ end ↵ end ↵ ↵

Ratschläge zur Bemaßung

Verschiedene Layer für Teilbereiche der Bemaßung sind unter Umständen erforderlich, da eine Geometrie als Vorlage für Bemaßungen in unterschiedlichen Maßstäben dienen kann. Am Ende der Erstellung ist ein kritischer Blick auf die Elemente der Bemaßung notwendig. Hierzu ist nur der entsprechende Layer zu deaktivieren, und die restlichen sind auszuschalten. Zu beachten sind: korrekte Texthöhe, Abstand Maßlinie-Objekt und Abstand Maßlinie-Maßlinie. Sparsamkeit bei der Erstellung der Maßketten dient der Übersichtlichkeit. Unnötige Angaben sowie Wiederholungen sollten vermieden werden.

6.18   Kompletter Querschnittsplan

Als Thema wird ein einfacher Hohlkasten (2D) benutzt. Im Betonkalender '91 Teil 2 sind Massivbrücken der Neubaustrecke der DB beschrieben. Das Bild 7.27 auf Seite 688 dient hier als Übungsvorlage.

Vorbereitungen

Voreinstellungen für die nachfolgenden Werte sind Winkeleinstellung in Grad und dezimale Einheiten. Thematisch läßt sich der Inhalt gruppieren. Hierzu wird folgende Layerstruktur erstellt: Achsen, Hilfslinien, Kasten, Gehweg, Überbau, Bemaßung, Beschriftung. Mehrmals auftretende Objekte lassen sich in Blöcke einmalig definieren. Folgende Blöcke werden erstellt: Schwelle, Schiene (Kombination beider Blöcke zu dritten möglich), Kabelkasten, Geländer. Die Symmetrieausnutzung durch Erstellung der halben Ansicht und nachträgliche Spiegelung erscheint hier sinnvoll.

Layer, Symmetrieachse Konturlinien erstellen

Die oben genannten Layer werden angelegt, und der Layer `Achsen` wird als aktueller Layer gesetzt. Der Linientyp `STRICHPUNKTX2` wird geladen und dem Layer Achsen zugewiesen. Die Symmetrieachse wird angelegt und die Ansicht angepaßt. Die Außenkontur wird auf dem Layer Kasten angelegt. Die Funktion **linie** erstellt die einzelnen Linien, die später als Ausgangsobjekte zum Versetzen benutzt werden.

- **layer** ↵

- **linie** ↵ 0,.5 ↵ 0,7 ↵

- **zoom** ↵ m ↵ 0,4 ↵ 10 ↵

- **layer** ↵

- **linie** ↵ 0,0 ↵ 2.5,0 ↵ @1,4 ↵ @3.47,.25 ↵ @-.07,.3 ↵ ...
... @8<181.5 ↵ ↵

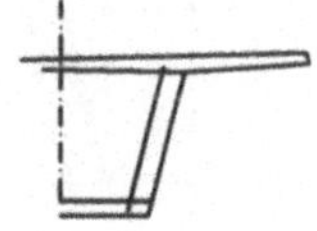

Linien versetzen

Die Innenkontur wird wegen der unterschiedlichen Wanddicken einzeln erstellt.
Zusätzlich wird die fast horizontal verlaufende Linie erstellt. Der Fangmodus
Endpunkt bezieht sich auf den äußeren Wandeckpunkt.

- **versetz** ↵ .4 ↵ **versetz** ↵ .5 ↵
- **linie** ↵ end ↵ @4<179 ↵

Stutzen der Überlängen

Die Korrektur der Innenkontur erfolgt hier mit **stutzen**. Die Verwendung von
bruch wäre auch möglich. Die drei Innenkanten und die Achse werden ausgewählt und die Objekte an der zu stutzenden Seite ausgewählt. Zur Ansicht
und Kontrolle des Ergebnisses wird das Bild neu generiert.

- 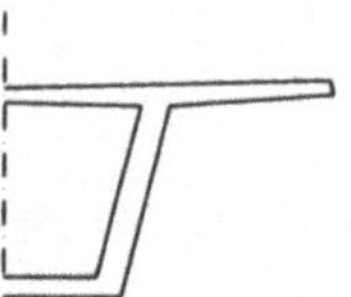 **stutzen** ↵ ↵

-    **regen** ↵

Multilinienstile definieren

Die Stile werden festgelegt: DB_ 1 als einzelne Linie, DB_ 2 als 4 Linien mit Abstand .1, .2, .3, .4 Einheiten von der Definitionslinie. Der Stil wird aktiviert, die Ausrichtung und der Maßstab werden anschließend festgelegt. Die Knotenpunkte der Multilinie werden durch Punktfang ermittelt. Abschließend werden die Eckpunkte der Multilinien nachbearbeitet.

- **mlstil** ↵

- **mlinie** ↵ s ↵ DB_ 2 ↵ a ↵ m ↵ 0.5 ↵ end ↵ ..

- **mledit** ↵

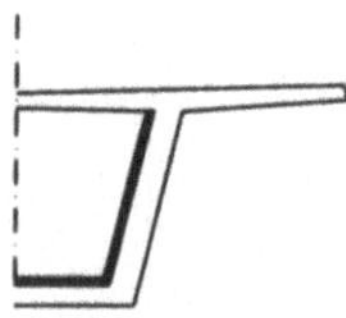

Spiegeln der Objekte

Alle Objekte außer der Achse werden ausgewählt, die Spiegelachse wird durch zwei Punkte bestimmt. Die Fangmodi Endpunkt und Mittelpunkt werden benutzt, die Ausgangsobjekte werden bei der Spiegelung nicht gelöscht.

-  **spiegeln** ↵   **end** ↵   **mit** ↵

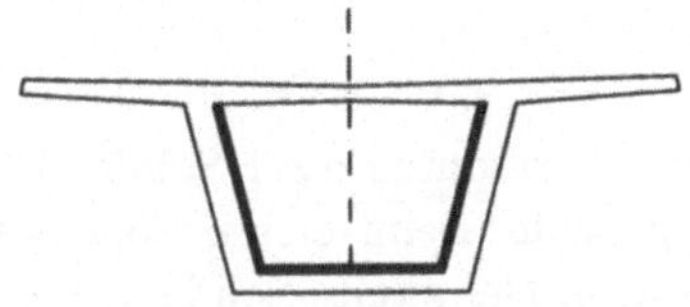

6.19   Bemaßen des Querschnitts

Bemaßungsstil festlegen

Der Bemaßungsstil STANDARD wird als aktuell und hierarchisch übergeordnet gesetzt. Im Bereich Maßtext... Einheiten werden zwei Nachkommastellen für die Bemaßung ausgewählt. Im Bereich Geometrie... wird der Typ schräg für beide Pfeilspitzen ausgewählt. Danach wird der Stil z.B. mit dem Namenseintrag DB gespeichert.

- dbem ↵

Bemaßung erstellen und spiegeln

Nur die drei rechten Bemaßungen des Querschnittes werden direkt erstellt, indem mit Fangmodus **end** die Endpunkte einer Linie angesteuert werden oder direkt die Objektwahl benutzt wird. Die lineare Bemaßung, hier für horizontale Abmessungen, wird eingesetzt. Anschließend wird die Bemaßung an der Symmetrieachse gespiegelt.

- **bemlinear** ↵
- **spiegeln** ↵

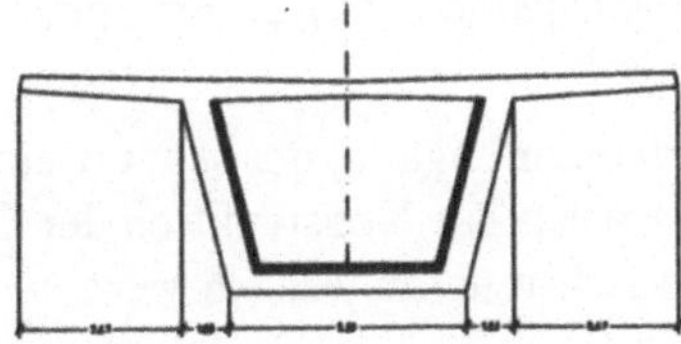

Solids und Linie

Die Aussparung im Profil wird durch zwei Solids (Flächen mit kompakter Füllung) und Linien dargestellt. Beim ersten Solid wird vom Schnittpunkt Achse/Multilinie ausgegangen. Der zweite Solid startet am oberen linken Eckpunkt des ersten und endet am oberen Ende der Linie.

- 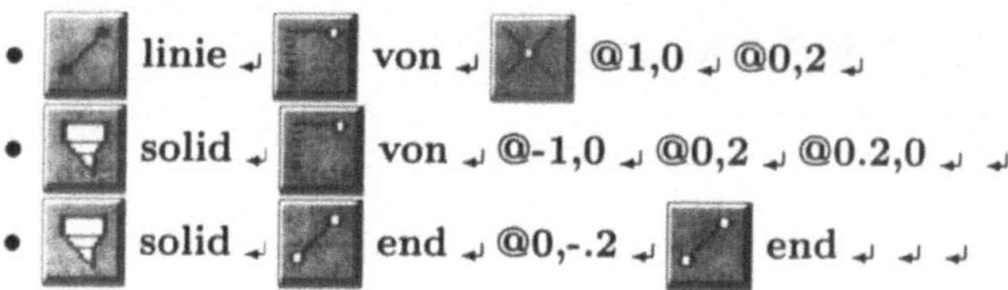 linie ↵ von ↵ @1,0 ↵ @0,2 ↵
- solid ↵ von ↵ @-1,0 ↵ @0,2 ↵ @0.2,0 ↵ ↵
- solid ↵ end ↵ @0,-.2 ↵ end ↵ ↵ ↵

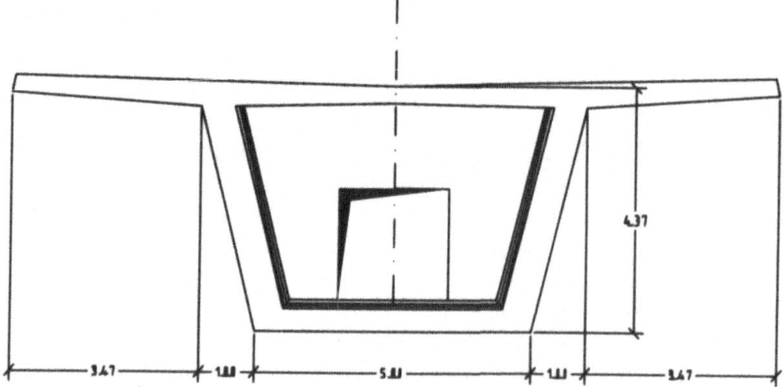

Varianten

Die Benutzung von Multilinien ist nicht zwingend erforderlich. Auch die Funktion **versetz** löst die Aufgabenstellung. Die kompakte Fläche läßt sich mittels einer dichten Schraffur füllen, jedoch steigen der Speicherplatzbedarf und die Verarbeitungszeit rasch.

Denkbar ist ein Block für den Durchgang, der separat erstellt und für zukünftige Zeichnungen gespeichert wird. Zur Konstruktion der Eckpunkte des Kastens könnten mehr als nur eine Achse herangezogen werden.

6.20 BKS und Griffe

Polylinie anlegen

Die Gehwegkappe wird als geschlossene Polylinie erstellt, ausgehend von der unteren Außenkante des Kastens. Oft ist es einfacher, eine Geometrie ungenau einzugeben und über Fangmodi und Griffe die exakten Koordinaten ermitteln zu lassen. Der Layer Überbau wird vor der Erstellung der Polylinie als aktuell gesetzt.

- 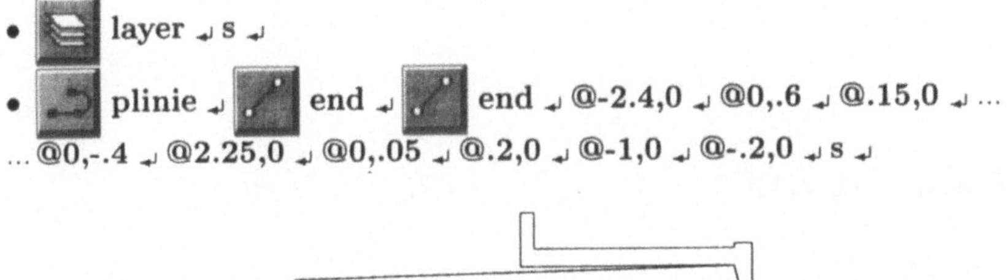 layer ↵ s ↵
- plinie ↵ [□] end ↵ [□] end ↵ @-2.4,0 ↵ @0,.6 ↵ @.15,0 ↵ … …@0,-.4 ↵ @2.25,0 ↵ @0,.05 ↵ @.2,0 ↵ @-1,0 ↵ @-.2,0 ↵ s ↵

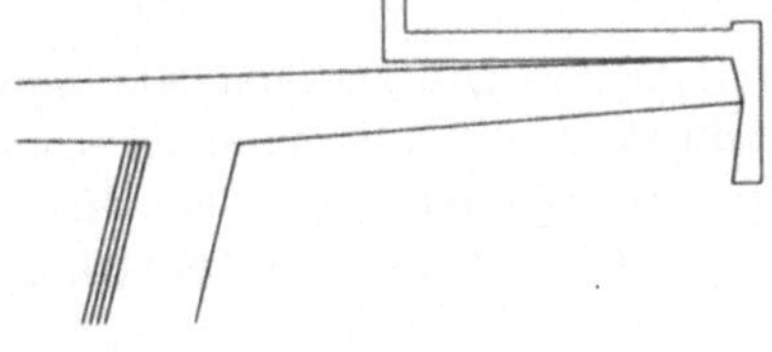

Schieben mit Griffen und Fangmodi

Die Korrektur ist mit Hilfe der Griffe leicht und präzise durchführbar. Nach Auswahl der Polylinie (Knotenpunkte erscheinen in blauen Kästen gerahmt) wird der Auswahlsatz der zu verschiebenden Punkte erstellt. Nur die Bearbeitung des linken Teiles wird hier erläutert, der rechte wird entsprechend abgearbeitet. Die Arbeitsschritte im Detail: Polylinie auswählen, Auswahlmodus aktivieren (⌜Umsch⌟ festhalten) und die vier linken Griffe durch direkten Mausklick auswählen. Auswahl beenden (⌜Umsch⌟ loslassen) und Griff unten links als Bezugspunkt auswählen (Mausklick). Linke vertikale Kante auswählen und danach Oberkante Kasten auswählen. ⌜Esc⌟ zweimal betätigen, um die Griffe zu deaktivieren. Anschließend die Bildregenerierung zur Kontrolle des Ergebnisses.

- [Umsch] [Umsch] 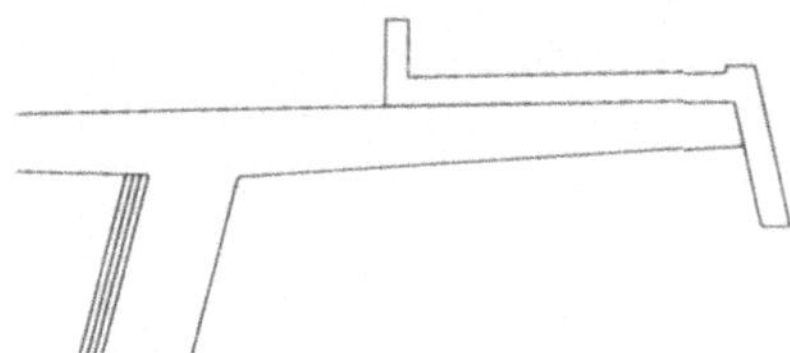 sch ↵ ▨ sch ↵

- [Esc]

- **regen** ↵

BKS und Rechtecke

Die vereinfachte Darstellung des Brückengeländers kann z.B. mit Hilfe der
Funktion **rechteck** erstellt werden. Als Variante der schon benutzten relativen
Koordinaten hier die Verwendung des benutzerdefinierten Koordinatensystems
(BKS). Der Ursprung wird auf den Fußpunkt des Geländers gesetzt.

- ▣ bks ↵ ▨ mit ↵
- ▣ rechteck ↵ -.043,0 ↵ .043,.93 ↵
- ↵ -.04,.49 ↵ .04,.53 ↵
- ↵ -.06,.93 ↵ .06,1 ↵
- ▣ bks ↵ Welt ↵

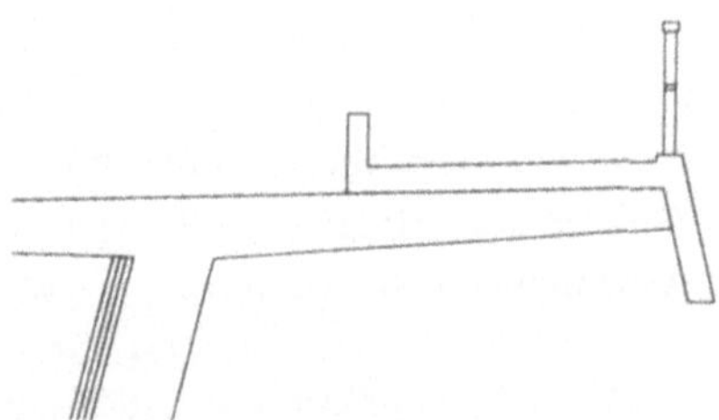

6.21 Blockarbeit

Blöcke erstellen

Der Kabelkasten im Querschnitt wird symbolisch dargestellt. Hierzu läßt sich ein Block definieren, der seinen Basispunkt am linken unteren Eckpunkt haben kann. Nach Festlegung der Geometrie wird der Block erstellt (Name, Einfügepunkt und Komponenten). Die Komponenten werden nach Definition des Blockes aus der aktuellen Datei gelöscht. Der erstellte Block muß also eingefügt werden.

- ▢ rechteck ↵ 0,0 ↵ .1,.05 ↵
- ↵ 0,.05 ↵ .4,.35 ↵
- ↵ .05,.1 ↵ .35,3 ↵
- ↵ .3,0 ↵ .4,.05 ↵
- block ↵ ekasten ↵ 0,0 ↵
- einfüge ↵ ekasten ↵ 0,0 ↵

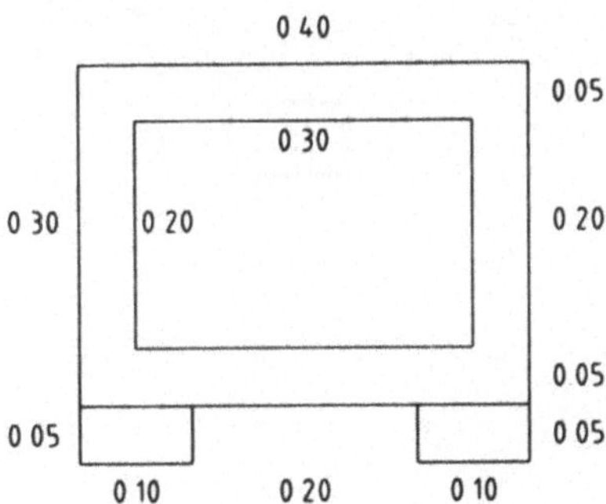

Blöcke und Dateien

Da auch Blöcke in einer separaten Datei abgespeichert und in jede andere Zeichnungsdatei eingefügt werden können, erscheint diese Methode zur Erstellung einer Bibliothek von Vorlagen sinnvoll. Dateiname und Blockname können übereinstimmen, müssen aber nicht!

- **wblock** ↵ **ekasten** ↵ **ekasten** ↵

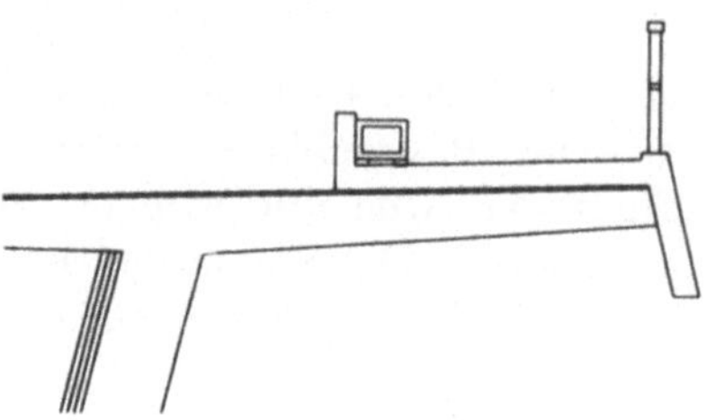

Blöcke spiegeln

Die positionierten Blöcke lassen sich auch spiegeln. Die Hauptachse wird zum Spiegeln der Objekte selektiert (s.o.).

- 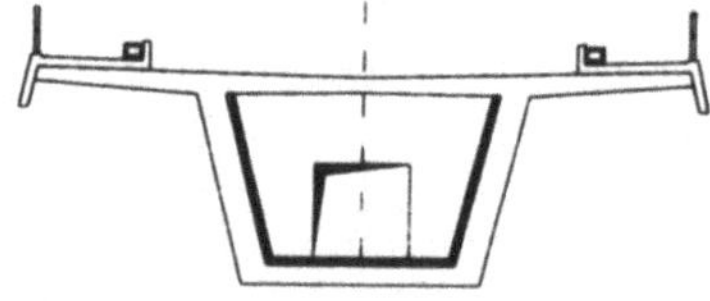 **spiegeln** ↵

Block aus Datei

Vorgabe für die Querschnittswerte ist das Schienenprofil UIC 60 (siehe[10], S.12.69). Die Datei `schiene.dwg` wird angelegt, und auf einem gesonderten Layer der Datei `schiene.dwg` werden Hilfsachsen erzeugt (2 im Winkel von +20 und -20 zur X-Achse) und die restliche Geometrie konstruiert. Nach Erstellung der Datei wird die Hauptdatei wieder geöffnet und das Schienenprofil als Block aus Datei eingefügt. Da die Schienenabmessungen in Millimeter eingegeben wurden, ist der Maßstab oder Einfügefaktor .001 in X- und Y-Richtung.

- strahl ⏎ 0,0 ⏎ 1,0 ⏎ 0,1 ⏎ ⏎

- kopieren ⏎ ⏎

- linie ⏎ 0,31.5 ⏎ @50<-20 ⏎

- linie ⏎ 0,121 ⏎ @50<20 ⏎

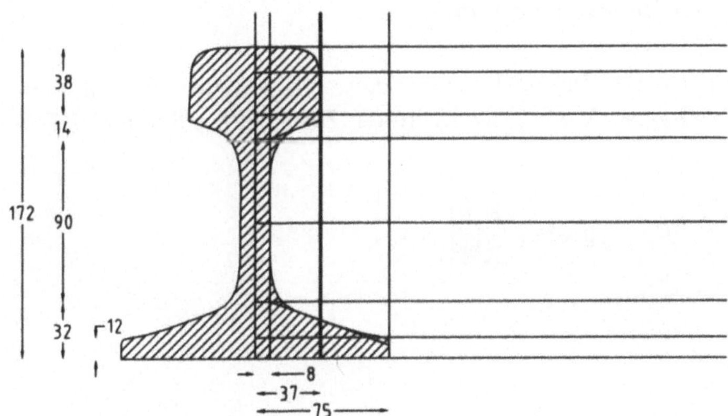

Blockkombinationen

Das Rechteck für die Schwellendarstellung und zwei Schienenprofile werden als Block Gleis definiert. Die Spurweite für Normalspur beträgt 1435 mm, bei der Bemaßung mit zwei Nachkommastellen wird der Maßtext gerundet und nur 1.44 angegeben.

- rechteck ⏎ -1.3,0 ⏎ 1.3,-.214 ⏎

- einfüge ⏎

- spiegeln ⏎

- block ⏎ gleis ⏎

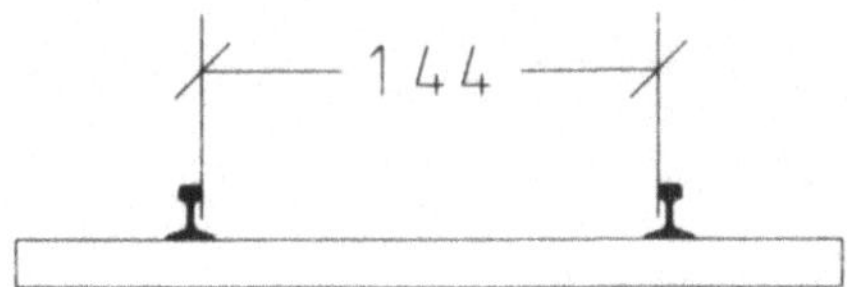

Block positionieren und spiegeln

Der Schnittpunkt Hauptachse/Oberkante Kasten wird zur Positionierung des Blockes gefangen. Anschließend wird der Block an der Symmetrieachse gespiegelt.

- ![] einfüge ↵ gleis ↵ ![] von ↵ @2.35,.35 ↵
- ![] spiegeln ↵

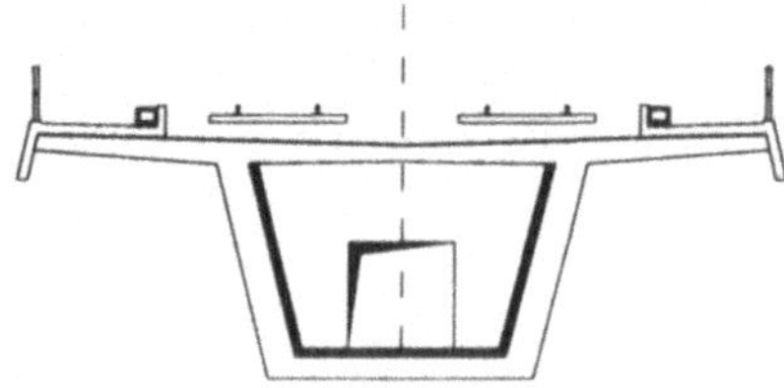

6.22 Arbeit mit Ansichten

Linientyp laden und einsetzen

Die Schotterobergrenze wird mit dem Linientyp ZICKZACK erstellt (Strichart Zickzack aus Datei laden, Grenzlinie anlegen).

- ![] linientp ↵
- ![] linie ↵

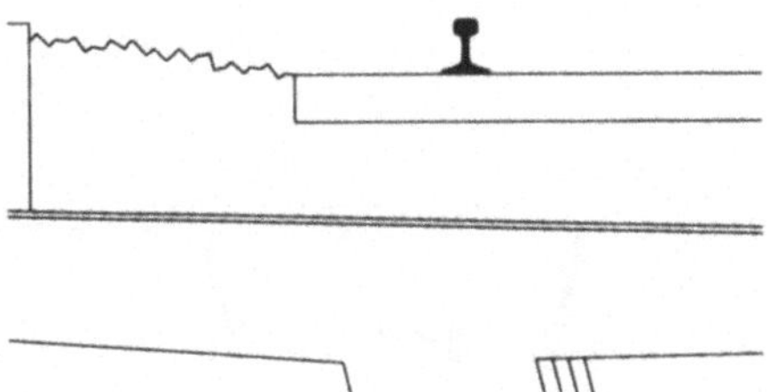

Ansichten speichern

Hier wird eine Detailansicht vor der Erstellung der Schraffur mit Namen gekennzeichnet und gespeichert.

-  **ddview** ↵

Schraffurbereich sichtbar machen

Die Schraffur kann erst dann angelegt werden, wenn der gesamte Bereich im
Bildschirm erkennbar ist.

- 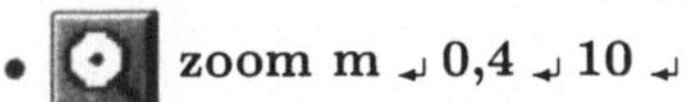 **zoom m** ↵ **0,4** ↵ **10** ↵

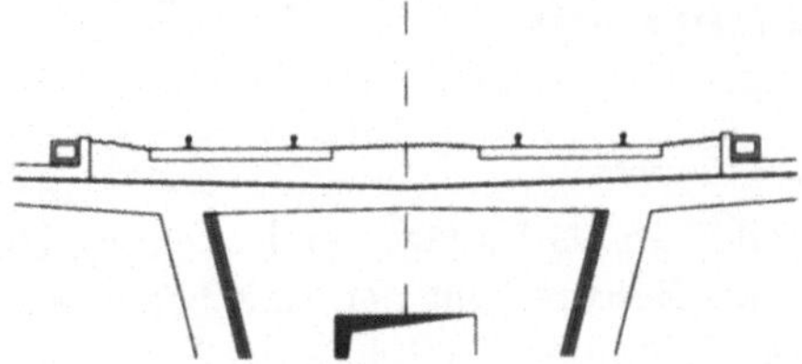

Schraffieren

Die Schraffur der Schotterfläche erfolgt mit dem Muster **AR-CONC**. Dazu wird
der Punkt innerhalb des zu schraffierenden Bereiches eingegeben. Die Definition der Schraffurgrenze ist auch als Punkteingabe eines gedachten Polygons
möglich.

-  **gschraff** ↵

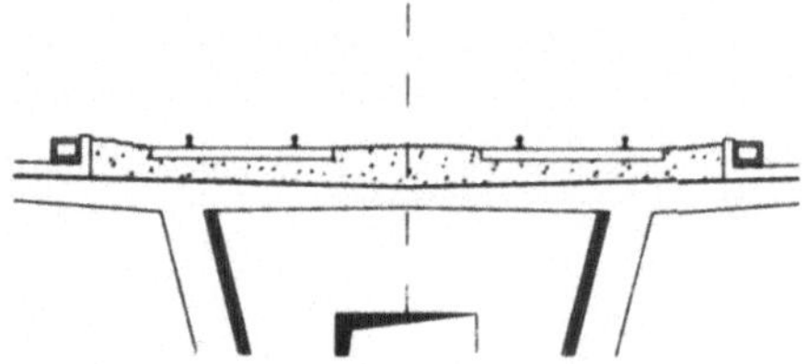

Ansichten aufrufen

Der vor der Schraffurerstellung gespeicherte Ausschnitt wird im endgültigen
Zustand neu aufgerufen.

-  ddview ↵

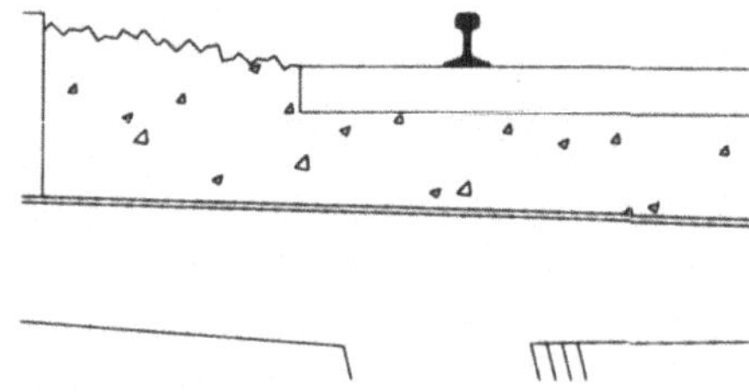

6.23　Papierbereich

Beschriftung

AutoCAD bietet Titelblöcke als Vorlage zur Erstellung DIN-gerechter Zeichnungen. Im folgenden die Beschreibung der Eingabeparameter zur Einrichtung
des DIN A3-Bereiches: die Option Titelblock der Funktion **mvsetup** wird aktiviert, ISO A3 Format wird aus der Liste gewählt. Auf die Erstellung einer
separaten Zeichnungsdatei für den Titelblock wird hier verzichtet. Nach Erstellung des Titelblockes wird der Fensterbereich durch zwei Eckpunkte eingegeben.

- pbereich ↵

- 　　mvsetup ↵ t ↵ 2 ↵ n ↵ e ↵ 1 ↵ ↵

Fensterinhalt im Papierbereich anpassen

Der Inhalt des Modellfensters im Papierbereich wird zentriert und skaliert. Hierzu wird nach Aktivierung des Modellbereiches für die Funktion **zoom** die Mitte der Symmetrieachse gefangen.

- 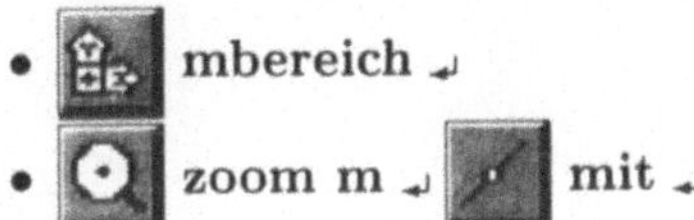 mbereich ↵
- zoom m ↵ mit ↵

Änderungen des Textes

Zur Erstellung der korrekten Beschriftung kann der vorhandene Text des Titelblockes geändert oder ergänzt werden. Hierzu muß wieder von der Bearbeitung des Fensterinhaltes auf die des Fensterrahmens umgeschaltet werden.

- tilemode ↵ ↵ 0 ↵
- ddedit ↵

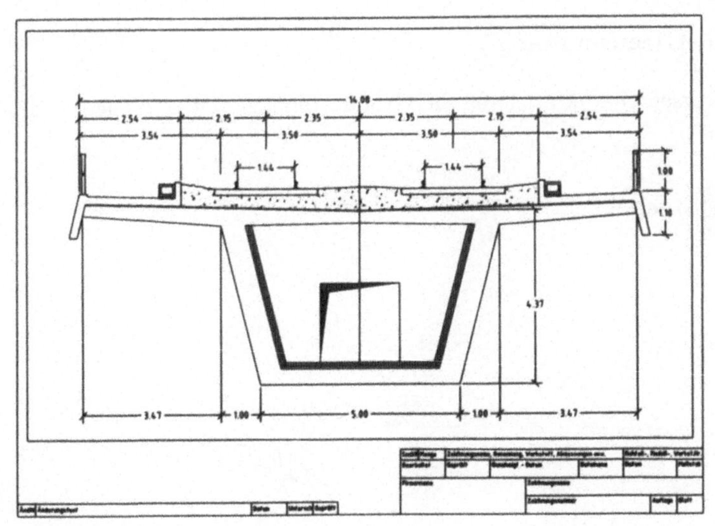

Alternativen

Der Querschnitt kann natürlich auch ohne die Definition eines Titelblockes im Modellbereich direkt erstellt werden.

-  plot ↵

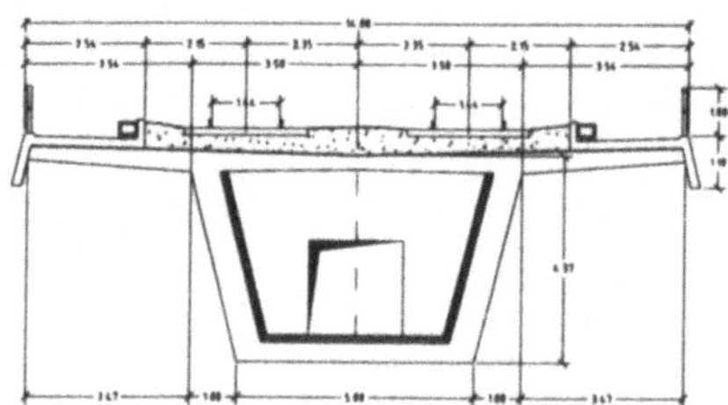

6.24 Große Datenmengen organisieren

Als Beispiel der Anwendung beschrifteter Achsen und Attributen in Blöcken dient die Grundrißgeometrie mitsamt der Bezugsachsen eines Hochhauses, welches trotz einfacher Hauptachsen im Detail sehr komplex wird.

Symmetrieausnutzung

Drei Achsen charakterisieren die Grundgeometrie. Diese dienen auch als Spiegelachsen.

-  spiegeln ↵

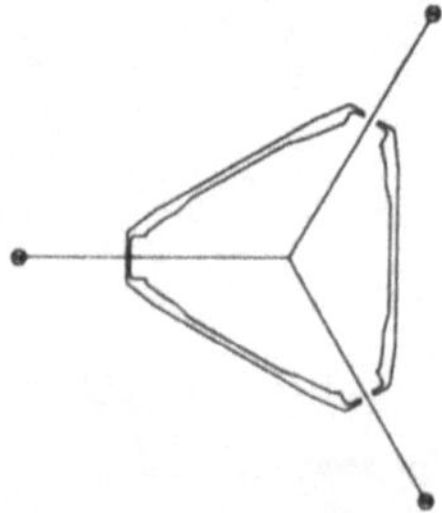

Layereinteilung

Die Elemente der Darstellung können thematisch gegliedert werden, wie z.B.
in Layer ACHSEN, AUSSENWAND, BODENPLATTE, PFAEHLE usw.

-  layer ↵

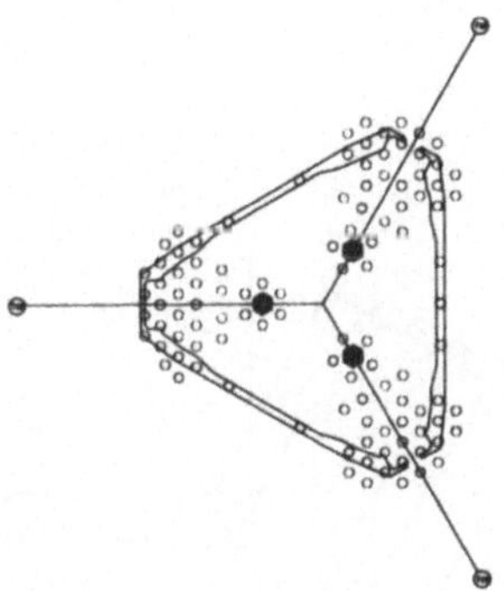

Blockeinsatz mit Attributen

Besonders bei sich wiederholenden Elementen wie hier das Pfahlsymbol lohnt
sich der Einsatz eines Blockes mit Attributen.

- 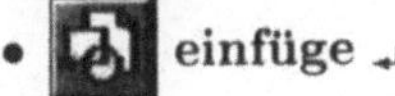 block ↵
- einfüge ↵

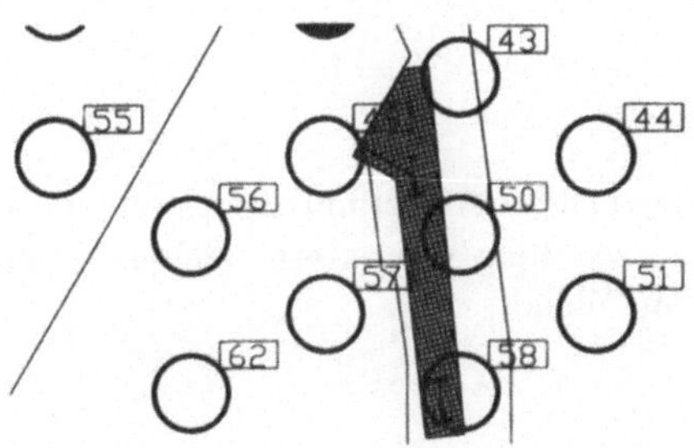

Achsenbeschriftung

Auch hier sind Blöcke zur effizienten Erstellung zu benutzen. Die sicheren Daten (exakten Werte) sollten nach Erstellung vor versehentlichen Änderungen geschützt werden, indem man deren Layer sperrt.

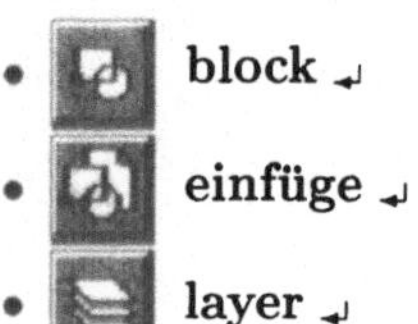

- block ↵

- einfüge ↵

- layer ↵

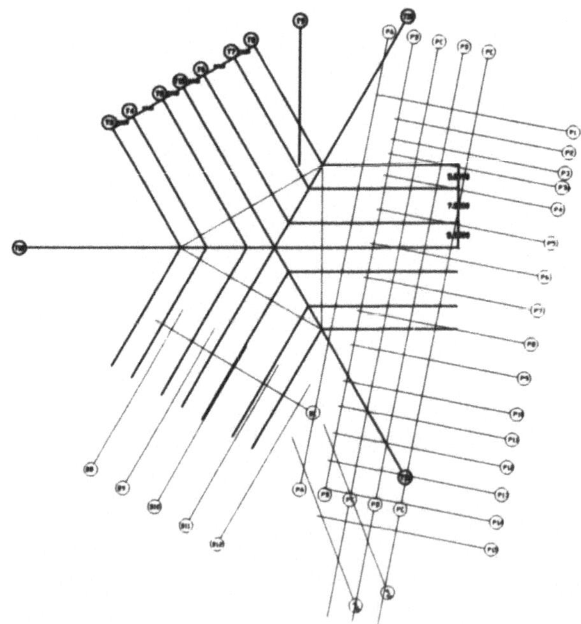

Sortierung der Daten

Bei großen Datenmengen ist die Aufteilung der Daten in übersichtliche Datengruppen nötig. Die Verwendung von extern referenzierten Daten erfüllt diese Anforderung zufriedenstellend.

-     xref ↵

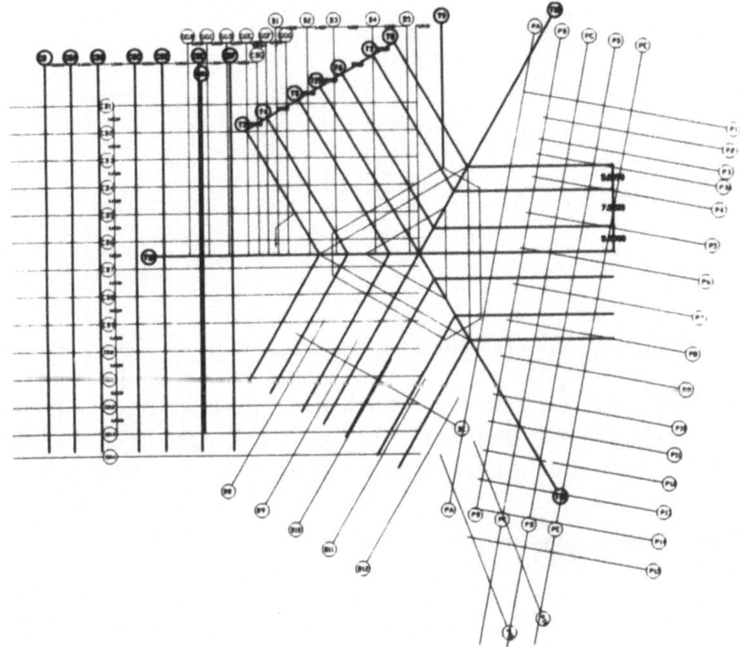

6.25 3D-Objekte

Ausgangsgeometrie anlegen

Ein Glasdach, bestehend aus zwei zylindrischen Bereichen mit einem Übergangsbereich, wird in diesem Beispiel nachempfunden. Die Randbereiche sind je zwei Geraden und zwei Bogen. Beide Eckpunkte werden direkt über Mausklick eingegeben.

Positionieren und Ansicht anpassen

Alle bis jetzt erstellten Objekte werden auf eine neue Lage verschoben. Die Eingabe ohne genaue Abmessungen geschieht hier mit der Absicht, möglichst schnell ein veränderbares Vormodell zu erstellen. Der Ausgangspunkt der Verschiebung kann z.B. am Schnittpunkt der Rechtecke gefangen werden.

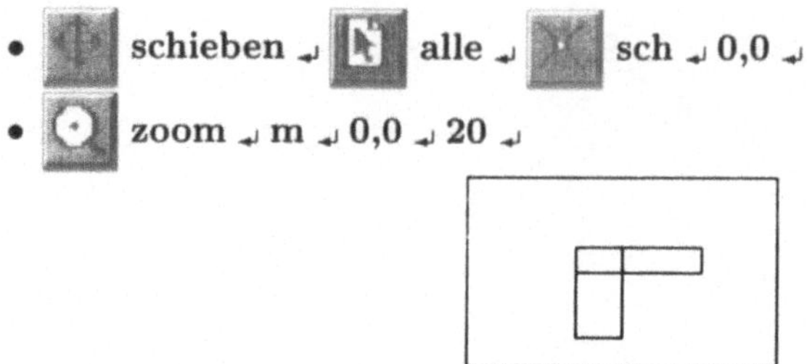

- schieben ↵ alle ↵ sch ↵ 0,0 ↵
- zoom ↵ m ↵ 0,0 ↵ 20 ↵

Umgrenzungselement erstellen

Ein umschließendes Rechteck wird durch den Eckpunkt rechts unten über Fangmodus Schnittpunkt bestimmt. Der zweite Eckpunkt links oben ist hier geschätzt und wird direkt über Mausklick eingegeben.

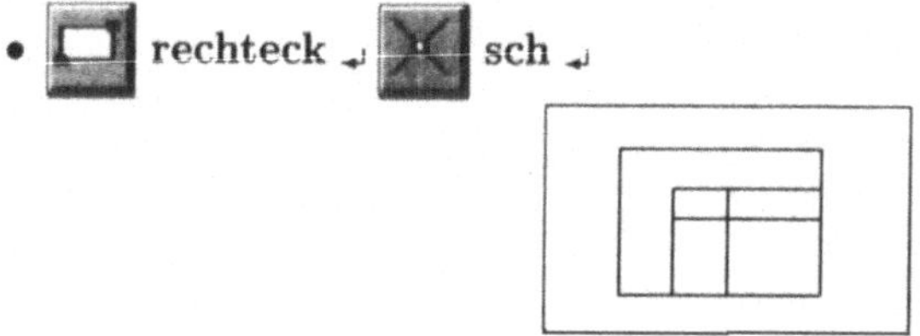

- rechteck ↵ sch ↵

Symmetrieachsen anlegen

Die Systemachsen lassen sich durch Konstruktionslinien andeuten. Hierzu ist der Fangmodus Mittelpunkt hilfreich. Sinnvoll zum Ein- und Ausschalten ist ein getrennter Layer mit dem Namen **ACHSEN** und hervorstechender Farbe.

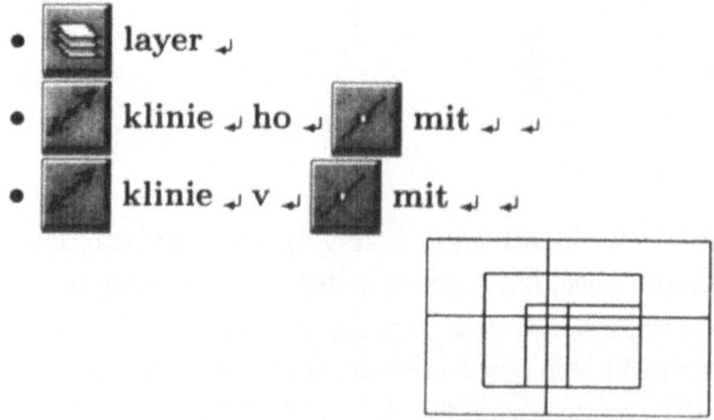

- layer ↵
- klinie ↵ ho ↵ mit ↵ ↵
- klinie ↵ v ↵ mit ↵ ↵

Schraffieren der Bereiche

Die Achsen sind für die Erstellung der Schraffuren störend, daher wird deren Layer ausgeschaltet und gleichzeitig ein neuer Layer für Schraffuren angelegt. Zwei unterschiedliche Schraffuren werden zur Unterscheidung der Bereiche angelegt.

- **layer** ↵

- **gschraff** ↵

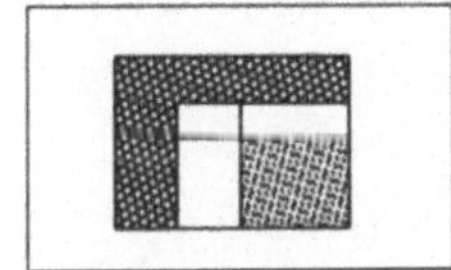

6.26 3D-Entwicklung

Vorbereitungen zur 3D-Entwicklung

In diesem Beispiel wird von einer genauen Dimensionierung abgesehen. Der Querschnitt der Zylinder wird als Halbkreis mit Durchmesser gleich der Rechteckbreite entwickelt. Zunächst werden zur Anschauung diese in die XY-Ebene gelegt.

- **bogen** ↵ **end** ↵ e ↵ **end** ↵ w ↵ 180 ↵

- **apunkt** ↵ 1,1,1 ↵

- **3ddrehen** ↵ **end** ↵ **end** ↵ 90 ↵

- **kopieren** ↵

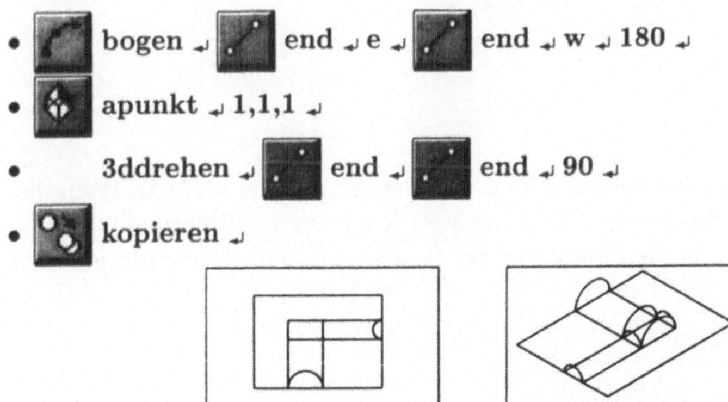

Anmerkung: alternativ zum Erstellen und nachträglichen Drehen der Objekte ist die Anpassung des Koordinatensystems denkbar (also parallel zur XZ- oder YZ-Ebene).

Kantendefinertes Objekt anlegen

Der Übergangsbereich wird als kantendefiniertes Objekt erstellt. Die benutzten Kanten sind hier die vier Kreisbogen.

-  kantob ↵

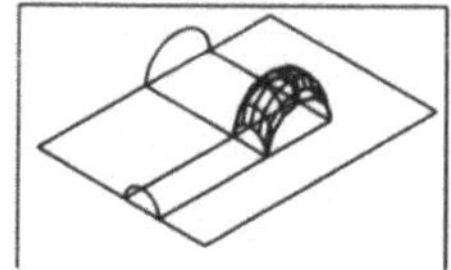

Regeloberflächen anlegen

Als Alternative zur kantendefinierten Oberfläche wird hier die Regeloberfläche behandelt. Wichtig ist die Auswahl der Kreisbögen im gleichen Quadranten, damit die Enden richtig zugewiesen werden.

-  regelob ↵

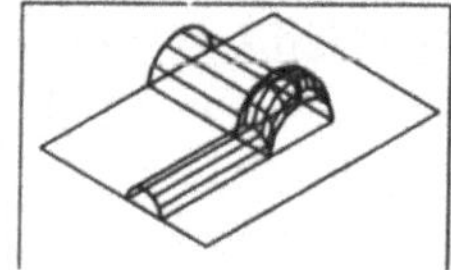

Quader anlegen

Drei Quader stellen die Volumina dar. Wichtig ist hier die korrekte Wahl des Ausgangspunktes, da nur positive Längen in X-, Y- und Z-Richtung verarbeitet werden. Vergleich: als Festkörper ist die Parametereingabe einfacher und flexibler.

-  3d ↵ q ↵

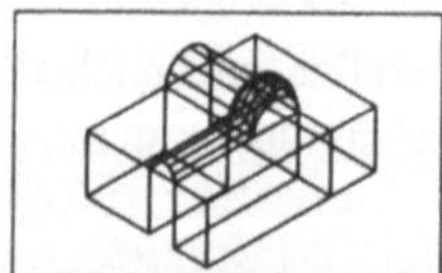

Hidden-Lines Ansicht

- 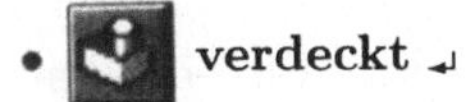 verdeckt ↵

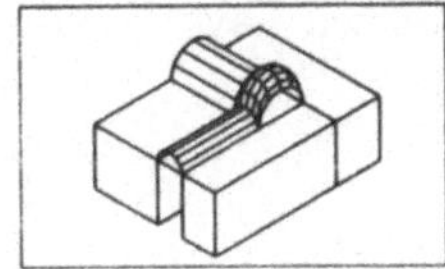

6.27   3D-Oberfläche

Hilfskonstruktion anlegen

Mittels **linie** werden Hilfslinien auf der oberen Ebene der Quader erstellt und anschließend in Z-Richtung verschoben. Die Funktion **verschieben** benötigt einen Satz von Objekten, die hier direkt angewählt werden.

- layer ↵

- linie ↵ mit ↵ lot ↵

- schieben ↵ 0,0,0 ↵ 0,0,10 ↵

- verdeckt ↵

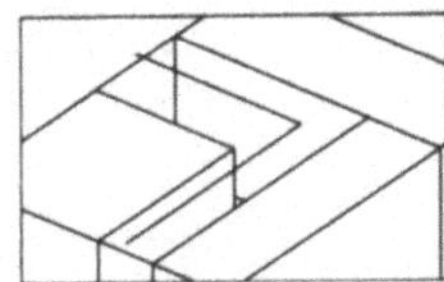

Spline-Kanten erstellen

Die zuvor erstellten Hilfslinien dienen als Vorlage für die Randkurven. Die Funktion **spline** wird hier zur Erstellung einer gekrümmten Kante herangezogen.

- layer ↵

- spline ↵ end ↵ end ↵ end ↵ ↵ ↵

- kopieren ↵ end ↵ end ↵

Gerade Kanten erstellen

Die Randlinien werden entweder gebrochen oder neu generiert. Auf jeden Fall ist es sinnvoll, diese im gesonderten Layer für die kantendefinierte Oberfläche anzulegen.

- 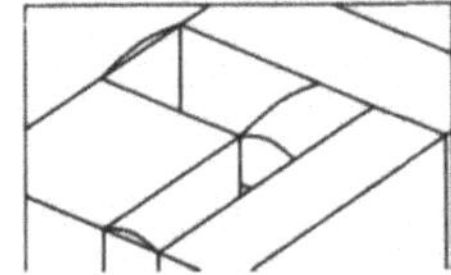 **linie** ↵ **end** ↵ **end** ↵
- **verdeckt** ↵

Oberfläche erstellen

Die Variablen zur Unterteilung werden je nach Fall umgesetzt.

- **surftab1** ↵ **6** ↵ **surftab2** ↵ **15** ↵
- **kantob** ↵
- **surftab2** ↵ **10** ↵
- **kantob** ↵
- **surftab1** ↵ **10** ↵ **surftab2** ↵ **15** ↵
- **verdeckt** ↵

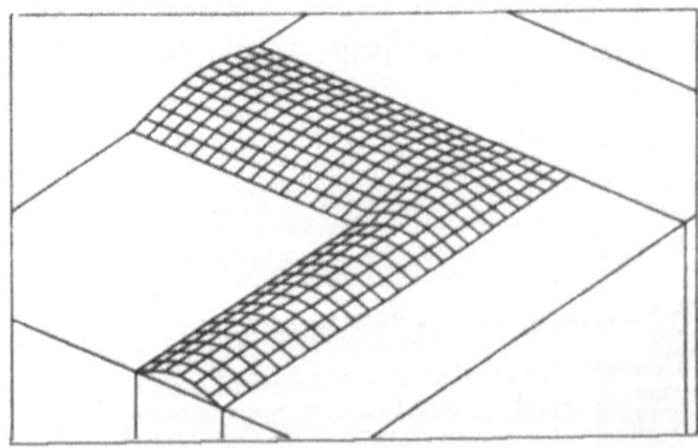

6.28   Netzoberfläche

Systemachsen anlegen

Die Ansicht wird zur visuellen Kontrolle vom vorgabemäßigen Grundriß auf eine axonometrische Sicht umgestellt. Systemachsen werden mit **klinie** angelegt. Anschließend werden deren Schnittpunkte als Basispunkte für in Z-Richtung ausgerichtete Linien benutzt. Die erste erstellte vertikale Linie wird als **letzte** angesprochen und mehrmals mit Hilfe des Fangmodus Schnittpunkt exakt eingefügt.

- apunkt ⏎ 1,2,3 ⏎

- klinie ⏎ ho ⏎ 0,0 ⏎ 0,10 ⏎ 0,-10 ⏎

- klinie ⏎ v ⏎ 0,0 ⏎ 10,0 ⏎ -10,0 ⏎

- linie ⏎ sch ⏎ @0,0,10

- kopieren ⏎ letzte ⏎ m ⏎ end ⏎ ⏎

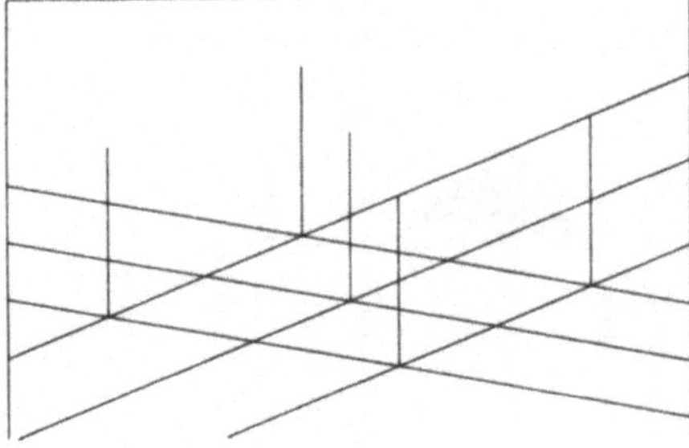

Kegel einsetzen

Zwei unterschiedliche Kegel werden als Stützen verwendet. An dieser Stelle wird von einer genauen Zahlenangabe des Verhältnisses Radius-Höhe der Kegel abgesehen.

- 3d ⏎ k ⏎

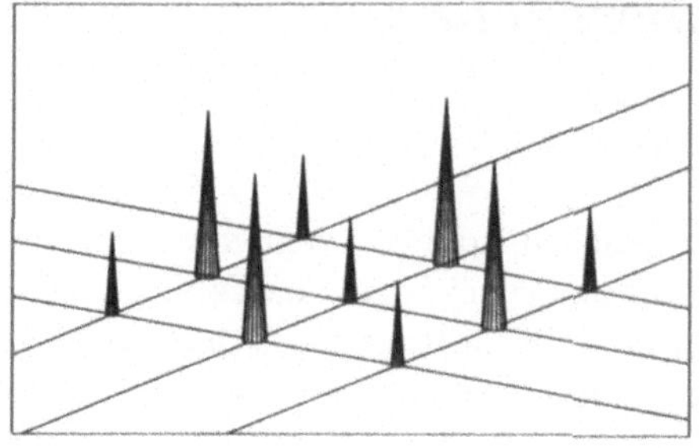

3d-Netz anlegen

Die Eckpunkte werden über Fangmodus Endpunkt direkt aus den Kegelspit-
zen ermittelt. Die Einteilung des Netzes wurde hier auf 50 in beide Richtungen
festgesetzt. Der Layer mit den Konstruktionslinien wird gefroren, da er nicht
mehr benötigt wird.

- **layer** ↲

- **3d** ↲ **n** ↲

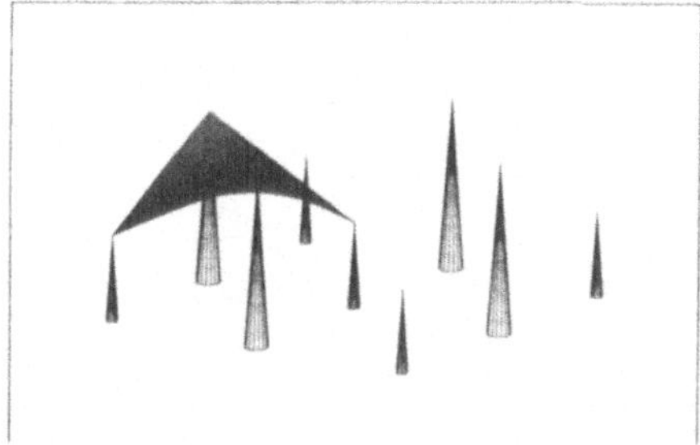

Varianten der Vervielfältigung

Die restlichen Flächen lassen sich relativ schnell erstellen, entweder durch Spiegelung der symmetrischen Figur oder durch Kopieren. Auch eine polar angeordnete Reihe führt zum Ziel.

- **reihe** ↲ **p** ↲ **0,0** ↲ **4** ↲ **360** ↲ **j** ↲

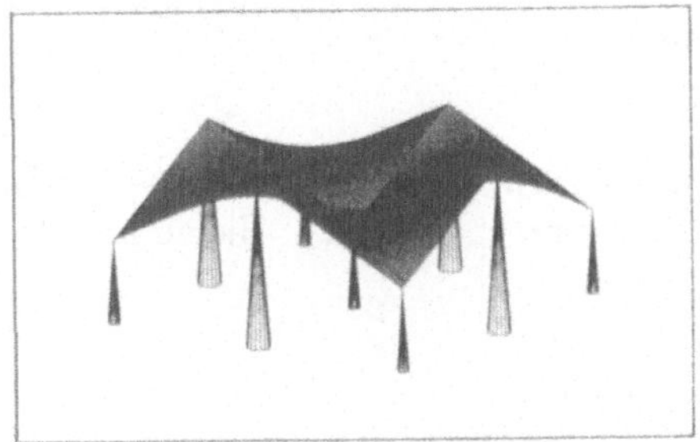

6.29 Kantendefinierte Oberfläche

Kantendefinition

Die kantendefinierte Variante wird in diesem Beispiel in X- und Y-Richtung unterschiedlich generiert, einmal mit Kreisbögen, einmal mit Splines, wodurch die Fläche nicht symmetrisch wird. Die Spline kann direkt in 3D ohne Anpassung des Koordinatensystems eingegeben werden. Von einer Tangentenbestimmung wird hier abgesehen. Der Bogen wird zum exakten Kopieren über einen Endpunkt gefangen.

- **bks** ⏎ **3p** ⏎ **end** ⏎ **end** ⏎ **end** ⏎

- **bogen** ⏎ **3p** ⏎ **end** ⏎ **end** ⏎ **end** ⏎

- **kopieren** ⏎ ⏎ **end** ⏎ **end** ⏎

- **bks** ⏎ **w** ⏎

- **spline** ⏎ **end** ⏎ **end** ⏎ **end** ⏎ ⏎ ⏎

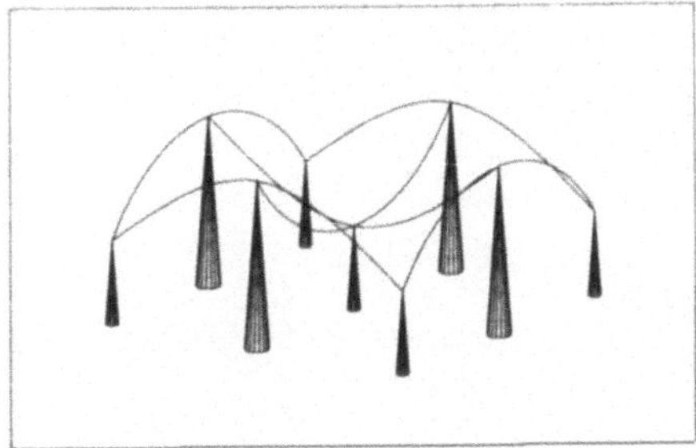

Flächengenerierung

Um aus den Kanten eine dem Netz entsprechende Teilfläche zu generieren, müssen die Kanten noch gebrochen werden. Hierzu müssen sie natürlich selektiert werden.

- ⌑ bruch ↵ e ↵ end ↵ end ↵

- surftab1 ↵ 20 ↵ surftab2 ↵ 20 ↵

- ⌑ kantob ↵

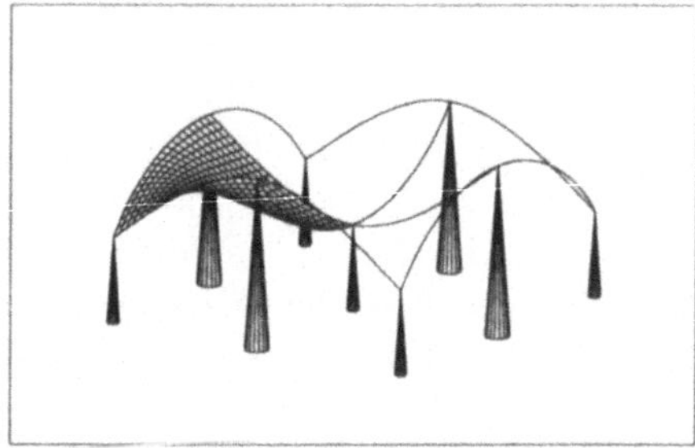

Durch zweifache Spiegelung ist die Gesamtfigur leicht erstellt (Objektwahl).

- ⌑ spiegeln ↵ 3p ↵ 0,0 ↵ end ↵ ↵ end ↵

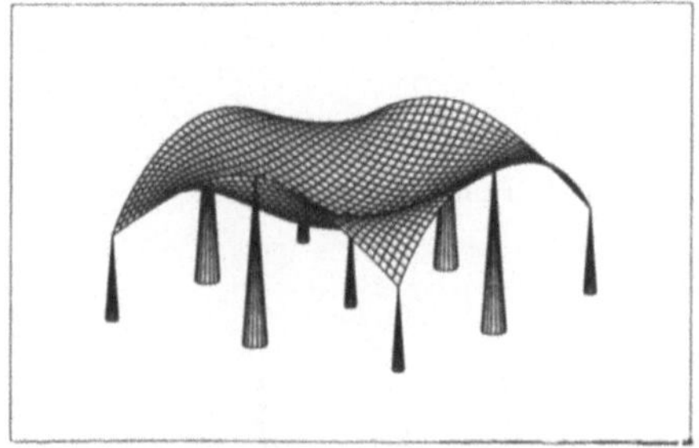

- apunkt ↵ 2,1,0 ↵

- ⌑ zoom ↵ g ↵

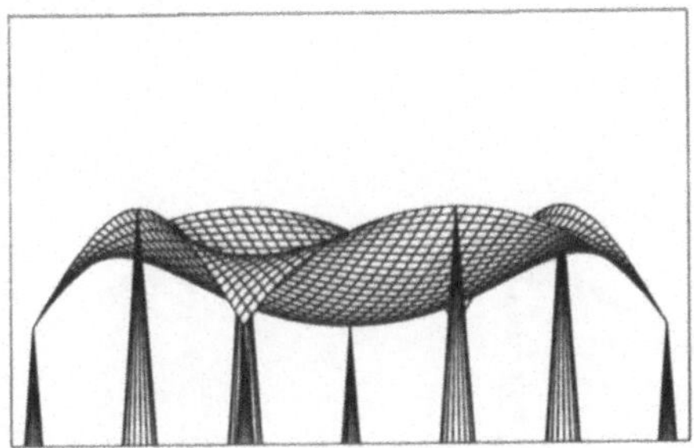

Ansichterstellung

Die Ansicht mit zugehöriger Layerumschaltung.

-  **layer** ↵

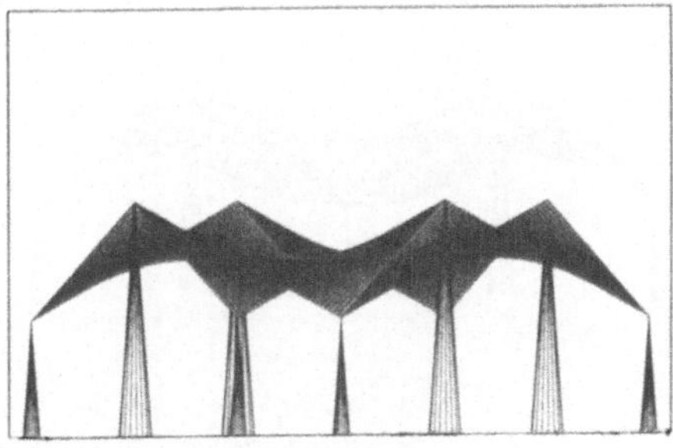

Die Ansicht in 45 Grad-Winkel zur X-Achse.

- **apunkt** ↵ **1,1,0** ↵

- **zoom** ↵ **g** ↵

Im Falle des Netzes (Regelfläche) ergibt die Fläche eine parabolische Kontur (Ausnahme: Schar von Geraden durch einen Punkt, wenn genau in Richtung der Erzeugenden projiziert wird.)

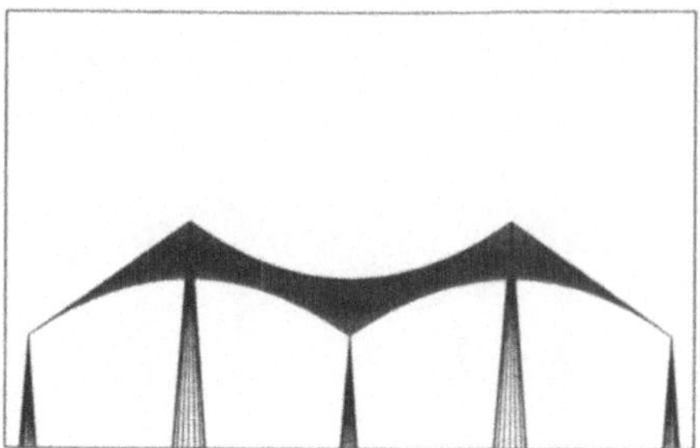

Beide Oberflächen im direkten Vergleich: die zugehörigen Layer wurden aktiviert (getaut).

-     **apunkt ↵ 1,1,0 ↵**

Diese Projektionsrichtung ergibt die Diagonalansicht, die Stützen gleicher Grös-
se liegen hintereinander. Man beachte die unsymmetrischen Dachbereiche, die
durch unsymmetrische Definitionskanten (Spline und Bogen) entstanden sind.

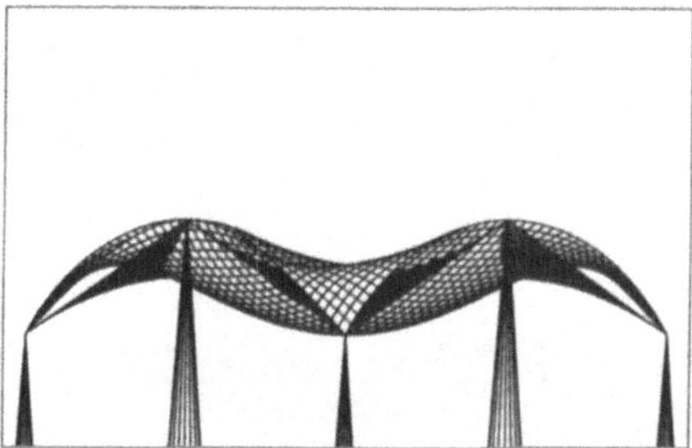

Vergleich der Flächen

Detail der Coons-Oberfläche: die Blickrichtung wird geschätzt, ein Fensteraus-
schnitt definiert.

-     **apunkt ↵**
- **zoom ↵**
- **verdeckt ↵**

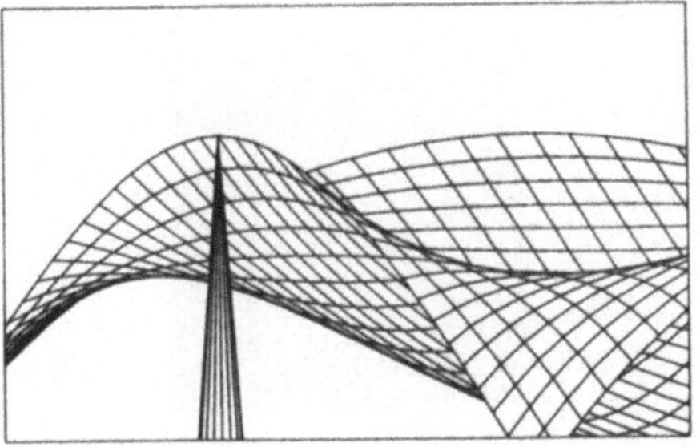

Detail der Netzfläche: durch Umschaltung der Layer wird nur die Netzvariante sichtbar.

-       **apunkt** ↵ ↵
- **zoom** ↵
- **verdeckt** ↵

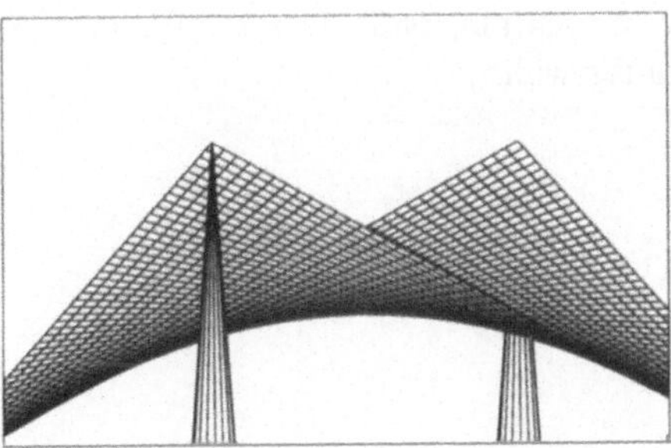

Grundrißdarstellung zur Verdeutlichung der Geometrie: die Oberflächen sind in der Grundrißprojektion identisch.

-       **apunkt** ↵ **0,0,1** ↵
- **zoom** ↵ **m** ↵ **0,0** ↵ **25** ↵

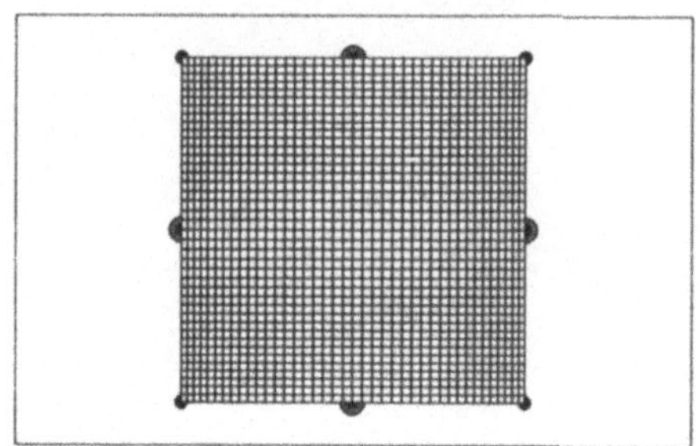

6.30   Rotationsflächen

Spline und Linie erstellen

Ein Spline wird als Ausgangskontur erstellt, um zwei Fälle zu vergleichen. Die
Punkte werden hier direkt über Mausklick eingegeben. Der Orthomodus wird
vorübergehend aktiviert, um die Achse zu definieren. Die Variablen zur Unterteilung der Fläche werden angepaßt. Die Kontur und die Achse werden als
Übergabeparameter ausgewählt.

- 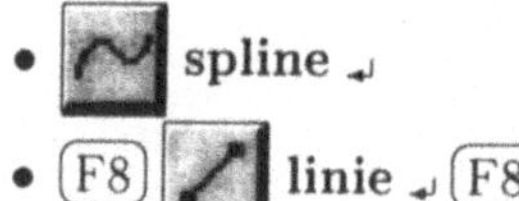 spline ↵
- F8 linie ↵ F8

Rotationskörper erstellen

Die Variablen zur Unterteilung der Fläche werden umgesetzt. Nach der Auswahl von Kontur und Achse wird diese generiert.

- surftab1 ↵ 5 ↵ surftab2 ↵ 6 ↵
- rotob ↵

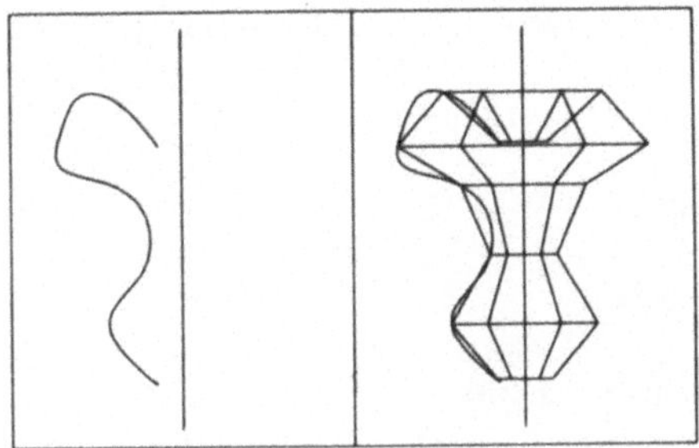

Varianten der Genauigkeit

Kontur und Achse werden auch hier ausgewählt. Zur Vergleichsmöglichkeit werden die Ausgangsobjekte kopiert. Es bietet sich an, mit unterschiedlichen Layern zu arbeiten. Man beachte die unterschiedliche Genauigkeit der Kurvenanpassung.

- layer ⏎
- kopieren ⏎
- surftab1 ⏎ 29 ⏎ surftab2 ⏎ 36 ⏎
- rotob ⏎

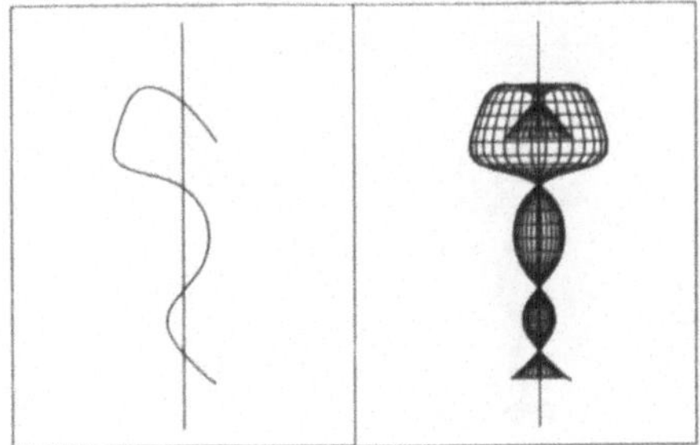

Ansichtsfenster

Zur Darstellung der unterschiedlichen Zustände und Projektionen wurden in diesem Beispiel mehrere Ansichtsfenster angelegt. Die Layer wurden in den Ansichtsfenstern unterschiedlich eingestellt. Der Bezugspunkt zum Zentrieren der Ansicht ist hier der BKS-Ursprung, mittig zwischen den Objekten gelegen. Mehrmals wird beim Aufruf von **aflayer** eine Liste der zu frierenden Layer eingegeben, deren Namen werden durch Kommas getrennt.

- **aflayer ↲ f ↲** ´

- **apunkt ↲ 0,1,0 ↲**

- 🔍 **zoom ↲ m ↲ 0,0 ↲ 1200 ↲**

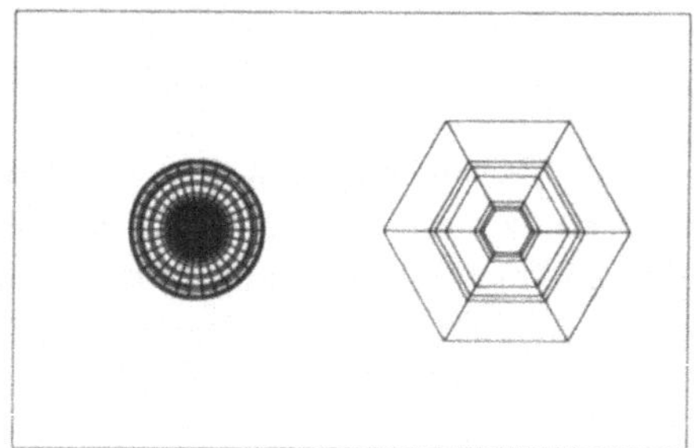

- **aflayer ↲ f ↲**

- **apunkt ↲ 0,0,1 ↲**

- 🔍 **zoom ↲ m ↲ 0,0 ↲ 1200 ↲**

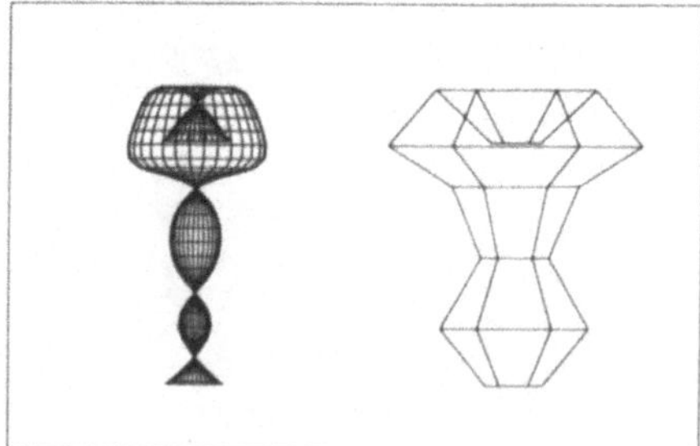

- **aflayer ↲ f ↲**

- **apunkt ↲ 1,1,1 ↲**

- 🔍 **zoom ↲ m ↲ 0,0 ↲ 1200 ↲**

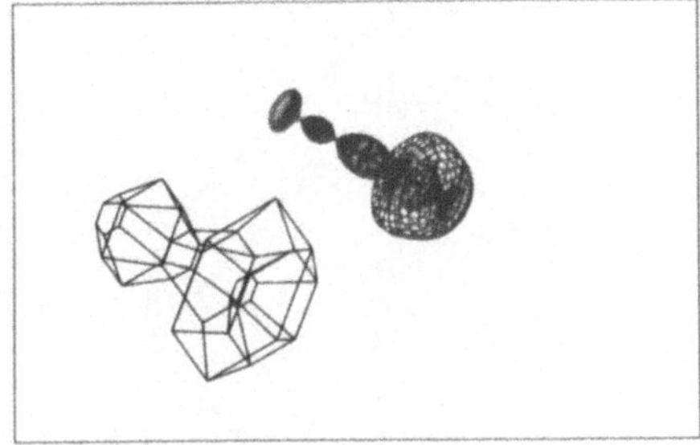

- aflayer ↵ f ↵

- dansicht ↵ alle ↵ ka ↵ ab ↵ zo ↵

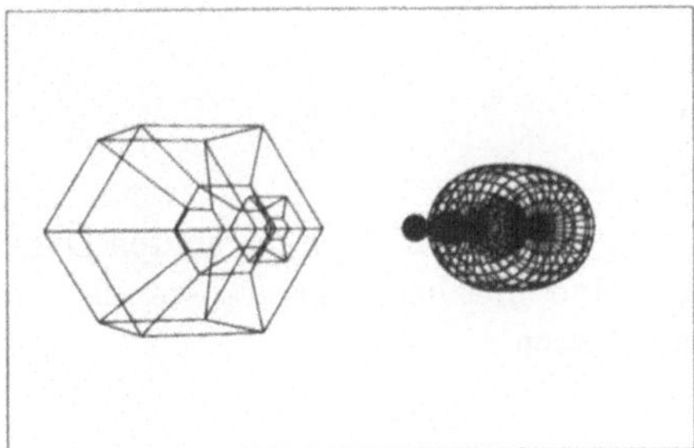

6.31 Baukastensystem in 3D

Element Stütze

Erstellung eines Stützenobjektes in einer getrennten Datei: stuetz1.dwg. Die gedachte Eingabeeinheit ist der Zentimeter. Festlegung der Abmessungen: Länge = 20, Breite = 30, Höhe = 300. Als Basispunkt wird der Schwerpunkt der unteren Querschnittsfläche gewählt. Zur Visualisierung wird hier die axonometrische Projektion gewählt. Durch den hohen Z-Wert des Projektionsvektors in bezug auf die X- und Y-Werte erscheint das Objekt stark verzerrt.

- quader ↵ -10,-15,0 ↵ 10,15,300 ↵

- apunkt ↵ 1,1,50 ↵

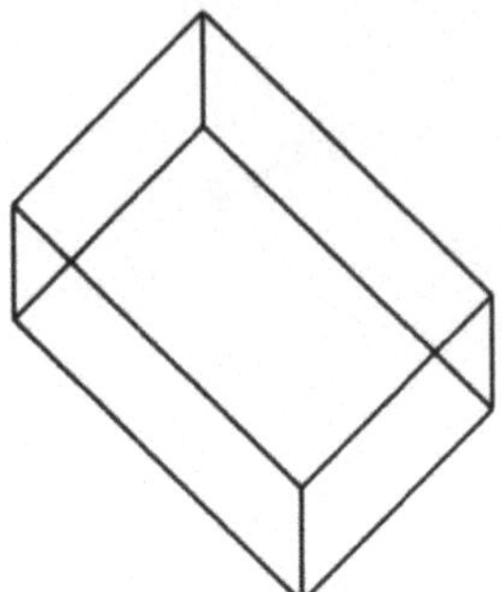

Element Unterzug

Erstellung eines Unterzugobjektes in einer getrennten Datei: unterz1.dwg. Folgende Voreinstellungen sind nützlich: Rasterabstände von 10 Einheiten und Fangabstände von 5 Einheiten.

- **ddrmodi** ↵

- F7 F8 F9

- **plinie** ↵

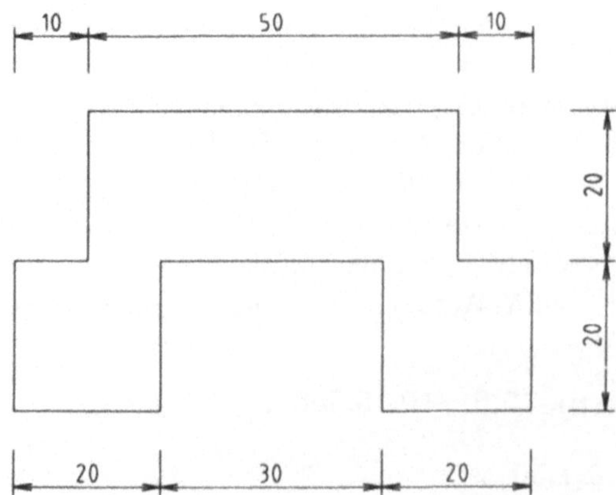

3D-Entwicklung

Extrusion der Kontur mit Höhe 500 und Winkel 0. Zur visuellen Kontrolle der Eingabe wird erneut die Axonometrie gewählt. Alternativ wäre das Objekt direkt durch 3 Quader erstellbar, die dann vereinigt werden. Die Ausnutzung der Symmetrie zur Spiegelung der Objekte ist hier vielleicht unangemessen. Die schnellere oder speichereffizientere Variante sollte gefunden werden.

- **apunkt** ↲ **1,3,25** ↲
- **extrusion** ↲ **500** ↲ **0** ↲

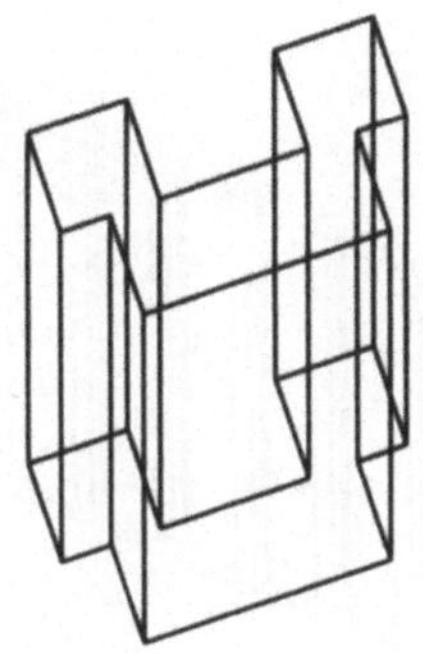

Element Deckenplatte

Erstellung eines Deckenobjektes in einer getrennten Datei: deckpl1.dwg. Geometrische Festlegungen: Querschnittsbreite = 500, Höhe = 20, Länge = 500, Aussparungen im Querschnitt trapezförmig, Unterseite = 60, Oberseite = 40, Höhe = 10, Abstand der Trapeze = 10. Wie beim Unterzug bietet sich hier die Konturextrusion zur Erstellung an.

- **plinie** ↲
- **extrusion** ↲ **500** ↲ **0** ↲

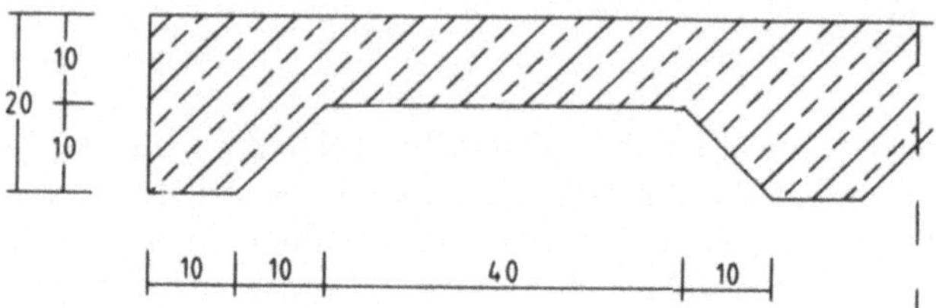

Kontrolle des Ergebnisses

- **apunkt** ↵ **1,2,3** ↵

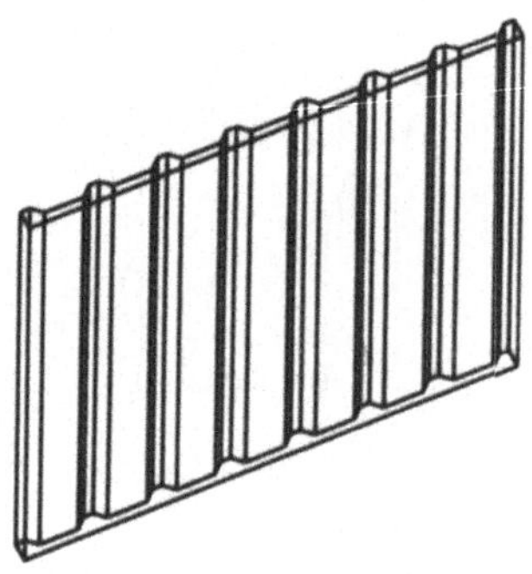

Fassadenelemente

Erstellung eines Fassadenobjektes in einer getrennten Datei: `fassel1.dwg`. Geometrische Festlegungen der Scheibe: Höhe = 300, Breite = 500, Dicke = 20, Aussparungsbreite = 260, Aussparungshöhe = 120, Unterkantenhöhe = 100, mittig angeordnet.

- **quader** ↵ **-250,0,0** ↵ **250,-20,300** ↵

- **quader** ↵ **-130,0,100** ↵ **130,-20,220** ↵

- **apunkt** ↵ **1,1,1** ↵

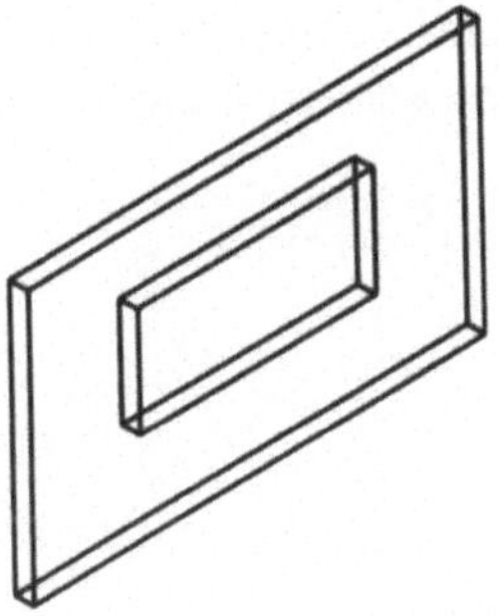

Aussparung erstellen

Die Fensteröffnung wird durch Volumensubtraktion erzeugt.

- 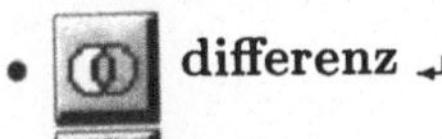 **differenz** ↵

- **verdeckt** ↵

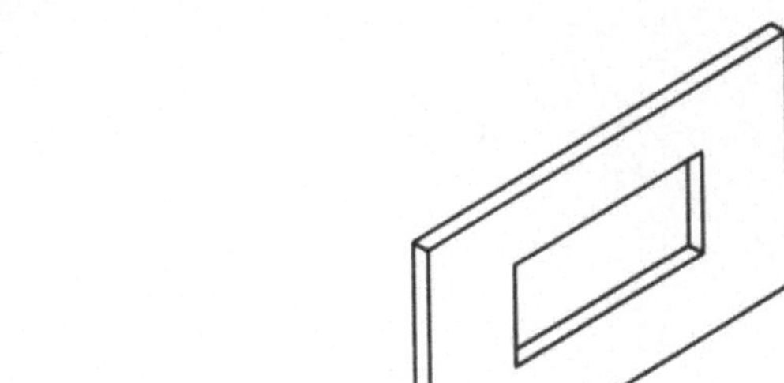

6.32   Elementiertes 3D-Modell

Erstellung der Referenzpunkte

Die Schnittpunkte von Achsen oder Bezugspunkte der einzufügenden Geometrien sollten an erster Stelle fehlerfrei erstellt werden. Im folgenden werden in der Hauptdatei, die auf Elementdateien zugreifen wird, Layer für die Achsen angelegt. Die Schnittpunkte der Achsen (Konstruktionslinien) werden hier als Punkte erzeugt und auf einem gesonderten Layer abgelegt. Dabei werden die Punkte durch Fangen der Achsenschnittpunkte bestimmt. Horizontale, vertikale und schräge Konstruktionslinien werden eingegeben. Der Objektfang Schnittpunkt wird zur beschleunigten Eingabe vorübergehend aktiviert.

- 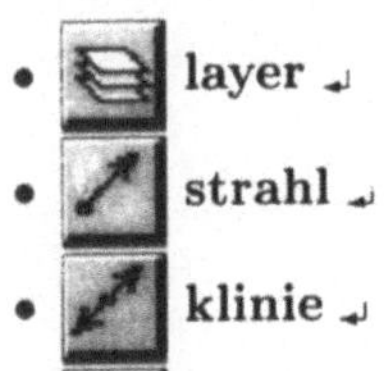 layer ↵

- strahl ↵

- klinie ↵

- layer ↵

- ddosnap ↵

- punkt ↵

- ddosnap ↵

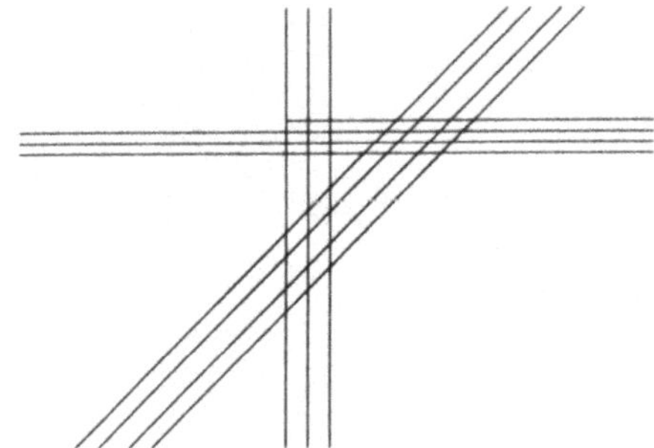

Kontrolle

Erstellen einer Kontrollbemaßung auf gesondertem Layer. Speichern der Struktur als Platzhalter: die formunabhängigen Daten des Gesamtkomplexes werden im voraus definiert.

- layer ↵

- bemlinear ↵

- sichern ↵

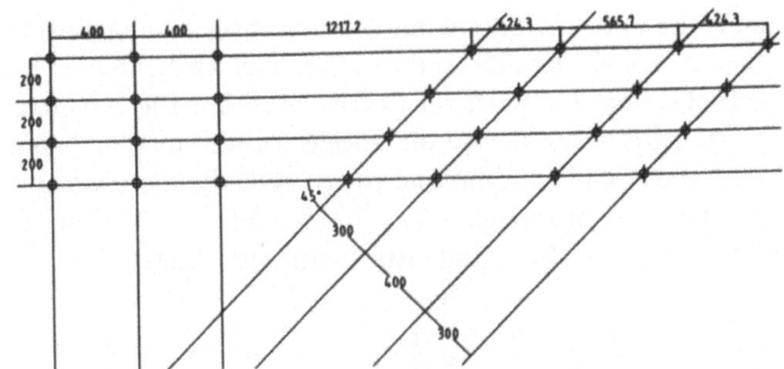

Elementzuordnung

Die erstellten Elemente Stütze, Platte usw. werden im folgenden eingesetzt
(z.B. Zuordnen der Datei **stuetz1.dwg**). Das extern referenzierte Objekt wird
wie ein herkömmliches, internes Objekt behandelt. Es wird ausgewählt und
mehrmals eingefügt, auf den Basispunkt zurückgreifend. Im Dialogfenster sind
die Festlegung des Einfügepunktes (alternativ: Fangmodus), die Eingabe der
Skalierungen in X- und Y-Richtung und des Einfügewinkels möglich .

- apunkt ⏎ -1,1,1 ⏎

- xref ⏎ z ⏎ pun ⏎ 1 ⏎ 1 ⏎ 0 ⏎

- kopieren ⏎ m ⏎ bas ⏎

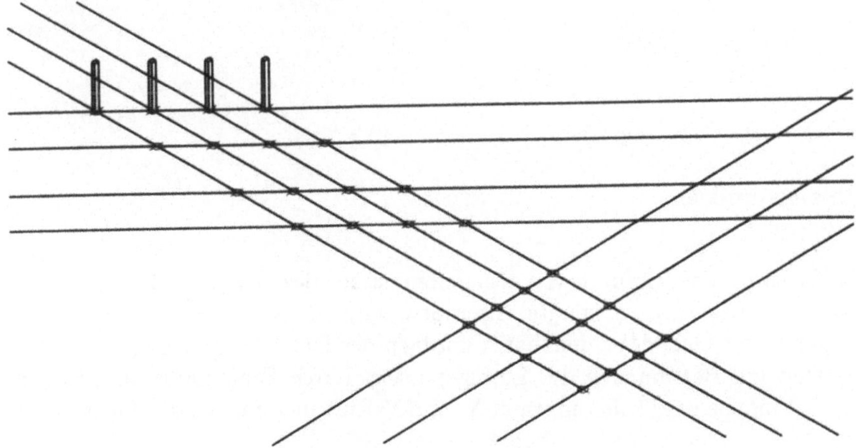

Die Funktion **reihe** in Kombination mit der zugehörigen Fangwinkeleinstellung führt auch hier zum Ziel. Der Abstand zwischen den Elementen ist maßgebend, nicht der Achsabstand. Als nächster Schritt wird ein Element der erstellten Gruppe kopiert. Alternativ könnte die nötige Anzahl an Elementen in einem Arbeitsschritt kopiert und anschließend relativ schnell über Fangmodi zurechtgeschoben werden. Die negativen Werte in X- und Y- Richtung werden hier über die Eckpunkte einer Zelle eindeutig bestimmt (Diagonale).

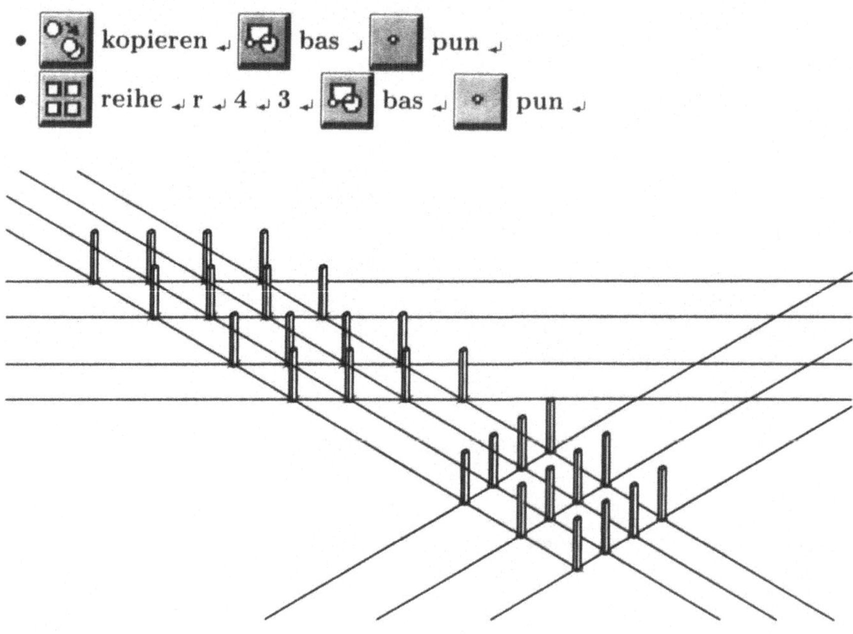

Bezugspunkte

Hilfreich für das Einfügen von Elementen ist ein Bezugspunkt, der hier in der Achse der Stütze liegen könnte. Alternativ wäre die Achse der Stütze auf einem Layer in der Quelldatei denkbar. Zuordnen der Datei **unterz.dwg** im Dialogfenster und Bestimmung des Einfügepunktes durch Fangmodus am Stützenkopf. Eingabe der Skalierungen in X- und Y-Richtung und des Einfügewinkels.

-         **apunkt** ↵ **1,1,1** ↵

- 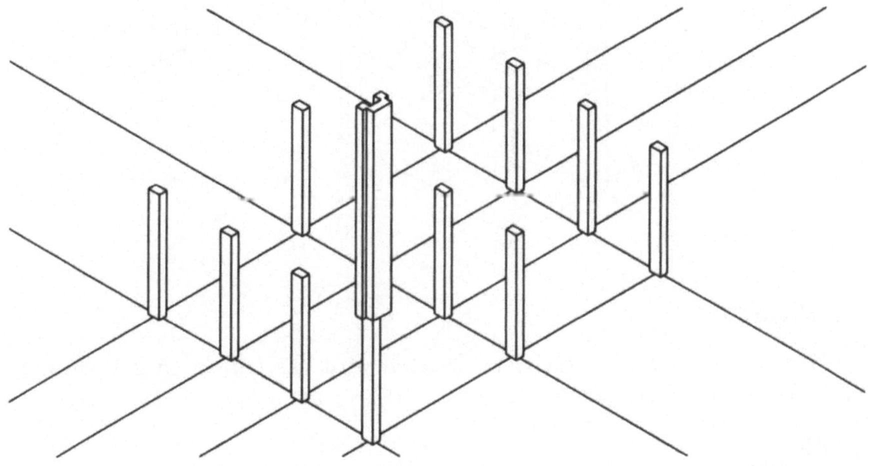 **zoom** ↵ **f** ↵

-         **xref** ↵ **z** ↵ **unterz.dwg** ↵ **mit** ↵ **1** ↵ **1** ↵ **0** ↵

Endgültige Lage

Die endgültige Positionierung kann durch direkte Parametereingabe oder durch Anpassung des Koordinatensystems vor dem Einfügen erfolgen. Oft sind aber die genauen Daten (Koordinatenausrichtung in der Quelldatei usw.) unbekannt, und eine Nachbearbeitung ist unumgänglich. Eine schrittweise Positionierung durch zwei Drehungen des Objektes wäre auch denkbar.

- 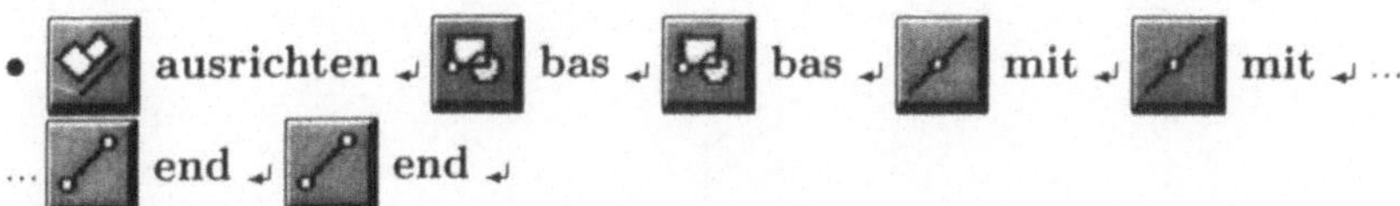 **ausrichten** ↵ **bas** ↵ **bas** ↵ **mit** ↵ **mit** ↵ ...
  ... **end** ↵ **end** ↵

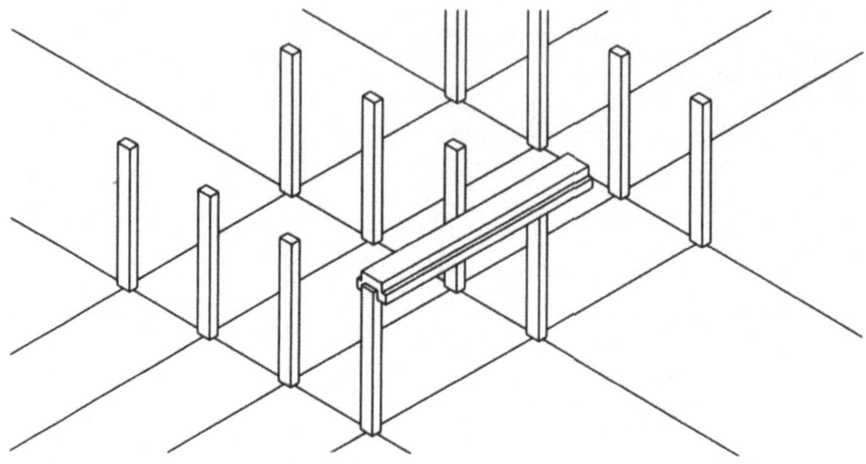

Korrekturen

Der Bemaßungslayer wird aktiviert. Danach wird das Objekt in Z-Richtung auf die gewünschte Länge skaliert.

-  **layer** ↵
- 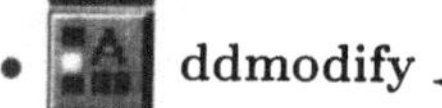 **ddmodify** ↵

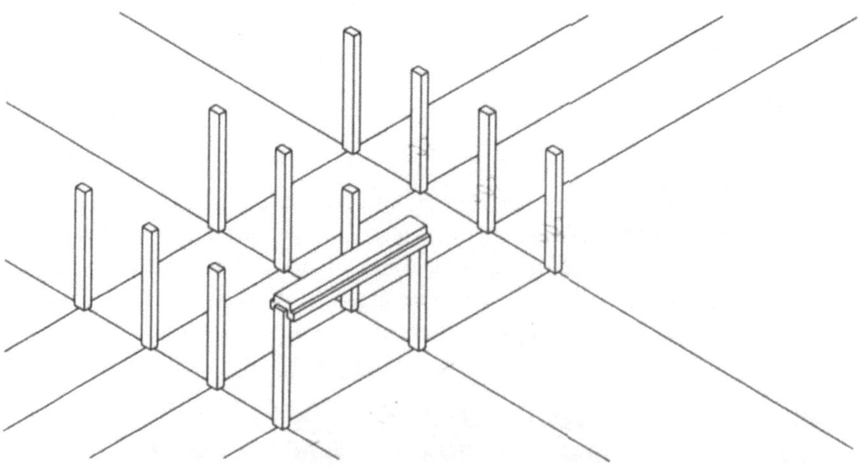

Ein Feld von Objekten ist gleichzeitig erstellbar: vier Elemente in Y- Richtung
mit dem Abstand von 200 Einheiten.

- 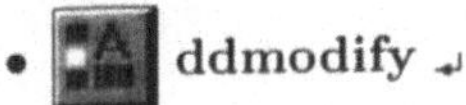 ddmodify ↵

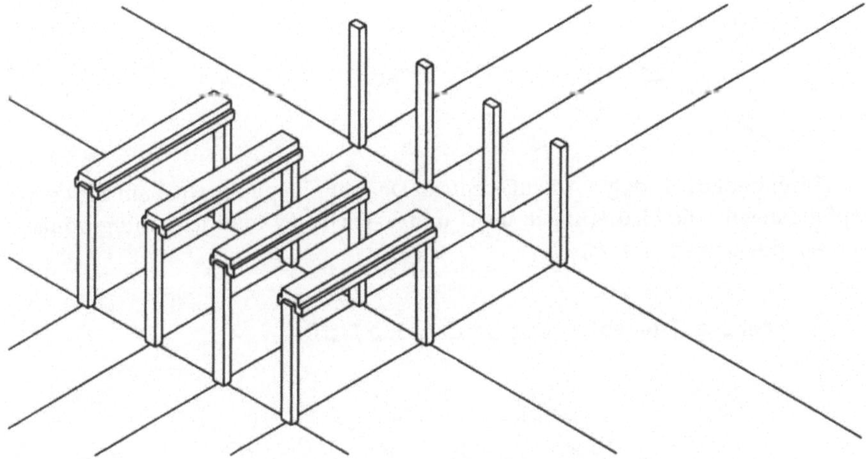

Die Anpassung der Geometrie ist auch über mehrere Arbeitsschritte möglich.
Die Bemaßungsinformationen können nach Bedarf durch Ausschalten des zugehörigen Layers deaktiviert werden.

- 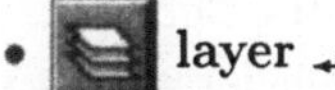 layer ↵
- 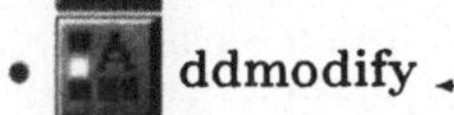 ddmodify ↵

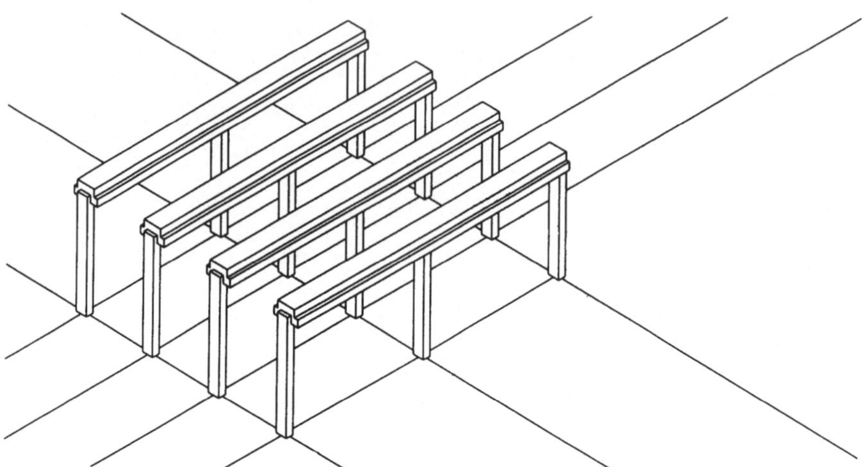

Die Datei `deckpl_1.dwg` wird zugeordnet. Der Einfügepunkt wird am Stützenkopf gefangen. Die Skalierungen in X- und Y-Richtung und der Einfügewinkel
werden eingegeben.

-     **xref ↵ z ↵ deckpl_1.dwg ↵ mit ↵ 1 ↵ 1 ↵ 0 ↵**

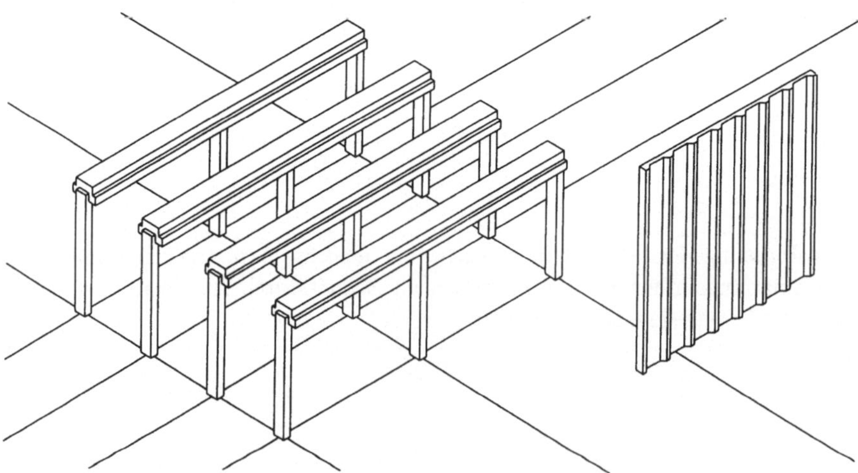

Wie gehabt kann die Geometrie angepaßt werden. Die Skalierung der Plat-
te in Z-Richtung des lokalen Koordinatensystems um den Faktor 0.3 erspart
Überlappungen und die daraus folgenden Überraschungen in den Ansichten.
Man beachte die Behandlung der koplanaren Kanten in der verdeckten Ansicht.

- 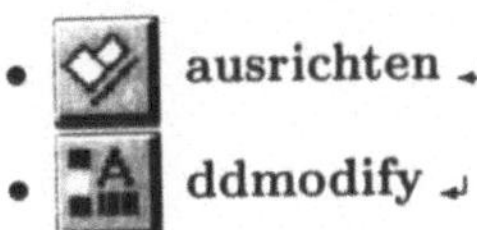 ausrichten ↵

- ddmodify ↵

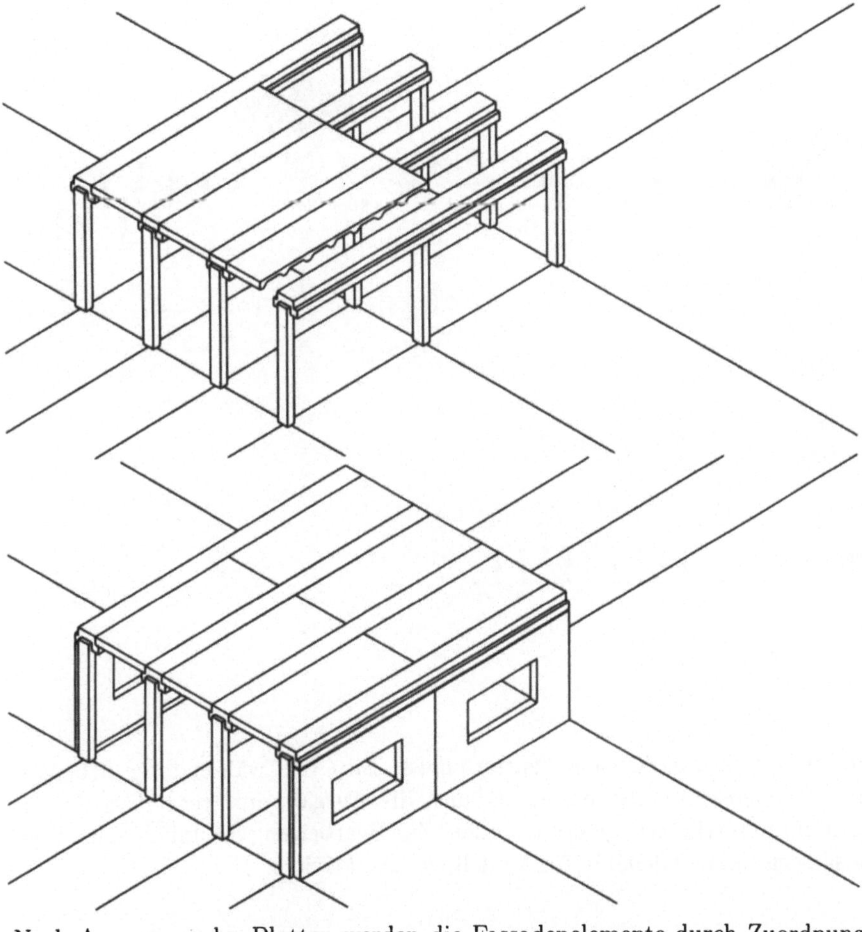

Nach Anpassung der Platten werden die Fassadenelemente durch Zuordnung der Datei **fassel1.dwg** bündig mit den Stützenaußenkanten eingefügt. Auf die Möglichkeit der Umschaltung in die verschiebbaren Ansichtsfenster des Papierbereiches wird hingewiesen. Das Programm stellt vordefinierte Typen zur Verfügung, hier wird der Typ Nr. 2 ausgewählt: **Std. Engineering**.

- **tilemode** ↵ **0** ↵

- 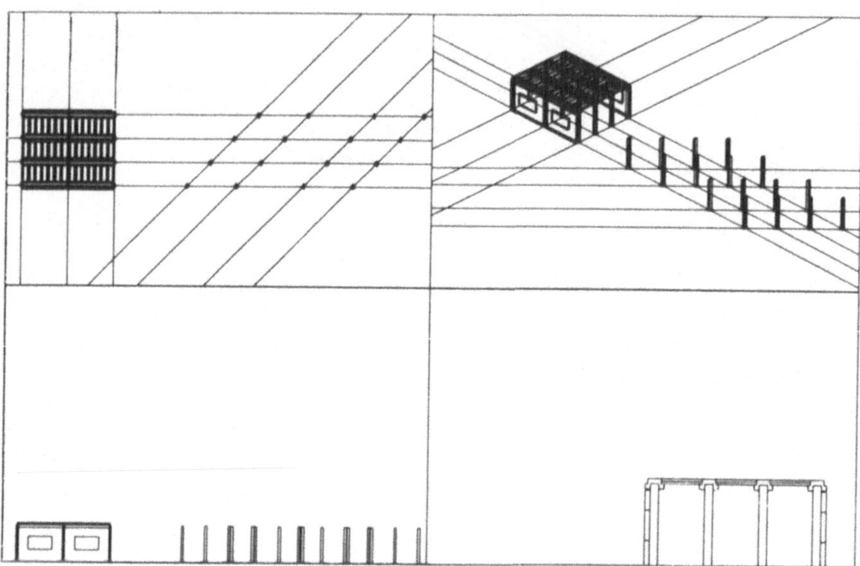 **pbereich** ↵

- **mvsetup** ↵ **e** ↵ ↵ **2** ↵ **0** ↵ **0** ↵

Sowohl die Sichtbarkeit des Fensterinhalts (Ein/Aus) während der Arbeit in einem anderen Ansichtsfenster als auch die Ausgabe mit verdeckten Linien kann im Papierbereich geregelt werden. Zur Bearbeitung des Inhaltes wird bei ausgeschaltetem Tilemode der Modellbereich aktiviert.

- **mbereich** ↵

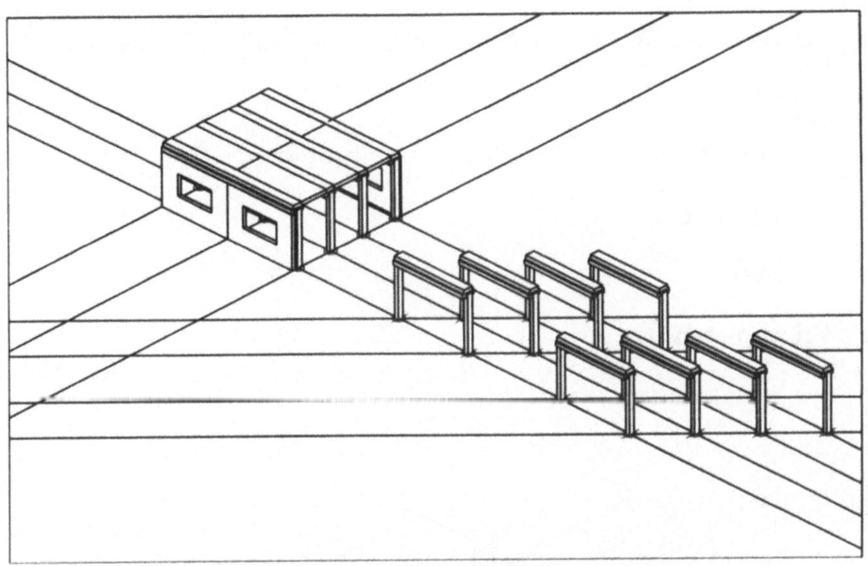

Erzeugung neuer Objekte

Im folgenden wird eine Platte erzeugt, deren Abmessungen vorerst eine direkte Folge der bestehenden Geometrie sind. Um weiterhin die Hauptdatei klein zu halten, wird die Platte zuerst als Block definiert und anschließend in eine gesonderte Datei abgespeichert. Der Blockeintrag muß dann gelöscht werden, um die Datei später referenzieren zu können. Die Punktfilter dienen hier als Bestimmungswerkzeuge für räumliche Koordinaten, die anders nur umständlich zu bestimmen sind. Hierbei wird exemplarisch ein virtueller Punkt durch Anlehnung an die Eckpunkte der benachbarten Unterzüge schrittweise erstellt. Danach wird das neue Objekt kopiert.

-  **quader** ↵ **.X** ↵ **end** ↵ **.YZ** ↵ **end** ↵ ↵ **.Y** ↵ **end** ↵ **.XZ** ↵ **end** ↵

-  **block** ↵

- **wblock** ↵

- **bereinig** ↵

- **xref** ↵

- **kopieren** ↵ **m** ↵

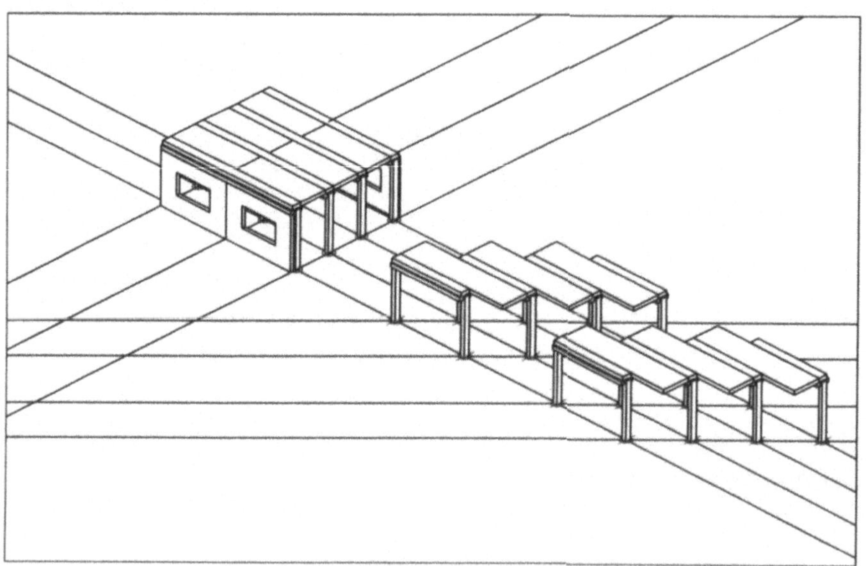

Vervielfältigung

Bei regelmäßigen Geometrien ist die Erstellung der Elementgruppe durch Kopieren und Verschieben in einem möglich (3DReihe), hier eine rechtwinklige Anordnung als Beispiel. Man beachte bei der Verwendung die Anzahl der resultierenden Elemente (5 Etagen, je 22 Elemente, also 110 Objekte).

- **3darray** ↵ **r** ↵ **1** ↵ **1** ↵ **5** ↵

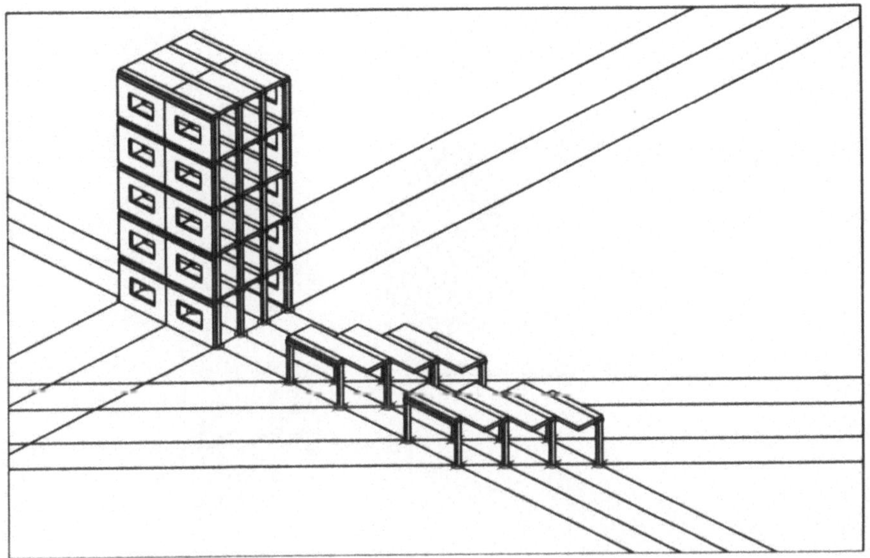

Zentralprojektion

Abschließend wird eine Zentralprojektion des Modelles erstellt. Die Optionen
Kamera, Abstand, Zoom und Punkte dienen unter anderem zur Kalibrierung
der Projektion. In diesem Falle ist der Beobachter unterhalb der Objekte.

- **dansicht ↵ ka ↵ ab ↵ z ↵**

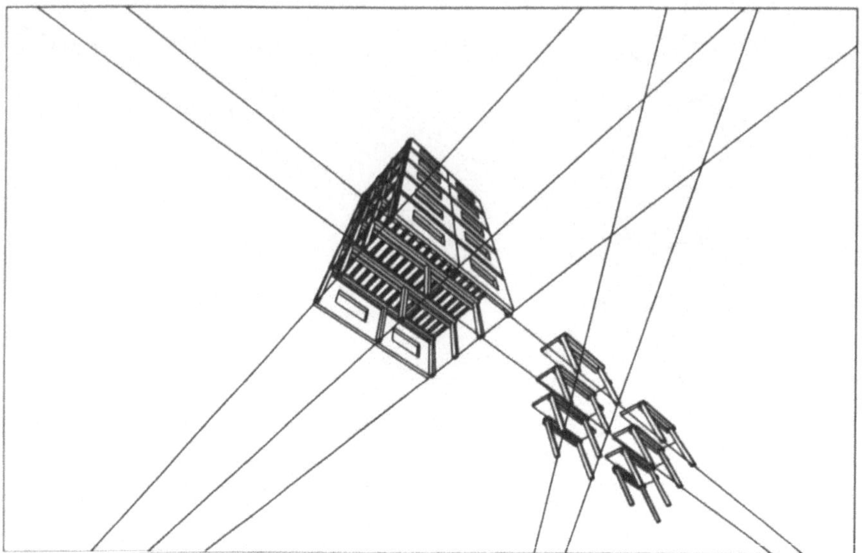

6.33   Brückenvarianten

In diesem fiktiven Beispiel sollen die Möglichkeiten des Systems zur Unterstützung der Entwurfsphase eines größeren Projektes dargelegt werden.

Grundgeometrie

Basierend auf einer gemeinsamen Ausgangsgeometrie können mehrere Ausführungsvarianten eingesetzt und verglichen werden. Die Applikation **mountain** kann zum Erzeugen des Gebietes herangezogen werden. Die Funktion **ursprung** dient dem Zerlegen des Blockes in Einzelkomponenten (hier 3D-Flächen). Ansichten werden benannt und gespeichert. Layer zur Arbeitseinteilung werden angelegt.

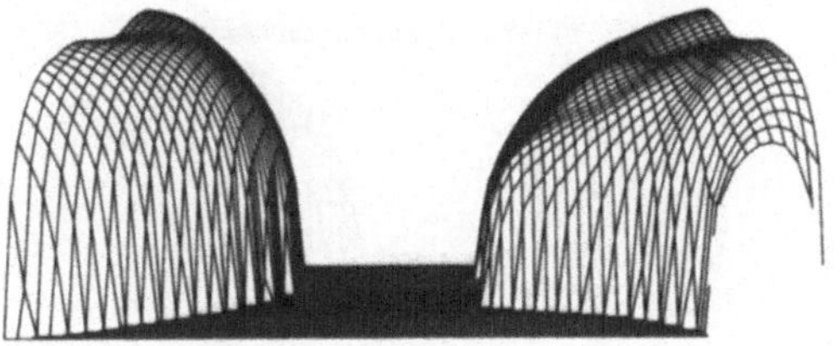

Grundzüge der Planung

Randbedingungen können gesondert eingegeben werden. Beispielsweise ist ein Layer namens BEZUGSACHSEN denkbar.

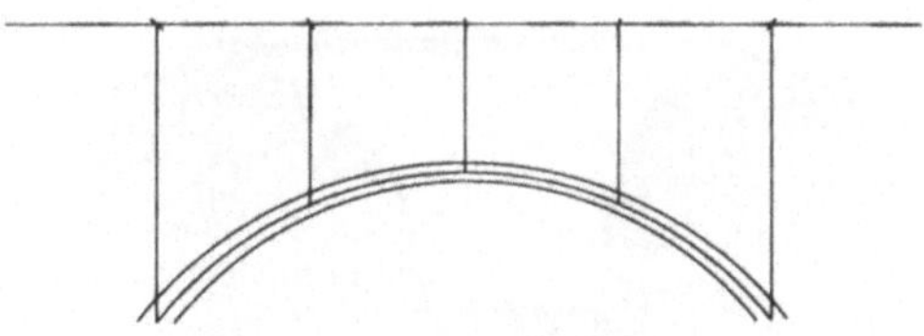

Alternativenvergleich

Erste Kontrollen sind durch Aktivierung der einzelnen Layer möglich. Im 3D-Bereich ist die Bezeichnung Ebene (engl. layer) nicht als herkömmliche zweidimensionale Fläche zu verstehen, sondern als Gruppierung von graphischen und Textobjekten, welche keinen räumlichen Begrenzungen unterliegen.

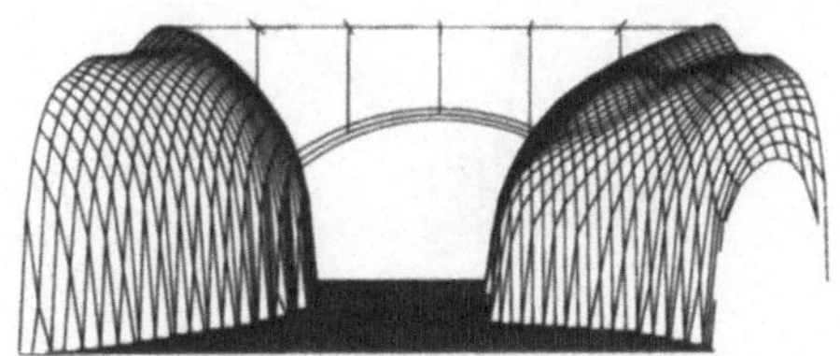

Bei sehr aufwendigen Modellen ist die Stückelung in Teildateien schon vom Aspekt der Bearbeitungsgeschwindigkeit sinnvoll. Die Zuordnung der extern referenzierten Daten und die Aktivierung durch die zugehörigen Layer unterstützen den direkten Vergleich der Varianten.

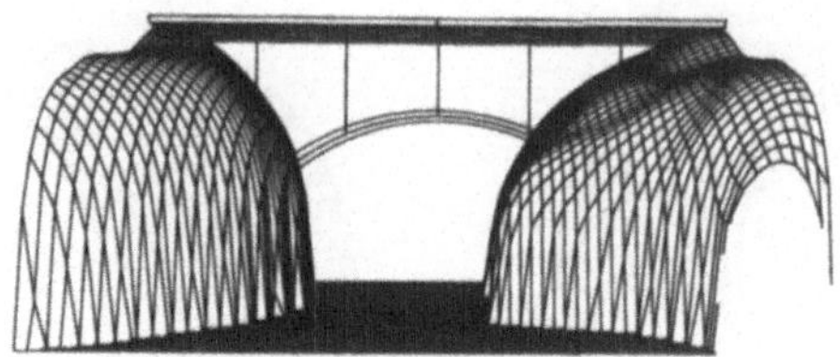

Datenaufteilung

Auch die Quelldateien der Brückenvariante können strukturiert werden und lassen sich getrennt aktivieren, beispielsweise den Überbau der Variante A und die Auflager der Variante B.

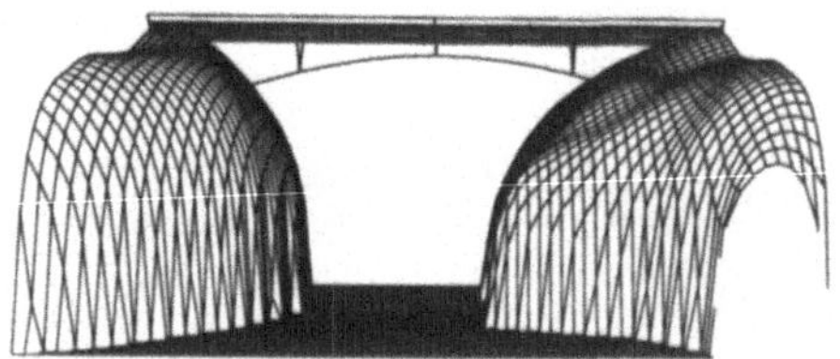

Vor allem bei großen Datenmengen lohnt sich die organisierte Arbeit, welche durch eine sinnvolle inhaltliche Strukturierung beginnt. Zu empfehlen sind die namentlich abspeicherbaren Einstellungen, Arbeitsphasen und Objekte, wie es die Koordinatensysteme, die Ansichten, die Ebenen, Gruppen usw. sind.

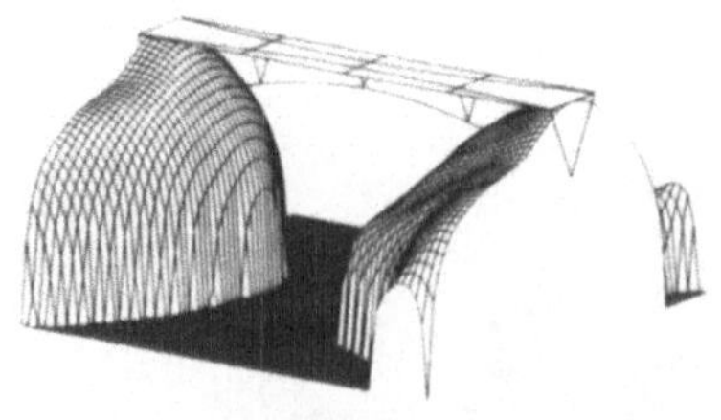

Literatur

[1] AutoCAD-Handbücher (Dokumentation zu Version 13).

[2] R.C. Levene, F. Marquez Cecilia: Zeitschrift „El Croquis",
Monografie Santiago Calatrava. Madrid: März 1989.

[3] W. Haas (Hrsg.): CAD-Datenaustausch-Knigge.
Berlin: Springer-Verlag 1993.

[4] J. Hoscheck: Was CAD-Systeme wirklich können.
Stuttgart: Teubner-Verlag 1993.

[5] C. Jaksch, F. Markus: Das AutoCAD 13 Buch.
Düsseldorf: SYBEX-Verlag 1995.

[6] Kretzschmar u.a.: Computergestützte Bauplanung.
Berlin: Verlag für Bauwesen 1994.

[7] H. Kuhr: EDV/CAD für die Bautechnik.
Stuttgart: Teubner-Verlag 1991.

[8] U. Meißner, P. von Mitschke-Collande, G.Nitsche (Hrsg.): CAD im Bauwesen. Berlin: Springer-Verlag 1992.

[9] G. Poppe: 2D- und 3D-Konstruktionen mit AutoCAD.
Haar (München): Markt & Technik 1996.

[10] K. Schneider (Hrsg.): Bautabellen: mit Berechnungsverfahren, Beispielen
und europäischen Vorschriften. 10. Aufl. Düsseldorf: Werner-Verlag 1992.

[11] R. Wendehorst: Bautechnische Zahlentafeln.
27. Aufl. Stuttgart: Teubner-Verlag 1996.

[12] E. Zeidler (Hrsg.): TEUBNER-TASCHENBUCH der Mathematik.
Leipzig: Teubner-Verlag 1996.

Index

Befehlsindex

Variablenindex

Stichwortverzeichnis